"十四五"职业教育部委级规划教材

FUZHUANG

JIEGOU YUANLI YU

ZHITU JISHU

服装结构原理与制图技术

（第2版）

吕学海　张延芳　◎　编著

中国纺织出版社有限公司

国家一级出版社
全国百佳图书出版单位

内 容 提 要

本书为"十四五"职业教育部委级规划教材。

本书综合原型制图法和比例制图法的优点，推出一种论证严密、简便实用的制图方法。书中概述了服装制图的基本知识，系统介绍了服装的结构原理、重要控制点的计算公式及上衣通用制图模板，列举了大量实用且经典的款式，对各种常用服装分类进行讲述，并针对具体款式的制图方法与步骤作了详细说明。

本书内容由浅入深、通俗易懂，可作为高等院校服装专业教材，也适用于广大服装行业从业人员和爱好者阅读和参考。

图书在版编目（CIP）数据

服装结构原理与制图技术／吕学海，张延芳编著
. --2 版 . -- 北京：中国纺织出版社有限公司，
2022. 11
"十四五"职业教育部委级规划教材
ISBN 978-7-5229-0008-7

Ⅰ. ①服… Ⅱ. ①吕… ②张… Ⅲ. ①服装结构—原理—职业教育—教材②服装结构—制图—职业教育—教材
Ⅳ. ①TS941. 2

中国版本图书馆 CIP 数据核字（2022）第 206287 号

责任编辑：郭　沫　　责任校对：寇晨晨　　责任印制：王艳丽

中国纺织出版社有限公司出版发行
地址：北京市朝阳区百子湾东里 A407 号楼　邮政编码：100124
销售电话：010—67004422　传真：010—87155801
http://www.c-textilep.com
中国纺织出版社天猫旗舰店
官方微博 http://weibo.com/2119887771
三河市宏盛印务有限公司印刷　各地新华书店经销
2008 年 7 月第 1 版　2022 年 11 月第 2 版第 1 次印刷
开本：787×1092　1/16　印张：23
字数：306 千字　定价：59. 80 元

前　言

服装设计是艺术与科学技术密切关联的综合性学科。就一般意义而言,服装设计专业的知识结构主要由视觉设计、结构设计和工艺设计三部分内容构成。其中,视觉设计是对服装造型的整体构想及视觉呈现,旨在为后续的设计深化提供明确目标,具体表现为一种体现服装功能与视觉形态的设计图或款式图。结构设计是将视觉形态通过一定的技术手段转化为物理形态,其核心是将三维形态的款式造型分解成二维的生产模板,具体包括制图和纸样两项内容。工艺设计是将依据纸样裁剪出的衣片运用一定的工艺手段进行缝合,最终形成体现设计意图的服装产品。这是一个相互关联、密不可分的研究与实践过程。在此过程中,结构设计与制图起着承上启下的作用,它是设计构思转化为现实产品的关键环节,也是体现服装设计、生产从业人员专业技能的重要因素。

《服装结构原理与制图技术》是作者在几十年院校教学和企业实践中,知识梳理与经验总结的成果。自 2008 年由中国纺织出版社出版发行以来,受到服装教育界和服装行业技术机构的广泛认可,荣获"纺织服装教育'十一五'部委级优秀教材",先后十余次加印。然而,服装作为时尚产品,流行款式与生产方式都在不断地发生变化,服装教材也必须与时俱进。为此,应出版社要求,对原书内容进行修订再版。此版在保持原有编写思路与知识框架的基础上,对部分章节作了修改与补充,针对教学实践中发现的问题进行修正并重新绘制了范图。结合当下服装流行趋势补充了部分新款式,从而使得修订后的教材所涵盖的内容更加全面。

本书知识框架较为完整,内容由浅入深,层层递进。操作步骤的文字简明详尽,图文对应便于自学。可作为高等院校服装专业教材,也适用于广大服装行业从业人员和爱好者学习。

尽管一再修订,但由于作者水平所限,书中难免有疏漏或不妥之处,敬请批评指正。

编著者

2022 年 10 月

第1版　出版者的话

2005 年 10 月,国发[2005]35 号文件"国务院关于大力发展职业教育的决定"中明确提出"落实科学发展观,把发展职业教育作为经济社会发展的重要基础和教育工作战略重点"。高等职业教育作为职业教育体系的重要组成部分,近些年发展迅速。编写出适合我国高等职业教育特点的教材,成为出版人和院校共同努力的目标。早在 2004 年,教育部下发教高[2004]1 号文件"教育部关于以就业为导向,深化高等职业教育改革的若干意见",明确了促进高等职业教育改革的深入开展,要坚持科学定位,以就业为导向,紧密结合地方经济和社会发展需求,以培养高技能人才为目标,大力推行"双证书"制度,积极开展订单式培养,建立产学研结合的长效机制。在教材建设上,提出学校要加强学生职业能力教育。教材内容要紧密结合生产实际,并注意及时跟踪先进技术的发展。调整教学内容和课程体系,把职业资格证书课程纳入教学计划之中,将证书课程考试大纲与专业教学大纲相衔接,强化学生技能训练,增强毕业生就业竞争能力。

2005 年底,教育部组织制订了普通高等教育"十一五"国家级教材规划,并于2006 年 8 月 10 日正式下发了教材规划,确定了 9716 种"十一五"国家级教材规划选题,我社共有 103 种教材被纳入国家级教材规划。在此基础上,中国纺织服装教育学会与我社共同组织各院校制订出"十一五"部委级教材规划。为在"十一五"期间切实做好国家级及部委级高职高专教材的出版工作,我社主动进行了教材创新型模式的深入策划,力求使教材出版与教学改革和课程建设发展相适应,充分体现职业技能培养的特点,在教材编写上重视实践和实训环节内容,使教材内容具有以下三个特点:

(1)围绕一个核心——育人目标。根据教育规律和课程设置特点,从培养学生学习兴趣和提高职业技能入手,教材内容围绕生产实际和教学需要展开,形式上力求突出重点,强调实践,附有课程设置指导,并于章首介绍本章知识点、重点、难点及专业技能,章后附形式多样的思考题等,提高教材的可读性,增加学生学习兴趣和自学能力。

(2)突出一个环节——实践环节。教材出版突出高职教育和应用性学科的特点,注重理论与生产实践的结合,有针对性地设置教材内容,增加实践、实验内容,并通过多媒体等直观形式反映生产实际的最新进展。

（3）实现一个立体——多媒体教材资源包。充分利用现代教育技术手段，将授课知识点、实践内容等制作成教学课件，以直观的形式、丰富的表达充分展现教学内容。

教材出版是教育发展中的重要组成部分，为出版高质量的教材，出版社严格甄选作者，组织专家评审，并对出版全过程进行过程跟踪，及时了解教材编写进度、编写质量，力求做到作者权威、编辑专业、审读严格、精品出版。我们愿与院校一起，共同探讨、完善教材出版，不断推出精品教材，以适应我国高等教育的发展需求。

中国纺织出版社

教材出版中心

教学内容及课时安排

章/课时	课程性质/课时	节	课程内容
第一章 (6 课时)	基础知识(4 课时) 测量实训(2 课时)		·概论
		一	制图的教学目标
		二	制图的基础知识
		三	制图与人体形态
		四	人体观察与测量
		五	制图与服装规格
第二章 (10 课时)	基础知识(4 课时) 模拟制图(6 课时)		·制图原理与模拟制图
		一	制图的原理与类别
		二	制图的方法与步骤
		三	几何体模拟制图
第三章 (20 课时)	应用理论(4 课时) 制图实训(16 课时)		·裙的构成原理与制图
		一	裙的构成原理
		二	裙的基本制图
		三	连腰筒裙制图
		四	A 型裙制图
		五	牛仔裙制图
		六	五片分割裙制图*
		七	双开衩斜裙制图*
		八	六片褶裥裙制图*
		九	不规则褶裙制图*
		十	六片喇叭裙制图*
		十一	塔裙制图
		十二	180°和 90°斜裙制图

章/课时	课程性质/课时	节	课程内容
第四章 (14 课时)	应用理论(4 课时) 制图实训(10 课时)		·裤的构成原理与制图
		一	裤的构成原理
		二	裤的计算公式
		三	女西裤制图
		四	锥形褶裤制图*
		五	女直筒裤制图*
		六	男西裤制图
		七	普通女短裤制图
		八	连腰女短裤制图*
		九	普通男短裤制图
		十	男休闲短裤制图*
		十一	裙裤制图
第五章 (12 课时)	应用理论(8 课时) 制图实训(4 课时)		·上衣的构成原理与计算
		一	上衣的构成原理
		二	上衣的结构类型
		三	领圈的构成原理与计算
		四	领的构成原理与计算
		五	袖窿的构成原理与计算
		六	袖的构成原理与计算
		七	衣身结构原理与计算
		八	省褶的概念及原理
		九	省位的变化及应用
第六章 (8 课时)	制图实训(8 课时)		·上衣通用制图模板
		一	四开身女装制图模板
		二	四开身男装制图模板
		三	三开身服装制图模板
		四	制图模板的应用说明

章/课时	课程性质/课时	节	课程内容
第七章 (20课时)	应用理论(10课时) 制图实训(10课时)		·四开身结构应用制图
		一	普通女衬衫制图
		二	休闲女衬衫制图*
		三	短袖立领女衬衫制图
		四	普通男衬衫制图
		五	短袖男衬衫制图
		六	女式休闲卫衣制图
		七	四开身女款马甲制图*
		八	男式棒球服制图
第八章 (22课时)	应用理论(12课时) 制图实训(10课时)		·三开身结构应用制图
		一	单排扣女西装制图
		二	双排扣女西装制图
		三	四开身分割女西装制图*
		四	男式青年装制图*
		五	单排扣男西装制图
		六	双排扣男西装制图
第九章 (20课时)	应用理论(10课时) 制图实训(10课时)		·上下连属结构应用制图
		一	分腰式连衣裙制图
		二	连腰式连衣裙制图
		三	连腰式旗袍制图
		四	女式经典风衣制图
		五	男式长大衣制图

注　1. * 为教学选用内容,由教师根据教学进度作补充。

　　2. 各院校可根据自身的教学特色和教学计划对课时数进行调整。

目 录

第一章　概论 ……………………………………………………… 001

　　第一节　制图的教学目标 …………………………………… 002

　　第二节　制图的基础知识 …………………………………… 004

　　第三节　制图与人体形态 …………………………………… 014

　　第四节　人体观察与测量 …………………………………… 023

　　第五节　制图与服装规格 …………………………………… 027

　　思考练习与实训 …………………………………………… 036

第二章　制图原理与模拟制图 ………………………………… 037

　　第一节　制图的原理与类别 ………………………………… 038

　　第二节　制图的方法与步骤 ………………………………… 040

　　第三节　几何体模拟制图 …………………………………… 041

　　思考练习与实训 …………………………………………… 052

第三章　裙的构成原理与制图 ………………………………… 053

　　第一节　裙的构成原理 ……………………………………… 054

　　第二节　裙的基本制图 ……………………………………… 057

　　第三节　连腰筒裙制图 ……………………………………… 063

　　第四节　A 型裙制图 ………………………………………… 066

　　第五节　牛仔裙制图 ………………………………………… 070

　　第六节　五片分割裙制图* ………………………………… 075

　　第七节　双开衩斜裙制图* ………………………………… 080

　　第八节　六片褶裥裙制图* ………………………………… 086

　　第九节　不规则褶裙制图* ………………………………… 092

　　第十节　六片喇叭裙制图* ………………………………… 097

　　第十一节　塔裙制图 ………………………………………… 104

　　第十二节　180°和 90°斜裙制图 …………………………… 105

思考练习与实训 ……………………………………………………… 106

第四章 裤的构成原理与制图 …………………………………… 107

第一节 裤的构成原理 ……………………………………………… 108

第二节 裤的计算公式 ……………………………………………… 110

第三节 女西裤制图 ………………………………………………… 113

第四节 锥形褶裤制图* ……………………………………………… 120

第五节 女直筒裤制图* ……………………………………………… 125

第六节 男西裤制图 ………………………………………………… 128

第七节 普通女短裤制图 …………………………………………… 135

第八节 连腰女短裤制图* …………………………………………… 139

第九节 普通男短裤制图 …………………………………………… 143

第十节 男休闲短裤制图* …………………………………………… 147

第十一节 裙裤制图 ………………………………………………… 153

思考练习与实训 …………………………………………………… 158

第五章 上衣的构成原理与计算 ………………………………… 161

第一节 上衣的构成原理 …………………………………………… 162

第二节 上衣的结构类型 …………………………………………… 163

第三节 领圈的构成原理与计算 …………………………………… 165

第四节 领的构成原理与计算 ……………………………………… 167

第五节 袖窿的构成原理与计算 …………………………………… 175

第六节 袖的构成原理与计算 ……………………………………… 179

第七节 衣身结构原理与计算 ……………………………………… 184

第八节 省褶的概念及原理 ………………………………………… 202

第九节 省位的变化及应用 ………………………………………… 207

思考练习与实训 …………………………………………………… 209

第六章 上衣通用制图模板 ……………………………………… 211

第一节 四开身女装制图模板 ……………………………………… 212

第二节 四开身男装制图模板 ……………………………………… 218

第三节 三开身服装制图模板 ……………………………………… 222

　　第四节　制图模板的应用说明 ……………………………………… 228

　　思考练习与实训 …………………………………………………… 230

第七章　四开身结构应用制图 ……………………………………… 231

　　第一节　普通女衬衫制图 …………………………………………… 232

　　第二节　休闲女衬衫制图* ………………………………………… 237

　　第三节　短袖立领女衬衫制图 ……………………………………… 242

　　第四节　普通男衬衫制图 …………………………………………… 248

　　第五节　短袖男衬衫制图 …………………………………………… 254

　　第六节　女式休闲卫衣制图 ………………………………………… 260

　　第七节　四开身女款马甲制图* …………………………………… 266

　　第八节　男式棒球服制图 …………………………………………… 270

　　思考练习与实训 …………………………………………………… 276

第八章　三开身结构应用制图 ……………………………………… 277

　　第一节　单排扣女西装制图 ………………………………………… 278

　　第二节　双排扣女西装制图 ………………………………………… 284

　　第三节　四开身分割女西装制图 …………………………………… 292

　　第四节　男式青年装制图* ………………………………………… 297

　　第五节　单排扣男西装制图 ………………………………………… 304

　　第六节　双排扣男西装制图 ………………………………………… 311

　　思考练习与实训 …………………………………………………… 318

第九章　上下连属结构应用制图 …………………………………… 319

　　第一节　分腰式连衣裙制图 ………………………………………… 320

　　第二节　连腰式连衣裙制图 ………………………………………… 327

　　第三节　连腰式旗袍制图 …………………………………………… 331

　　第四节　女式经典风衣制图 ………………………………………… 339

　　第五节　男式长大衣制图 …………………………………………… 345

　　思考练习与实训 …………………………………………………… 352

基础知识 测量实训——

概论

课题名称：概论

课题内容：制图的教学目标
           制图的基础知识
           制图与人体形态
           人体观察与测量
           制图与服装规格

课题时间：6 课时

教学目的：向学生讲授服装制图课程在本专业领域中的作用与地位；引
导学生树立正确的制图观念；在理解服装结构原理的基础
上，熟练掌握制图步骤与方法；培养具备一定理论修养和实
践技能的应用型人才。

教学要求：1. 使学生了解服装制图在本专业领域中的作用与意义。

           2. 使学生掌握服装制图的基础知识。

           3. 使学生理解服装制图与人体形态的关系。

           4. 使学生掌握服装规格设计的相关依据与设计方法。

课前准备：阅读服装概论及相关方面的书籍。

第一章

概　论

第一节　制图的教学目标

一、课程的性质和任务

服装结构制图是高等院校服装设计专业的骨干课程之一,是一门研究人体表面形态与平面展开技术、探索服装结构分解与工艺构成规律的学科。在学科门类中,服装结构制图属于工科与艺术的边缘学科。学科框架涉及人体解剖、人体测量、服饰美学、服装造型、服装材料、服装工艺等知识领域。同时,服装结构制图又是一门实践性与技术性很强的课程,因而在教学中应当贯穿形象思维与逻辑思维有机统一的教学思想,坚持理论学习与实践并重的教学原则。

现代服装设计是一项复杂的系统工程,涉及的学科领域及研究内容很多,从宏观归类分析可以整合为款式设计、结构设计、工艺设计三大模块。其中,款式设计是指设计师运用美学法则,创造出具有审美价值并适应人体特征的"立体造型";结构设计是通过分解"立体造型"生成满足服装生产技术需求的"平面模板",即工业样板;工艺设计是将依据工业样板裁制出的衣片,按照一定的工艺方式组合成"新的立体造型",即将设计构思最终物化成服装。在这一系统工程中,结构设计起着承上启下的作用。服装结构制图是结构设计的表现形式,是实现设计意图的关键环节。由此可见,掌握服装结构制图的相关理论与操作技术,是服装设计人员综合能力中不可缺少的重要组成部分。服装结构制图的教学任务:

(1)使学生掌握立体形态的平面展开原理,理解服装制图中的相关计算法则。

(2)研究人体的结构特征和运动规律,理解服装形态与人体曲面的对应关系。

(3)掌握结构整体平衡及部件吻合关系,服装功能性与装饰性之间的辩证关系。

(4)通过形象思维和空间意识的训练,提高学生对空间问题的几何分析能力。

(5)通过理论教学和技能训练,使学生熟练掌握服装工业样板的制作技术。

二、课程的研究对象与内容

服装结构制图是对感性形象作理性分析后形成的技术模板,是一种能够准确表达服装的款式造型、部件形态、成品规格、工艺特点等制造所必需的技术条件的图样,在服装设计过程中是表达和交流技术思想的一项重要工具。设计部门通过结构制图准确表达设计思想,技术部门通过结构制图传达设计所包含的技术要素,生产部门则根据结构制图所生成的工业样板来加工服装。因此,可以将服装结构制图比喻为服装系统工程中的"技术语言"。

随着计算机技术的普及与发展,利用计算机图形学原理研究开发出的服装 CAD 系统,使服装结构制图技术发生了根本性的变化。用计算机制图代替手工制图,大大提高了制图的质量与速度,适应现代化服装企业快速反应的要求。但是,从目前国内外各种版本的服装 CAD 性能来看,手工制图技术仍然是解决服装结构制图的根本技术。服装 CAD 系统只能起到工具的作用,不可能从根本上取代人的智力和手工技艺。由此可见,在未来较长一个时期内,对于服装结构制图理论与技术的研究,仍然是一项重要的科研课题。

服装结构制图是利用几何学原理,图解人体立体形态的理论和方法。课程的内容主要是研究人体立体平面分解技术与制图技法,根据服装工业的技术规定和相关标准绘制服装结构制图,在服装结构制图的基础上制作服装工业样板。它既有系统的理论,又有较强的实践性。其主要内容包括:

(1)通过对几何体平面展开原理的研究,发现服装制图中立体与平面的转换关系。

(2)通过对人体立体形态作几何体趋向的归纳,研究服装制图中相关计算的原理。

(3)通过对人体主要体块立体形态的归纳与分析,发现服装结构制图的构成规律。

(4)通过研究人体结构的特征与运动规律,把握服装机能性在制图中的技术表现。

(5)通过研究服装的立体形态与结构类型,掌握服装结构制图的计算及绘制技术。

三、课程的学习与实践

服装结构制图是一门理论性与实践性很强的课程,对于初学服装的学生而言,面对抽象的几何图形和复杂的计算公式,初始阶段感到茫然是难免的。尤其对于习惯了感性思维的艺术学科的学生来说,制图理论中所涉及的逻辑性和制图技法中所遵循的规范性,都是前所未遇的课题,但这并非说明制图课程是难以逾越的障碍。服装结构制图既然能够成为一种应用技术,自然有其规律可循,抓住了规律也就掌握了科学的学习方法。

首先,要从思想上认识服装结构制图课程的重要性。长期以来,由于学生对服装设计师职业身份的向往,人为地割裂了设计课程与包括制图课程在内的相关课程的内在联系,片面夸大了艺术设计在服装设计领域中的作用和地位,造成了设计课程教学的盲目性和片面性。造成这种现象的主要原因是缺乏对设计内涵的深入研究,加上形象思维模式的惯性作用,使得学生对服装结构制图课程缺乏应有的重视与学习兴趣。这里需要指出的是,在服装教育的课程结构中,款式设计、结构设计、工艺设计三位一体,不可偏废。服装设计从造型与审美角度来看,无疑是艺术形象的创造过程。而从设计理念到服装成品的物化过程分析,对于理性的技术实现手段的研究是必不可少的。实践证明,感性的服装形象一旦脱离了理性的技术分析,必将走向唯美主义的空中楼阁式的处境。因此,任何割裂或片面夸张的观念及行为,都将造成学生综合设计能力的缺失。

其次,要建立形象思维与逻辑思维相贯通的思维方式。服装结构制图是对服装立体形态作理性分析的结果,包括制图中的每一条线和每一种形状,都是由立体形态中对应部位的平面转换所产生的。因此,要建立以图思物、以物思人的制图观念,将抽象的计算数据或几何形状同服装的实物形态相联系,将服装的立体形态与人体的结构特征相联系。制图中的计算公式及参数都是从人体形态的平面分解中获取的,这些公式与参数在实际工作中的意义是规定制图的尺度与形状,使平面制图与目标立体造型相吻合。但服装造型的本质是以"形"诉诸人的感官而不是"数"。因此，在制图中当"形"与"数"发生轻微抵触时，应得"形"而忘"数"，切不可"凑数"而"弃形"。

最后，要养成严肃认真的科学态度和一丝不苟的制图习惯。服装结构制图是服装工业样板的依据，在服装设计及生产过程中属于规范性的"技术语言"，既关系到服装设计的成败，也关系到服装品质的优劣，来不得半点夸张或疏忽。因此，在学习服装结构制图的过程中，应树立严格遵守制图标准的观念，养成精益求精、一丝不苟的工作作风。

第二节　制图的基础知识

一、制图的概念

服装制图在我国产生于20世纪末，是服装由"作坊式"手工生产向成衣化、规模化、现代化生产转型后形成的新概念。我国服装界最初称制图为"裁剪"，是直接在布料上面根据人体规格和款式特点画出相应的轮廓线，然后沿轮廓线剪切成大小不等、形状不同的衣片，这种方法行业内习惯称为"毛缝裁剪"。"毛缝"即轮廓线内包含了缝份。"毛缝裁剪"在我国沿用了若干年，它适用于"量体裁衣"的作坊式生产，尤其是对于简单款式的裁剪非常简便。但是，随着服装成衣化、规模化生产模式的建立，这种毛缝裁剪已经不能适应服装设计与生产的需要，于是产生了一种可以反复使用且变化灵活的工业用技术模板，这种技术模板在行业内被称为服装工业样板。制作服装工业样板的基础图形是"净缝制图"。

所谓"净缝制图"是指衣片轮廓线内不包含缝份。这样做的目的是便于在衣片内进行进一步的结构处理，如分割、加省、打褶、移位等。当完成结构设计之后，再在衣片的轮廓线外加放缝份，使之成为纸样或生产用样板。"净缝制图"的特点是造型严谨，变化灵活，部件之间对位准确，服装的规格及形态能够比较直观地反映在制图上，是现代服装企业中普遍采用的制图方法。

无论是"毛缝裁剪"还是"净缝制图"，其基本的理论依据是几何学原理。主要的研究对象是人体平面展开技术以及服装与人体的对应关系。其核心内容是将设计所创造的立体造型准确无误地转化成平面图形。由此可见，服装结构制图是根据人体的立体形态，结合服装款式特点，运用几何学原理，将立体分解成平面的系统理论与操作技术。

二、制图的种类

因受制图观念、文化背景、行业习惯的影响，服装结构制图也形成了多种类型。因制图方式不同分为平面直接制图和立体间接制图；按制图方法不同分为原型制图和比例制图；按制图手段不同又可分为手工制图和CAD制图等。

1. 平面制图与立体制图

平面制图是根据服装设计与生产的需要，测量人体相关部位并获取有效数据，利用立体平面展开技术绘制成服装平面图的理论与方法。立体制图是根据服装的设计形态，先在人体模型上用坯布塑造出相应的服装造型，然后依据坯布在立体造型中所剪切出的平面形状绘制出服装制图的过程与方法。平面制图和立体制图是两种制图观念截然不同的方法,前者是建立在理性的基础上,侧重于结构理论与制图技法的探讨,后者是建立在感性的基础上,侧重于操作技术及工作程序的研究。

平面和立体两种制图方法在综合评价方面各有利弊。平面制图理性、便捷,尤其是在服装CAD应用方面显示出优越性。但由于制图过程中必须对复杂的人体空间做出平面几何解析,其中难免存在一定的误差,设计者必须借助一定的实际工作经验,才能够熟练地掌握这种制图方法。立体制图相对于平面制图而言具有感性而直观的特点,对处理造型奇特、工艺复杂的创意型服装结构有着很强的优势。但是,由于立体制图是一种间接的制图方法,因操作程序复杂而大大降低了工作效率。

平面制图与立体制图的优势与不足是相对的,关键在于人的因素。根据现代服装结构理论的发展趋势,结构设计的手段不再局限于某种单一的制图方法,而是将平面制图与立体制图交叉运用。通过对立体制图与平面制图所产生的图形作比较,准确把握立体形态与平面图形之间的转化规律,将立体造型中获得的感性经验转化为平面制图中理性的计算法则,这样才能适应服装工业的飞速发展,设计出不同风格的服装,满足不同层次人们的审美需求。

2. 原型制图与比例制图

我国服装界所使用的原型主要是指日本文化式服装原型,这种制图法自20世纪80年代传入中国以来,对我国服装教育的基础理论建设起到了积极的作用。所谓"原型"是指依据标准人体的体型特征及相关数据,运用立体裁剪或平面展开技术生成的服装"基础模板"。原型制图是根据服装款式的具体规格与形态对"原型"作相应的结构处理,最终形成满足服装生产技术需求的工业样板的方法与步骤。近几年,日本东京文化服装学院的研究人员又根据现代人的体形变化及着装特征,对原有的文化式原型进行了改造,推出了新一代文化式服装原型,使原型制图的科学性与应用性得到了进一步提升。但是,由于服装原型是基于标准人体产生的制图模板,而服装工业样板则是针对不同造型的服装款式而设计的,两者之间在结构与形态上的差异,需要设计者做出准确的判断与处理。因此,要想熟练运用原型制图,除了对原型的原理与技法有充分的理解和把握之外,还必须具备一定的实践经验。

比例制图法的应用在我国历史悠久,流派众多,因适应服装行业的应用习惯,至今仍是一种主流的制图方法。比例制图是在人体测量数据的基础上,根据造型需要加放松量后形成成衣规格,再以成衣规格为计算基数,按照一定的比例(1/3、1/4、1/5、1/6、1/10 等)计算出制图所需的各个控制点的位置及尺寸,最后用不同的线条连接各控制点形成平面制图。这种制图方法具有理性强、效率高、简单易学的优点,但由于制图中所采用的计算公式都是近似比值,所以存在一定的计算误差,在实际应用中要根据具体情况作必要的修正。

原型制图和比例制图是平面制图的两种不同类型,原型制图是根据标准人体生成的"基础模板",运用相似形变化原理产生服装制图的一种方法。比例制图是基于"人体数学模型",运用几何学原理和立体平面展开技术而产生的一种制图方法。从制图理念来分析,原型制图是将复杂的人体归纳成标准模板,进而根据服装形态与标准人体形态之间的差异计算出模板与实际制图之间的变化值,从而将模板转化成服装制图。比例制图是用"人体数学模型"来描述复杂的人体立体形态,进而通过公式计算直接生成服装制图。从应用的角度分析,原型制图直观、灵活,比例制图理性、便捷。在实际应用中,将两种制图方法相融汇能够充分发挥各自的优势。

3. 手工制图与CAD制图

手工制图既是服装行业设计及技术人员必备的职业技能,也是服装教育中的骨干课程之一。手工制图不仅需要掌握相关的服装结构理论,而且需要练就娴熟的操作技艺。这是因为服装制图是由许多直线或不规则曲线构成的,尤其是曲线在制图中的作用重大,它是人体立体形态的平面反映,人体形态的复杂性必然带来制图曲线的不规则变化,并且制图中曲线绘制得是否准确,直接关系到服装的立体造型。在手工制图中对于直线无论是计算还是绘制都比较简单,但是对于不规则曲线不仅难以用准确的数据来描述,而且难以用制图仪器一次性绘制成型。这就需要设计者凭借对人体立体形态的理解,根据立体平面展开技术的相关原理,在充分发挥想象思维和逻辑思维的基础上,徒手绘制出相应的曲线。所以长期以来对于手工制图的技能训练,在服装教育中既是重点又是难点,之所以是重点在于手工制图是一切制图的基础,之所以是难点在于手工制图是一门长期训练才能掌握的技术。

服装CAD制图是一项集计算机图形学、数据库、网络通信等计算机及其他领域知识于一体的高新技术。它利用人机交互手段充分发挥人和计算机两方面的优势,能够大大提高服装制图的质量和效率。服装CAD制图方式通常分为三种:一是通过数字化仪将手工制图按1∶1输入计算机后进行修改;二是直接在计算机上利用直线与曲线进行制图和修改;三是根据输入的服装参数(如衣长、背长、袖长、肩宽、领围、胸围、腰围、臀围等)自动生成衣片,再根据款式要求进行修改得到所需的制图。目前服装CAD技术已经发展到智能化制图系统,极大地提高了工作效率和制板质量,提高了服装CAD系统的灵活性。另外,随着人工智能研究的发展,模拟三维(3D)立体剪裁技术的衣片自动生成系统,也已进入快速发展阶段。由此可见,服装CAD技术在服装设计与产品研发领域有着无限广阔的发展前景。

手工制图与服装CAD制图是服装技术发展不同历史阶段的产物,在"量体裁衣"的年代,手工制图曾经是一种不可替代的专业技术,并作为一种谋生的技艺而传承了若干年。随着服装工业化、现代化的进程,手工制图已经不能适应现代服装产业快速反应的需要。服装CAD制图以其精确、高效、灵活、可储存等优势,成为现代服装企业核心竞争力的重要标志之一,对提高企业的产品质量,增强市场竞争的能力起着不可估量的作用。但是,通过对企业服装CAD应用情况的调查发现,在制图、放码、排料三个基本模块中,制图模块的使用率最低。其主要原因是操作人员缺少手工制图的经验,面对计算机屏幕上被缩小后的制图,难以做出准确的修正。由此可见,服装CAD仅是一种先进的制图工具,只有借助手工制图的原理与经验才能充分发挥其先进的性能。

三、制图的目的

服装设计与生产是一种立体形态的创造过程,要将平面的面料加工成立体的服装,首先要将款式的立体形态转化成平面制图,进而依据制图制作出工业样板。工业样板是服装工业生产中使用的模板,从排料、裁剪、缝制到熨烫、整形,工业样板始终起着严格的规范作用。服装制图是制作工业样板的蓝图,关系到服装生产的质量,因而成为服装生产企业的核心技术。由服装制图到工业样板的生成,通常要经过结构制图、基础纸样、标准样板、系列样板四个程序。

1. 绘制服装制图

在着手制图之前首先要分析服装的立体形态、结构类型、穿着方式、面料性能、工艺特点等，在充分把握服装款式特征的基础上，确定相应的结构形式。其次根据国家服装号型标准或客户提供的服装规格，确定中间号型的相关数据。再次根据这些数据计算出相关控制点的精确位置。最后用直线或曲线连接各个控制点，绘制成符合款式造型特点及规格要求的平面制图。

2. 生成基础纸样

为了制图方便，通常将前后衣片及部件绘制在同一幅图上面，各衣片及部件的轮廓线之间相互重叠，因而生成基础纸样的过程也就是将整体制图分解成局部样片的过程。手工制图分解纸样的方法如图 1-1(a)所示，在制图的下面衬一层样板纸，用重物压牢，避免在操作过程中因制图移动而造成错位。用压线器分别将各个衣片压印在底层的样板纸上。然后，按照图 1-1(b)所示的

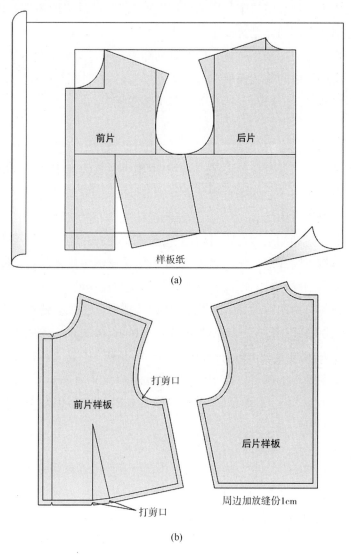

(a)

(b)

图 1-1

方法,在衣片轮廓线的周边加放缝份或折边量,最后剪切成纸样。由于初始制图尚未经过实物缝合验证,难免存在某些误差,所以由此产生的纸样称为基础纸样。

3. 产生标准样板

为了检验基础纸样的精确性,需要用基础纸样在面料或坯布上面进行排料、裁剪并制作出样衣,再将成形后的样衣套在人体模型上进行全面检查。检验内容首先要观察服装的整体造型是否与设计要求相符合,其次是测量相关部位是否与技术指标相一致,最后是检验构成服装的各部件之间的配合关系是否符合要求。根据检验过程中发现的问题,对基础纸样进行修正。经修正后的基础纸样将作为制作系列样板的标准模板,也称为标准样板。

4. 制作系列样板

标准样板只提供了一种规格的服装模板,服装生产需要满足不同体型的消费群体的需求,所以必须根据目标消费群体的体型特征进行归类与分档,制订出产品的规格系列及号型配置,并根据规格系列制作出相应的系列样板。所谓系列样板是通过对标准样板进行相似形缩放,产生满足生产所需的多种规格的服装模板。每个系列样板的数量因款式而不同,但每套样板一般应包括面板、里板、衬板、部件样板、裁剪用毛板和工艺净板等。

四、制图工具

①米尺——以公制为计量单位的尺子,在制图中用于长直线的测量与绘制。

②角尺——在制图中用于绘制垂直相交的线段,现在多用三角板代替。

③弯尺——服装制图专用工具,主要用于绘制侧缝线、袖窿等弧线。

④直尺——绘制直线和测量较短距离的尺子,长度有 30cm 和 50cm 等数种。

⑤比例尺——具有不同放缩比例的尺子,在绘制缩小制图中用来测量长度。

⑥曲线板——绘制袖窿、袖山、领窝及裤裆线等曲线时使用的工具。

⑦蛇形尺——又称自由曲线尺,用于测量人体曲线或制图中弧线的长度。

⑧直线笔——绘制墨线用的笔,通常有 0.3mm、0.6mm、0.9mm 三种型号。

⑨铅笔——在制图中用 H 或 HB 型绘制基础线,用 B 或 2B 型绘制结构线。

⑩锥子——在服装样板的制作过程中用于钻眼或作标记的工具。

⑪裁剪剪刀——剪切工具,型号有 22.7cm(9 英寸)、25.4cm(10 英寸)、27.9cm(11 英寸)、30.5cm(12 英寸)等数种。

⑫花齿剪刀——刀口呈锯齿形的剪刀,用于裁剪布样。

⑬压线器——又称"滚轮",可将制图中的衣片轮廓线压印在样板纸上。

⑭划粉——在衣料上面直接制图时所用的工具。

⑮工作台——裁剪用的工作台一般高度 80cm,长度 150cm,宽度 80cm。

⑯人体模型——用于服装造型设计、样衣补正或立体裁剪,有半身和全身之分。

⑰样板纸——分为制图用的牛皮纸和制作生产样板用的卡纸两种。

五、服装代号

在绘制服装缩小制图时,为了使图面清晰明了,经常采用部位代号。所谓部位代号,实际上就是取该部位英文名称的首位字母。例如,胸围的代号为"B",腰围的代号为"W",各种长度的代号一般统一表示为"L"等。掌握服装的部位代号,对于读图和技术交流有着重要的作用,见表1-1。

表1-1 服装部位代号表

部位名称	代 号	部位名称	代 号
衣 长	L	臀围线	HL
裤 长	L	中臀围线	MHL
裙 长	L	袖肘线	EL
袖 长	L	袖隆长	AH
胸 围	B	肩端点	SP
臀 围	H	前颈点	FNP
腰 围	W	后颈点	BNP
肩 宽	S	侧颈点	SNP
领 围	C	胸高点	BP
胸围线	BL	袖肘点	EP
腰围线	WL		

六、制图符号

服装制图是服装行业中企业及部门之间进行交流的技术语言,为了使制图便于识别与交流,行业内制定了统一规范的制图标记,每一种标记都代表着约定的意义。因此,了解这些制图符号,对于制图和读图都会有一定的帮助,见表1-2。

表1-2 服装制图线条、符号表

名 称	表示符号	使 用 说 明
细实线		表示制图的基础线,为粗实线宽度的1/2
粗实线		表示制图的轮廓线,宽度为0.05~0.1cm
等分线		用于划分相等距离的弧线,虚线的宽度与细实线相同
点划线		表示衣片相连接、不可裁开的线条,线条的宽度与细实线相同
双点划线		用于裁片的折边部位,线条的宽度与细实线相同
虚 线		用于表示背面轮廓线和缉缝线的线条,线条的宽度与细实线相同
距离线		表示裁片某一部位两点之间的距离,箭头指示到部位的轮廓线
省道线		表示省道的位置与形状,一般用粗实线表示
褶位线		表示衣片需要采用收褶工艺,用缩缝号或褶位线符号表示
裥位线		表示衣片需要折叠进的部分,斜线方向表示褶裥的折叠方向
塔克线		图中细实线表示塔克的梗起部分,虚线表示缉明线的线迹
净样线		表示裁片属于净尺寸,不包括缝份在内
毛样线		表示裁片的尺寸包括缝份在内

续表

名　称	表示符号	使 用 说 明
经向线		表示服装面料经向的标记,符号的设置应与面料的经纱平行
顺向号		表示服装面料的表面毛绒顺向的标记,箭头的方向应与毛绒的顺向相同
正面号		用于指示服装面料正面的符号
反面号		用于指示服装面料反面的符号
对条号		表示相关裁片之间条纹应一致的标记,符号的纵横线应当对应布纹
对花号		表示相关裁片之间应当对齐纹样的标记
对格号		表示相关裁片之间应当对格的标记,符号的纵横线应当对应布纹
剖面线		表示部位结构剖面的标记
拼接号		表示相邻的衣片之间需要拼接的标记
省略号		用于长度较大而结构图中又无法全部画出的部件
否定号		用于将制图中错误线条作废的标记
缩缝号		表示裁片某一部位需要用缝线抽缩的标记
拉伸号		表示裁片的某一部位需要熨烫拉伸的标记
同寸号	◎ ● ▲	表示相邻裁片的尺寸大小相同
重叠号		表示相关衣片交叉重叠部位的标记
罗纹号		表示服装的下摆、袖口等部位需要装罗纹边的标记
明线号		实线表示衣片的轮廓线,虚线表示明线的线迹
扣眼位		表示服装扣眼位置及大小的标记
纽扣位	⊕	表示服装纽扣位置的标记,交叉线的交点是缝线位置
刀口位		在相关衣片需要对位的地方所作的标记

七、服装术语

　　服装术语是服装制图中的专门用语,它是在长期的生产实践中逐步形成的,代表着约定俗成的意义。过去我国不同地区所使用的服装术语差别很大,给服装技术的推广和交流造成了一定的困难。为了促进服装生产技术的交流与发展,中华人民共和国国家质量监督检验检疫总局和国家标准化管理委员会于 2008 年发布了《服装术语》即 GB/T 15557—2008 作为标准。下面将国家标准中与服装制图相关的名词术语图示如下。

1. 上装常用术语(图 1-2)

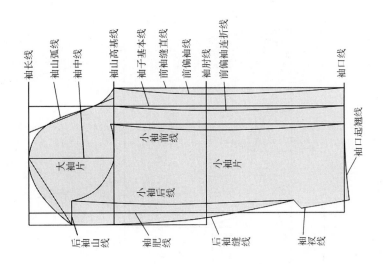

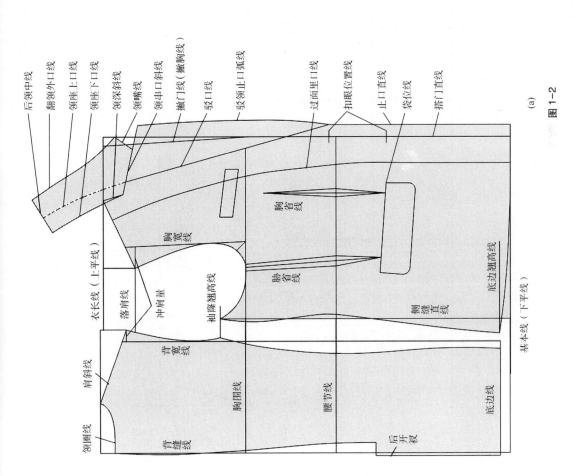

图1-2

(a)

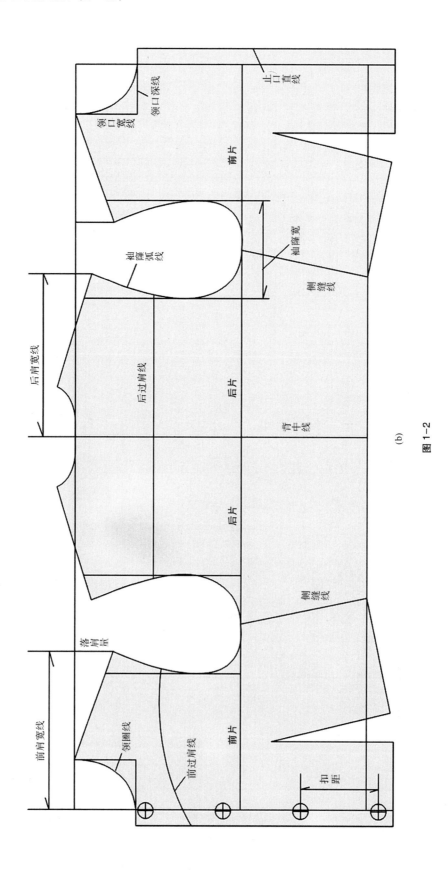

图 1-2

(b)

2. 下装常用术语(图 1-3)

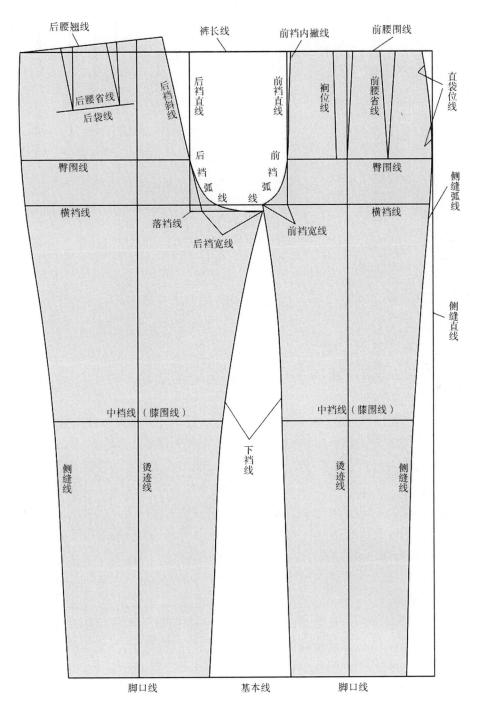

后腰翘线 裤长线 前裆内撇线 前腰围线

后腰省线 后档斜线 后裆直线 前裆直线 裆位线 前腰省线 直袋位线

后袋线

臀围线 后档弧线 前档弧线 臀围线 侧缝弧线

横裆线 落裆线 前裆宽线 横裆线

后裆宽线

侧缝直线

中裆线(膝围线) 中裆线(膝围线)

侧缝线 烫迹线 下档线 烫迹线 侧缝线

脚口线 基本线 脚口线

(a)

图 1-3

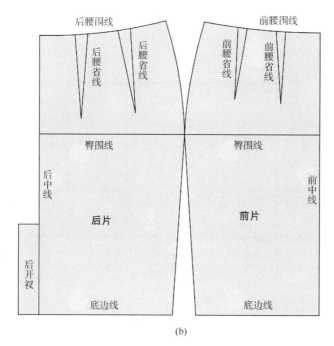

(b)

图1-3

第三节　制图与人体形态

　　服装以人为基础并通过人的穿着和展示体现审美价值。人是服装设计紧紧围绕的核心。同样,服装制图以人体为依据并通过对人体立体形态的平面展开获得生产模板。服装制图的依据是人体,并且最终物化成的服装也要适应人体,因而可以说人体是服装制图紧紧围绕的核心。人们通常用"人的第二层皮肤"来形容服装与人体的密切关系,说明服装的造型始终是以人体形态为基础的。服装制图中的每一条结构线都与人体表面的起伏变化相对应,因此要掌握服装制图这门技术,除了要学习相关计算与绘图方法之外,还要把握人体的结构特征及运动规律,研究人体形态与服装造型之间的关系,善于发现服装形态与人体形态之间因流行或设计需要而产生的空间差异。因为服装与人体之间的空间差异直接关系到服装制图中的结构处理,关系到服装的造型与运动机能。

　　人体的外部形态主要是由骨骼、肌肉和关节组成。骨骼是人体的支架,决定人体的基本形态与比例。肌肉是附着在骨骼外层的柔软而富有弹性的纤维组织,具有收缩或伸展人体的功能。关节是人体各个体块之间的连接机关,人体的运动机能就是依靠关节的连接作用而实现的。我们从服装设计的角度来研究人体结构,主要是为了了解影响人体外部形态的人体构件。因为人体对于服装的作用,并不在于某一块骨骼或肌肉本身的形态,而在于某些骨骼或肌肉群共同构成的形态特征。

　　从服装制图的实际需要出发,我们将人体归纳成由体块和关节两部分组成。所谓体块是指本身具有一定的形状和体积,并且在人体运动过程中其形状和体积相对稳定的人体构件,主要有头部、胸部、臀部和四肢。所谓关节是指各个体块之间的连接机关,不但具有自身的形状与体积,而且在人体运动过程中会因肌肉的伸缩而发生体积与形态的变化,主要有颈、腰、肘、膝、踝等。人体的体块决定服装制图的基本轮廓和规格数据,将各个体块的立体形态作平面展开,即是相应衣片的基本制图。例如,头部对于帽子、胸部对于上衣、臀部对于裤子、上臂对于袖子、下肢对于裤管等。关节除了影响制图形状之外还关系服装的功能。例如,领窝、腰节、袖窿、袖肘、袖口、膝围、脚口等位置的放松量大小,不仅关系到服装的造型,而且关系到服装的运动机能。

一、构成人体的体块

人体表面的起伏变化非常复杂,并且几乎所有的体块都是不规则体。为便于运用几何学原理来研究人体的形态特征,我们将人体的各个体块分别概括成相应的几何体。

1. 头部

如图1-4所示,头部是指下颌点至头顶点的体块。正面形态为倒置的卵形,侧面形态为双卵组合形。为了便于理解头部的空间形态,我们将其归纳成立方体。服装设计中所需要的头部尺寸主要有头长、头围以及头的矢径和横径等。

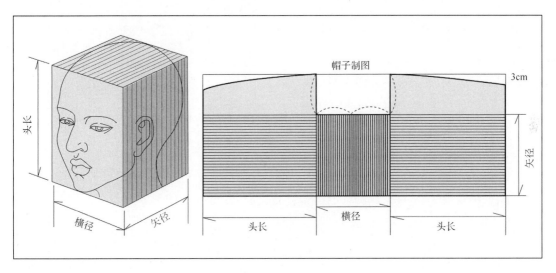

图1-4

2. 胸部

如图1-5所示,胸部是指后颈点(第七颈椎点)至腰节线之间的体块。胸部的正面形态近似于上宽下窄的梯形,侧面形态由前、后两条不规则曲线构成。胸部正面、背面的形态及宽度,分别决定制图中前胸、后背的形状与尺寸。胸部侧面的形状与宽度决定制图中腋面的形状与袖窿的宽度。胸部的正面以乳点为最高点,背面以肩胛骨凸点为最高点,分别作为前、后衣片上省位和省量的依据。胸围与腰围的差量是构成腰省总量的依据。胸部立体形态的平面展开图是上衣原型的依据。另外,胸部形态的变化直接关系到人的体型变化,如因胸部前倾或后仰而产生驼背体与挺胸体的区别,因胸部厚度的大小而产生浑圆体或扁平体的区别。所有这些变化都是服装制图中不容忽视的内容。

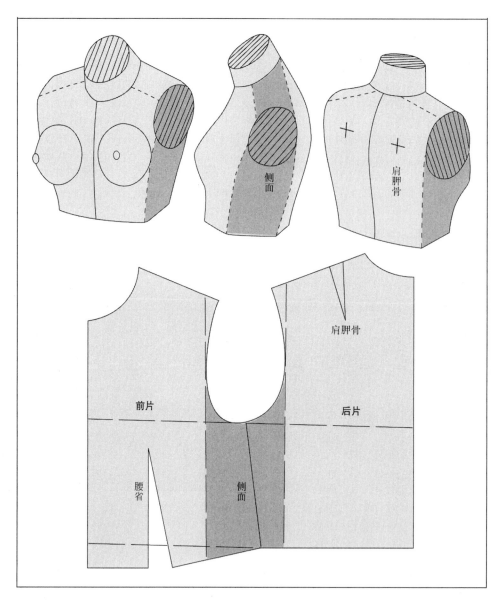

图 1-5

3. 臀部

如图 1-6 所示，臀部是指由耻骨联合位置至腰节线之间的体块。臀部的正面廓型上窄下宽，两侧由向外凸出的弧线构成。侧面廓型中前凸点位置高而凸出量小，后面因受臀大肌的影响，凸点位置低而凸出量大，并且因体型不同其凸量的大小也有差异。臀凸量的大小决定裤子后档斜线的倾斜角度，臀部的厚度决定裤子前、后档线之间的宽度，臀部腰节线至耻骨联合位置的垂直距离，是设计裤子立档数据的基本依据。臀部最丰满处的围度与腰围之间的差量，是设计下装腰省总量的依据。臀部立体形态的平面展开图形是下装类制图的依据。

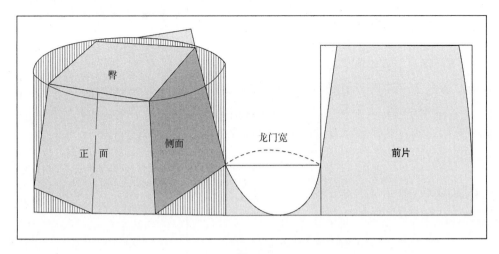

图 1-6

4. 上肢

如图 1-7 所示, 上肢由上臂、前臂和手三部分组成。上臂与前臂可以看成是两个带有一定锥度的圆柱体, 两个圆柱体之间由肘关节相连。人体在自然直立的状态下, 上臂接近于垂直, 前臂向前倾斜约 12°。上肢立体形态的平面展开图形是袖子制图的依据, 由于前臂的倾斜在袖子制图中的肘线位置构成一定的省量。臂根部的围度关系到袖窿和袖肥的大小, 前臂腕部的围度决定袖口大小。

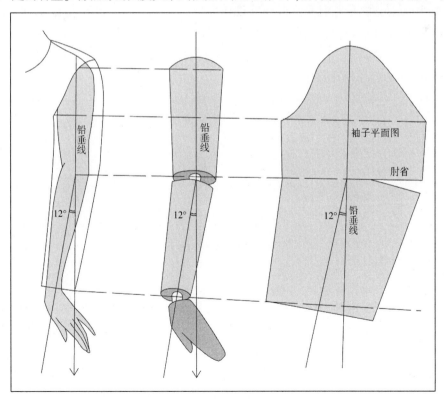

图 1-7

5. 下肢

如图 1-8 所示，下肢分为大腿、小腿和足三部分，分别由膝关节和踝关节连接成一体。大腿肌肉丰满粗壮，小腿前部垂直，后部有外侧腓肠肌和内侧腓肠肌组成的"腿肚"。从侧面看，大腿略向前弓，小腿略向后弓，形成 S 形曲线状。下肢在服装设计中决定裤管的造型以及膝围和脚口的规格。

二、体块间的联结点

1. 颈部

如图 1-9 所示，颈部是头部与胸部的连接部位。颈部在直立时两侧对称，从侧面看上细下粗，向前倾斜约 19°。颈部的活动区间前、后、左、右都是 45°。颈根部的截面形状是设计领窝的依据。颈部锥度的大小决定领子的基本形状。颈部的结构与活动范围是领型设计的依据。

2. 腰部

如图 1-10 所示，腰部是胸部与臀部的连接部位。它的活动范围较大，通常情况下，前屈 80°、后伸 30°、左、右侧屈各 35°，旋转 45°。同时，腰部又具有自身的形状，这对于上衣腰线部位的设计以及下装中连腰、高腰式造型的设计是非常重要的依据。

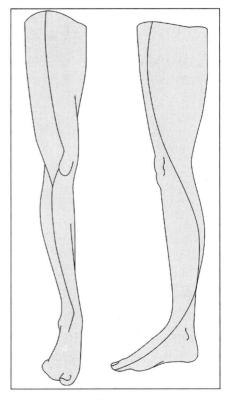

图 1-8

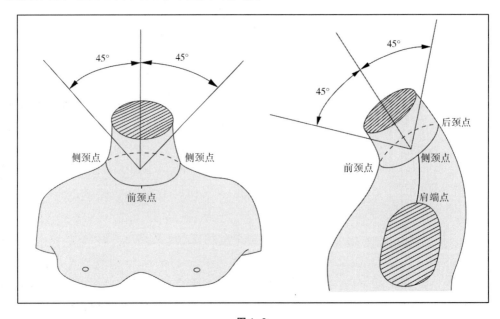

图 1-9

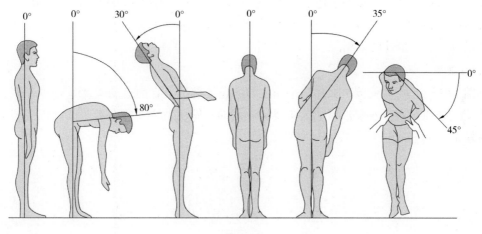

图 1-10

3. 大转子

如图 1-11 所示,大转子是臀部与下肢的连接部位。它的最大活动范围是向前 120°,向后

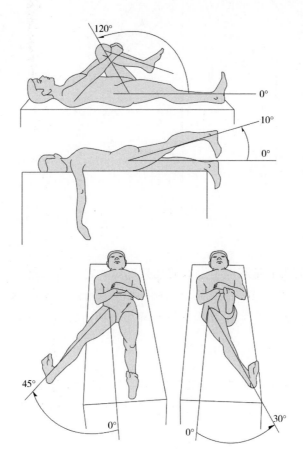

图 1-11

10°,外展45°,内展30°。正常行走时,前后足距约为65cm,两膝间的围度是82～109cm。大步行走时,两足的间距约为73cm,两膝间的围度是90～112cm。大转子的结构与活动范围是裙子下摆围或裤子立裆设计的依据。

4. 膝关节

如图1-12所示,膝关节是大腿与小腿之间的连接部位。它的运动幅度是后屈135°,左、右旋转各45°,正常情况下小腿以后屈为主要运动方向。膝关节主要决定裤子的膝围线位置及裤管的放松量。

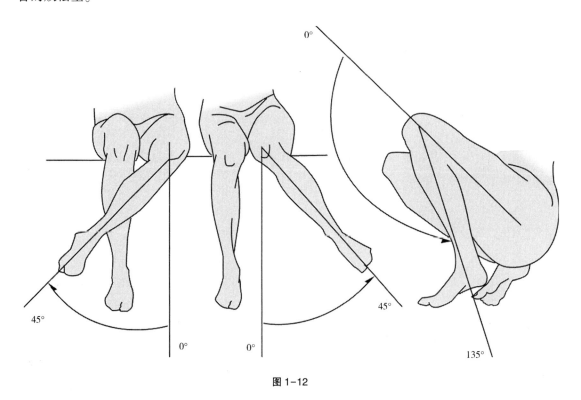

图1-12

5. 肩关节

如图1-13所示,肩关节是胸部与上肢的连接部位。它的活动范围最大,前后活动区间为240°,左右区间为255°。肩关节的截面形状为椭圆形,是设计袖窿形状及袖孔形状的基本依据。在通常情况下手臂以向前运动为主,所以在设计袖窿与袖山时,要特别注意后袖窿与背部的放松量。

6. 肘关节

如图1-14所示,肘关节是上臂与前臂的连接部位。活动范围主要是向前屈臂150°。在双片袖结构中以肘关节为转折点形成袖管弯势,在单片袖结构中肘关节的凸点位置决定肘省的位置。

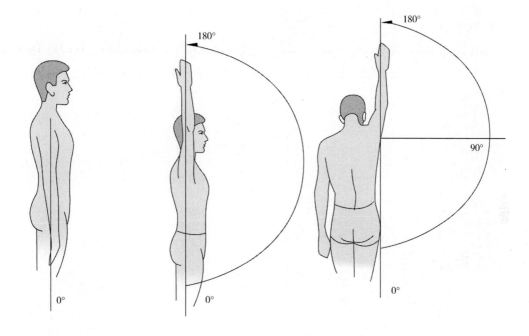

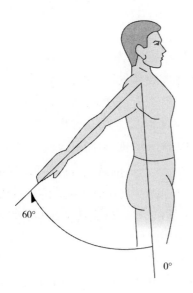

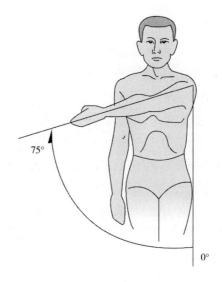

图 1-13

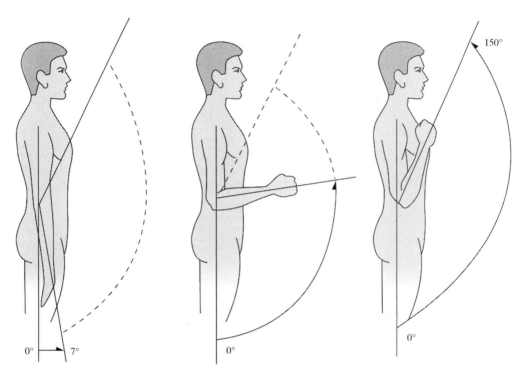

图 1-14

三、男女体型的差异

如图 1-15 所示，男女体型的差异主要是由骨骼、肌肉及表层组织所造成的。由于生理方面的原因，男性的骨骼粗壮而突出，女性则相反。男性的骨骼上身比较发达，而女性则下身骨骼发达。男性肩部宽阔，胸廓体积较大，女性则肩部窄小，胸廓体积较小。男性的肌肉发达，棱角分明，女性则因脂肪较多，外表圆润平滑。男性的体型特征为倒梯形，女性为正梯形。男性躯干侧面线条平直，女性则呈"S"形曲线。在局部特征方面，男性的胸部平整，女性则因乳房的隆起而起伏较大。男性颈部浑圆竖直，胸部前倾，女性则颈部前倾，胸部向后倾斜。男性的躯体挺拔有力，女性躯体则曲线流畅、柔媚多姿。

由于上述种种差异，使男女服装的造型也各有特色。从服装廓型来看，男装多为倒梯形，女装则多为正梯形或"X"形。男装的外观平整，起伏变化较小，女装则要通过省道与分割来塑造胸部及腰部的凹凸。男装的结构线多为直线，女装则以优美的曲线为主。在细节方面，男装领窝凹势较大，并且因胸部前倾而使后袖窿长度增大，女装则正好相反。男装的造型风格简洁庄重，而女装的造型风格活泼多变。要善于发现和利用男女体型的这些差异，在制图中突出男女服装的造型特点，才能设计出个性鲜明的服装板型。

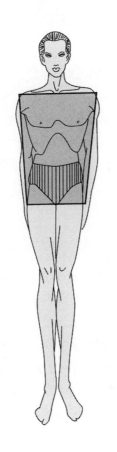
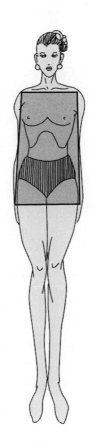

图 1-15

第四节　人体观察与测量

一、人体观察的目的

人体观察是指在测量之前对人体进行从整体到局部的目测,是人体测量的准备。由于生活环境和遗传的原因,每个人的体型特征都有所不同,为了制作出适合个体特征的服装,必须全面考察具体对象的体型特征。通过认真地观察与分析,在头脑中大体勾画出服装的轮廓线,确定相应的结构形式,对于需要作结构调整的部位,做到心中有数,以便有的放矢地进行人体测量和服装制图。

人体观察的过程是一个比较、分析、思考的过程。这一过程分为三个阶段:一是由整体着眼分析人体的外形特征,确定属于正常体型还是特殊体型;二是详细观察与服装造型密切相关的局部特征,如挺胸、驼背、腆腹、丰臀、平肩、溜肩等;三是将观察到的各局部特征作比较,如通过对胸围、腰围、臀围三者之间的比较,预见服装的正面廓型及省量的大小,通过对上体长度与下体长度的比较,调整服装的长度比例,通过对前胸凸点位置与肩胛骨凸点位置的比较,确定前、后省尖的位置及省量大小,通过对前胸与后背宽度的比较,确定相应的放松量等。

二、人体观察的方法

观察人体时要考虑被测者的性别、年龄等因素,按照正面、背面、侧面的观察顺序进行人体观察。从正面的观察中鉴别出正常肩、平肩、溜肩、宽肩、窄肩、高低肩等,并将肩宽、胸宽、腰宽、臀宽用虚拟的线连接起来,在头脑中勾画出人体躯干部位的正面轮廓形状。从侧面的观察中鉴别出挺胸、驼背、腆腹、翘臀以及前后凸点位置、颈部的前倾程度等,并将前颈点、胸高点、腹凸点相联系,勾画出人体前侧面的曲线形状,将后颈点、后腰点、后臀凸点相联系,勾画出人体后侧面的曲线形状。从背面的观察中鉴别出腰线位置的高低,上体与下肢之间的比例。通过对人体作全方位的观察与分析全面把握人体特征。

三、人体测量的目的

人体测量有两方面的目的。一方面根据产品定向或目标消费群体而进行的人体数据采集,即通过对某一地区、某一种族或某一群体进行人体测量调查,获取服装规格的统计数据。例如,我国服装号型标准的制定,就是通过广泛的人体测量获取了大量的人体有效数据,经过对这些数据作科学的归纳,从而产生适合我国国情的服装号型系列。另一方面是为"量体裁衣"而进行的人体测量。由于现实中的人体与标准人体之间总是存在一定的差异,不能机械地套用现成的服装号型标准,尤其对于某些特殊体型,实际测量就更有必要。通过测量,直接获取人体各个部位的数据并对被测者的体型特征有所把握,在制图中有目的地进行结构调整,从而制作出适合特定人体需求的服装。

四、人体测量的方法

如图1-16所示,进行人体测量时,被测者一般取立姿或坐姿。立姿时,两腿并拢,两脚自然分开60°,全身自然伸直,双肩放松,双臂下垂自然贴于身体两侧。被测者取坐姿时,上身要自然伸直并与椅子垂直。小腿与地面垂直,上肢自然弯曲,双手平放在大腿之上。测量者位于被测者的左侧,按照先上装后下装、先长度后围度、最后测量局部的程序进行测量。

人体测量一般分为高度测量、长度测量、宽度测量、围度测量和斜度测量五个方面。

1. 高度测量

高度测量是指由地面至被测点之间的垂直距离,如总体高、身高等。测量时注意使皮尺与人体之间离开一定的距离,并使皮尺与人体轴线相平行。不能按照人体曲线逐段测量,因为那样会使测量数据失去准确性。

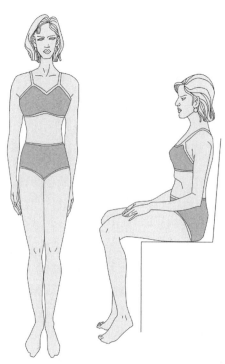

图 1-16

2. 长度测量

长度测量是指两个被测点之间的距离,如衣长、袖长、腰节长、裤长、裙长等。测量时除了注意被测点定位要准确外,还要考虑服装的款式特点。

3. 宽度测量

宽度测量是指两个被测点之间的水平距离,如胸宽、背宽、肩宽等。

4. 围度测量

围度测量是指基于某一被测点的周长,如胸围、腰围、臀围、颈围等。测量时要注意使软尺水平绕体一周,不能倾斜,同时还要注意尺子的松紧适度。在测量胸围时,还要考虑呼吸差所引起的变化,要在自然呼吸的状态下进行测量。

5. 斜度测量

斜度测量是用专门的量角仪器测出人体肩部的斜度。例如,我国男性平均肩斜度为 18°,其中后片肩斜线为 16°,前片肩斜线为 20°;女性平均肩斜度为 20°,其中后片肩斜线为 18°,前片肩斜线为 22°。为了便于制图,通常将肩斜度换算成对角线的长度,即通过 1/2 肩宽和落肩量两个数值来确定肩斜线的角度。

五、人体测量的部位与基点

人体测量一般是先测取人体相关部位的净尺寸,然后根据服装款式的造型特点与穿着要求,加放一定的放松量。人体测量的项目是由测量目的所决定的,根据服装制图的要求,人体测量的部位及测点如图 1-17 所示。

①总体高:人体立姿时,头顶点至地面的直线距离。

②颈椎点高:人体立姿时,第七颈椎点至地面的直线距离。

③上体长:人体立姿时,第七颈椎点至臀部下沿的直线距离。

④下体长:由臀部下沿量至与脚跟齐平的位置。

⑤手臂长:肩端点至颈凸点的距离。

⑥后背长:由第七颈椎点沿后中线测量至腰节线,顺背形测量。

⑦腰长:腰节线至臀围线之间的距离。

⑧前身长:由肩颈点经过乳点至腰节线之间的距离,按照胸部的曲面形状测量。

⑨后身长:由侧颈点经过肩胛骨凸点,向下测量至腰节线位置。

⑩全肩宽:自左肩端点经过第七颈椎点测量至右肩端点的距离。

⑪后背宽:背部左右腋窝点之间的距离。

⑫前胸宽:胸部左右腋窝点之间的距离。

⑬乳下度:自侧颈点至乳点之间的距离。

⑭乳间距:两乳点之间的距离,是确定服装胸省位置的依据。

⑮胸围:以乳点(BP 点)为基点,用皮尺水平围量一周的长度。

⑯腰围:在腰部最凹处,用皮尺水平围量一周的长度。

⑰臀围:在臀部最丰满处,用皮尺水平围量一周的长度。

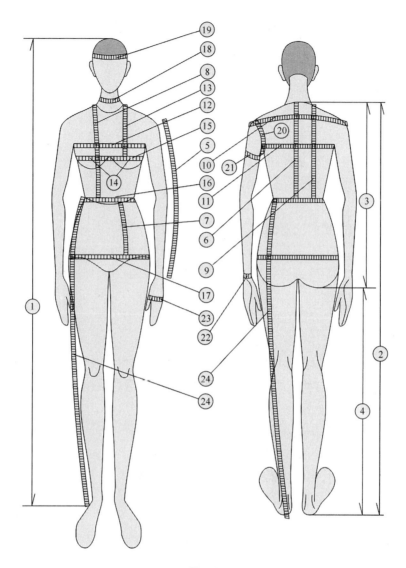

图 1-17

⑱颈根围：经过前颈点、侧颈点、后颈点，用皮尺围量一周的长度。

⑲头围：以前额和后枕骨为测点，用皮尺围量一周的长度。

⑳臂根围：经过肩端点和前后腋窝点围量一周的长度。

㉑臂围：在上臂最丰满处，水平围量一周的长度。

㉒腕围：在腕部用皮尺围量一周的长度。

㉓掌围：将拇指并入手心，用皮尺在手掌最丰满处围量一周的长度。

㉔腰围高：由腰节线至踝骨外侧凸点之间的长度，是普通长裤的基本长度。

第五节　制图与服装规格

一、服装规格的概念与内容

服装规格是采用量化的形式来表述服装款式,适应穿着对象特征的重要技术内容,它由"人体基本数据"和"人体活动松量"两部分构成。前者称为静态因素,是设计服装基本规格的依据;后者称为动态因素,是设计服装放松量的依据。服装作为商品必须满足多数人的穿着需要,因而服装规格设计强调相对宽泛的人体覆盖率。为了使服装规格具有较强的通用性和兼容性,必须将具有共性特征的人体数据作为研究对象,并根据产品的对象及用途确定相应的规格系列。

我国目前所采用的服装规格是以国家服装号型标准为依据,针对目标消费群体(男装、女装、童装)、产品用途(正装、职业装、休闲装、特种服装)、款式造型(宽松型、合身型、内衣型)等特点,为特定的服装产品设计出相应的加工数据和成品规格。服装规格设计以人体规格为依据,但并不是人体数据的简单套用或机械放缩,必须将产品的造型特点和当下的流行趋势有机融合,才能够设计出科学、合理的服装规格系列。

二、服装的放松量与内空间

服装的放松量与内空间是服装圆周与人体圆周之间的一种相对关系。为了明确表述这种关系,我们将服装的周长大于人体周长的量定义为"放松量",将两圆周之间的半径差定义为"间隙",将因间隙而构成的服装与人体之间的空间量定义为服装的"内空间"。服装作为人体的"外包装",既要与人体形态相适应,又要与人体表面保持一定的间隙量。因而服装的放松量与内空间的设计,不仅关系到服装的造型,同时也关系到服装的运动机能。

如图 1-18 所示,服装制图中围度计算方面通常有两种设计参数:一是实测人体所获得的数据,称为"净规格",如净胸围、净腰围、净臀围等;二是指在"净规格"的基础上,根据服装款式的造型特点,按照人体表面与服装之间间隙量的大小,计算出服装成形后的成品规格。"成品规格"与"净规格"之间的差数,即是"放松量"。人体圆周半径与增加松量后的成品圆周半径之间的差量即是"间隙"。关于"间隙"与"放松量"之间的关系,可以通过图 1-18 进行表述。

如图 1-19 所示,内圆表示人体净胸围,外圆表示成品胸围。内圆半径表示人体净胸围半径,外圆半径表示成品胸围半径。图中人体净胸围与成品胸围之间的半径差即"间隙"。根据圆周定律得出:间隙＝成品胸围半径-人体净胸围半径。利用这一公式,可以求出不同放松量下成品圆周与人体圆周之间的间隙量。同样也可以根据预定的间隙量求出成品的放松量。

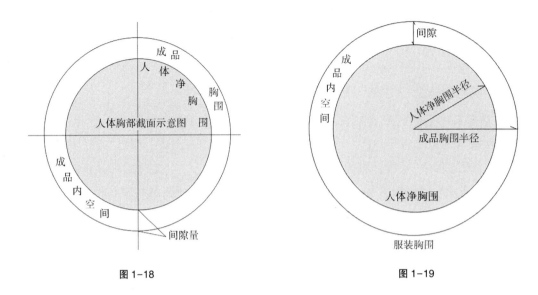

图 1-18　　　　　　　　　　　　　　图 1-19

服装间隙量的计算。设：人体净胸围 84cm，放松量 10cm，所形成的间隙为：人体净胸围半径 = 84cm÷2π = 84cm÷6.28 = 13.4cm，成品胸围半径 =（84 + 10）cm÷2π = 94cm÷6.28 = 15cm，间隙 = 成品胸围半径－人体净胸围半径 = 15cm－13.4cm = 1.6cm。

服装放松量的计算。已知：圆的周长 = 直径×π，根据圆周长计算公式得出：放松量 = 间隙×2π，为了便于计算，取近似值 π = 3cm，所以服装的放松量 = 间隙×6。

根据放松量计算公式，可以比较容易推算出各类服装的间隙与放松量。例如，2cm 的间隙所形成的放松量为 12cm。3cm 的间隙所形成的放松量为 18cm，依此类推。

决定服装间隙大小的主要因素有三种：一是由内衣的层数及厚度所决定，如夏季服装间隙小，冬季服装间隙大；二是适应服装款式造型的需要，如合体型服装间隙小，宽松型服装间隙大；三是受流行因素或穿着习惯的影响，如正装型服装间隙小，休闲型服装间隙大等。因间隙不同所形成的服装放松量也各不相同，在进行服装规格设计时，要根据具体情况区别对待。

间隙不仅影响服装的放松量，还关系到服装的设计风格。当各部位的间隙量呈均匀分布时，所形成的服装廓型属于模拟人体自然形的设计。当各部位的间隙量不均匀分布时，所形成的服装廓型属于超越人体自然形的设计。例如，增加腰部的间隙可以形成直身式廓型，增加胸围的间隙可以形成倒梯形廓型，增加臀围及下摆围的间隙可以形成"A"廓型等。利用间隙大小来计算服装放松量，能够把服装平面制图与服装的立体形态相联系，有利于提高制图的科学性和准确性。

我国的服装设计人员在长期的设计实践中，总结出了一系列关于服装测量部位、放松量、间隙的参照端点和参照值，见表 1-3、表 1-4。

表1-3 男装测量、放松量、间隙表 单位:cm

品 种	测 量 部 位		放松量	间 隙
	衣(裤)长	袖 长	胸围 臀围	
中山装	拇指中节	腕部至虎口之间	12~16	2~2.7
西 装	拇指中节至拇指尖	腕下1	10~14	1.7~2.3
春秋装	虎口至拇指中节	腕下2	12~16	2~2.7
夹克衫	虎口上量3	虎口上3	15~18	2.5~3
中式罩衫	拇指中节	腕部至虎口之间	14~17	2.3~2.8
长袖衬衫	虎口	腕下2	12~16	2~2.7
短袖衬衫	虎口上量1	肘关节向上3	12~16	2~2.7
长大衣	膝盖线下量10	拇指中节	20~24	3.3~4
中大衣	膝盖线	虎口	20~24	3.3~4
短大衣	中指尖	虎口	18~24	1.8~4
风雨衣	膝盖线下量10	虎口	20~24	3.3~4
长西裤	腰节线上量3至离地面3处		8~14	1.3~2.3
短西裤	腰节线上量3至膝盖线以上10左右		8~14	1.3~2.3

表1-4 女装测量、放松量、间隙表 单位:cm

品 种	测 量 部 位		放松量	间 隙
	衣(裤)长	袖 长	胸围 臀围	
单外衣	腕下3至虎口	腕下2左右	10~14	1.7~2.3
女西服	腕下3至虎口	腕下1左右	8~12	1.3~2
女马甲	拇指中节至拇指尖	腕下2左右	12~18	2~3
中式罩衫	腕下3至虎口	腕下2左右	10~14	1.7~2.3
长袖衬衫	腕下2	腕下1	8~12	1.3~2
短袖衬衫	腕部略向下	肘关节向上3~6	8~12	1.3~2
中袖衬衫	腕部略向下	肘、腕之间略向下	8~12	1.3~2
长大衣	膝盖线向下10左右	虎口	18~24	3~4
中大衣	膝盖线	虎口向上1	16~22	4~3.7
短大衣	中指尖	腕下3	15~20	2.5~3.3
风雨衣	腕下10左右	虎口	20~24	3.3~4
连衣裙	膝盖线向下10左右	肘关节以上3~6	8~12	1.3~2
西装裙	腰节线以上3至膝盖线以下7之间		6~10	1~1.7
长西裤	腰节线以上3至离地面3处		6~12	1~2

三、服装号型的概念

服装号型标准是国家对服装产品规格所作的统一技术规定，是对各类服装进行规格设计的依据。

我国的服装号型标准是在全国多个省、市、自治区，按照不同的地区、阶层、年龄、性别进行的体型测量。在具备了充分调查数据的基础上，根据正常人体的体型特征和使用需要，选择最有代表性的部位，经过合理归并而制定出来的。

经过多年实施，不断进行修正，于2008年12月31日发布服装号型男子GB/T 1335.1—2008、服装号型女子GB/T 1335.2—2008（以下简称新号型）。

新号型中规定："号"是指人体的身高，以厘米（cm）为单位表示，是设计和选购服装长短的依据；"型"是指人体的胸围或腰围，以厘米（cm）为单位表示，是设计或选购服装肥瘦的依据。

新号型中根据人体胸围与腰围之间的差数大小，将人体划分为四种体型。有关体型分类的代号和范围见表1-5和表1-6。

表1-5 男子体型分类代号及范围　　　　　　　　　　　　　　　　　单位：cm

体型分类代号	Y	A	B	C
胸围与腰围之差数	22~17	16~12	11~7	6~2

表1-6 女子体型分类代号及范围　　　　　　　　　　　　　　　　　单位：cm

体型分类代号	Y	A	B	C
胸围与腰围之差数	24~19	18~14	13~9	8~4

四、服装号型的范围

新号型中规定，成年人上装为5·4系列。其中前一个数字"5"表示"号"的分档数值，即每间隔5cm分为一档。成年男子从150号开始至190号结束，共分为9个号。成年女子从145号开始至180号结束，分为8个号。后一位数字"4"表示"型"的分档数值。成年男子从72cm、76cm开始，成年女子从68cm、72cm开始，每隔4cm分为一档。

下装类分为5·4系列和5·2系列两种。女子从50~60cm开始，男子从56~70cm开始，每隔4cm或2cm分为一档。

五、服装号型的标注

服装产品进入销售市场，必须标明服装号型及体型分类代号。服装号型的标注形式为"号/型+体型分类代号"。例如，男上衣号型170/88A，表示本服装适合于身高在168~172cm、净胸围在86~89cm的人穿着，"A"表示胸围与腰围的差数在16~12cm的体型。又如，女裤号型160/68A，表示该号型的裤子适合于身高为158~162cm、净腰围在67~69cm的人穿着，"A"

表示胸围与腰围的差数在 18~14cm 的体型。

六、服装号型的应用

新号型中编制了各系列的控制部位数值。见表 1-7~表 1-14。控制部位共有 10 个,即身高、颈椎点高、坐姿颈椎点高、全臂长、腰围高、胸围、颈围、总肩宽、腰围、臀围,它们的数值都是以"号"和"型"为基础确定的。首先以中间体的规格确定中心号的数值,其次按照各自不同的规格系列,通过推档而形成全部的规格系列。中心号型是整个服装号型表的依据。所谓"中间体"又叫做"标准体",是在人体测量调查中筛选出来的,具有代表性的人体数据。

成年男子中间体标准为:身高 170cm、胸围 88cm、腰围 74cm,体型特征为"A"型。号型表示方法为:上衣 170/88A,下装 170/74A。成年女子中间体标准为:身高 160cm、胸围 84cm、腰围 68cm,体型特征为"A"型。号型表示方法为:上衣 160/84A,下装 160/68A。

中心号在各号型系列中的数值基本相同,所以一般选择中心号作为基础制图的规格。目的是在制作系列样板时,由中间号型分别向两端推档,能够减少因档差过大而造成的误差。在此需要说明一点,服装号型标准中所规定的是人体主要控制部位的净体规格,并没有限定服装的成品规格。所以,在实际应用中不能将新号型看成是一成不变的标准,应结合具体的穿着要求和款式造型特点,灵活机动地选择与应用。

七、服装号型标准

表1-7　男子 5·4、5·2Y 号型系列控制部位数值　　　　　单位:cm

部　位	Y															
	数　值															
身高	155		160		165		170		175		180		185		190	
颈椎点高	133.0		137.0		141.0		145.0		149.0		153.0		157.0		161.0	
坐姿颈椎点高	60.5		62.5		64.5		66.5		68.5		70.5		72.5		74.5	
全臂长	51.0		52.5		54.0		55.5		57.0		58.5		60.0		61.5	
腰围高	94.0		97.0		100.0		103.0		106.0		109.0		112.0		115.0	
胸围	76		80		84		88		92		96		100		104	
颈围	33.4		34.4		35.4		36.4		37.4		38.4		39.4		40.4	
总肩宽	40.4		41.6		42.8		44.0		45.2		46.4		47.6		48.8	
腰围	56	58	60	62	64	66	68	70	72	74	76	78	80	82	84	86
臀围	78.8	80.4	82.0	83.6	85.2	86.8	88.4	90.0	91.6	93.2	94.8	96.4	98.0	99.6	101.2	102.8

服装结构原理与制图技术（第2版）

表 1-8　男子 5·4,5·2A 号型系列控制部位数值　　　　　　　单位：cm

部位	数值							
身高	155	160	165	170	175	180	185	190
颈椎点高	133.0	137.0	141.0	145.0	149.0	153.0	157.0	161.0
坐姿颈椎点高	60.5	62.5	64.5	66.5	68.5	70.5	72.5	74.5
全臂长	51.0	52.5	54.0	55.5	57.0	58.5	60.0	61.5
腰围高	93.5	96.5	99.5	102.5	105.5	108.5	111.5	114.5

部位	数值								
胸围	72	76	80	84	88	92	96	100	104
颈围	32.8	33.8	34.8	35.8	36.8	37.8	38.8	39.8	40.8
总肩宽	38.8	40.0	41.2	42.4	43.6	44.8	46.0	47.2	48.4
腰围	56　58　60	60　62　64	64　66　68	68　70　72	72　74　76	76　78　80	80　82　84	84　86　88	88　90　92
臀围	75.6　77.2　78.8	78.8　80.4　82.0	82.0　83.6　85.2	85.2　86.8　88.4	88.4　90.0　91.6	91.6　93.2　94.8	94.8　96.4　98.0	98.0　99.6　101.2	101.2　102.8　104.4

表 1-9　男子 5·4,5·2B 号型系列控制部位数值　　　　　　　单位：cm

部位	数值							
身高	155	160	165	170	175	180	185	190
颈椎点高	133.5	137.5	141.5	145.5	149.5	153.5	157.5	161.5
坐姿颈椎点高	61.0	63.0	65.0	67.0	69.0	71.0	73.0	75.0
全臂长	51.0	52.5	54.0	55.5	57.0	58.5	60.0	61.5
腰围高	93.0	96.0	99.0	102.0	105.0	108.0	111.0	114.0

部位	数值										
胸围	72	76	80	84	88	92	96	100	104	108	112
颈围	33.2	34.2	35.2	36.2	37.2	38.2	39.2	40.2	41.2	42.2	43.2
总肩宽	38.4	39.6	40.8	42.0	43.2	44.4	45.6	46.8	48.0	49.2	50.4
腰围	62　64	66　68	70　72	74　76	78　80	82　84	86　88	90　92	94　96	98　100	102　104
臀围	79.6　81.0	82.4　83.8	85.2　86.6	88.0　89.4	90.8　92.2	93.6　95.0	96.4　97.8	99.2　100.6	102.0　103.4	104.8　106.2	107.6　109.0

表 1-10　男子 5·4.5·2C 号型系列控制部位数值

单位：cm

部位	数　值							
身高	155	160	165	170	175	180	185	190
颈椎点高	134.0	138.0	142.0	146.0	150.0	154.0	158.0	162.0
坐姿颈椎点高	61.5	63.5	65.5	67.5	69.5	71.5	73.5	75.5
全臂长	51.0	52.5	54.0	55.5	57.0	58.5	60.0	61.5
腰围高	93.0	96.0	99.0	102.0	105.0	108.0	111.0	114.0

部位											
胸围	76	80	84	88	92	96	100	104	108	112	116
颈围	34.6	35.6	36.6	37.6	38.6	39.6	40.6	41.6	42.6	43.6	44.6
总肩宽	39.2	40.4	41.6	42.8	44.0	45.2	46.4	47.6	48.8	50.0	51.2

部位																						
腰围	70	72	74	76	78	80	82	84	86	88	90	92	94	96	98	100	102	104	106	108	110	112
臀围	81.6	83.0	84.4	85.8	87.2	88.6	90.0	91.4	92.8	94.2	95.6	97.0	98.4	99.8	101.2	102.6	104.0	105.4	106.8	108.2	109.6	111.0

表 1-11　女子 5·4.5·2Y 号型系列控制部位数值

单位：cm

部位	数　值							
身高	145	150	155	160	165	170	175	180
颈椎点高	124.0	128.0	132.0	136.0	140.0	144.0	148.0	152.0
坐姿颈椎点高	56.5	58.5	60.5	62.5	64.5	66.5	68.5	70.5
全臂长	46.0	47.5	49.0	50.5	52.0	53.5	55.0	56.5
腰围高	89.0	92.0	95.0	98.0	101.0	104.0	107.0	110.0
胸围	72	76	80	84	88	92	96	100
颈围	31.0	31.8	32.6	33.4	34.2	35.0	35.8	36.6
总肩宽	37.0	38.0	39.0	40.0	41.0	42.0	43.0	44.0

部位																
腰围	50	52	54	56	58	60	62	64	66	68	70	72	74	76	78	80
臀围	77.4	79.2	81.0	82.8	84.6	86.4	88.2	90.0	91.8	93.6	95.4	97.2	99.0	100.8	102.6	104.4

表 1-12　女子 5·4,5·2A 号型系列控制部位数值

单位：cm

部 位	数　值							
身高	145	150	155	160	165	170	175	180
颈椎点高	124.0	128.0	132.0	136.0	140.0	144.0	148.0	152.0
坐姿颈椎点高	56.5	58.5	60.5	62.5	64.5	66.5	68.5	70.5
全臂长	46.0	47.5	49.0	50.5	52.0	53.5	55.0	56.5
腰围高	89.0	92.0	95.0	98.0	101.0	104.0	107.0	110.0
胸围	72	76	80	84	88	92	96	100
颈围	31.2	32.0	32.8	33.6	34.4	35.2	36.0	36.8
总肩宽	36.4	37.4	38.4	39.4	40.4	41.4	42.4	43.4

腰围	54	56	58	58	60	62	64	66	68	70	72	74	76	78	78	80	82	82	84	86
臀围	77.4	79.2	81.0	81.0	82.8	84.6	84.6	86.4	88.2	88.2	90.0	91.8	93.6	95.4	95.4	97.2	99.0	99.0	100.8	102.6
	102.6	104.4	106.2																	

表 1-13　女子 5·4,5·2B 号型系列控制部位数值

单位：cm

部 位	数　值							
身高	145	150	155	160	165	170	175	180
颈椎点高	124.5	128.5	132.5	136.5	140.5	144.5	148.5	152.5
坐姿颈椎点高	57.0	59.0	61.0	63.0	65.0	67.0	69.0	71.0
全臂长	46.0	47.5	49.0	50.5	52.0	53.5	55.0	56.5
腰围高	89.0	92.0	95.0	98.0	101.0	104.0	107.0	110.0

胸围	68	72	76	80	84	88	92	96	100	104	108
颈围	30.6	31.4	32.2	33.0	33.8	34.6	35.4	36.2	37.0	37.8	38.6
总肩宽	34.8	35.8	36.8	37.8	38.8	39.8	40.8	41.8	42.8	43.8	44.8

腰围	56	58	60	62	64	66	68	70	72	74	76	78	80	82	84	86	88	90	92	94	96	98
臀围	78.4	80.0	81.6	83.2	84.8	86.4	88.0	89.6	91.2	92.8	94.4	96.0	97.6	99.2	100.8	102.4	104.0	105.6	107.2	108.8	110.4	112.0

表1-14 女子5·4,5·2C号型系列控制部位数值

单位:cm

C 数值

部位								
身高	145	150	155	160	165	170	175	180
颈椎点高	124.5	128.5	132.5	136.5	140.5	144.5	148.5	152.5
坐姿颈椎点高	56.5	58.5	60.5	62.5	64.5	66.5	68.5	70.5
全臂长	46.0	47.5	49.0	50.5	52.0	53.5	55.0	56.5
腰围高	89.0	92.0	95.0	98.0	101.0	104.0	107.0	110.0

部位												
胸围	68	72	76	80	84	88	92	96	100	104	108	112
颈围	30.8	31.6	32.4	33.2	34.0	34.8	35.6	36.4	37.2	38.0	38.8	39.6
总肩宽	34.2	35.2	36.2	37.2	38.2	39.2	40.2	41.2	42.2	43.2	44.2	45.2

部位																								
腰围	60	62	64	66	68	70	72	74	76	78	80	82	84	86	88	90	92	94	96	98	100	102	104	106
臀围	78.4	80.0	81.6	83.2	84.8	86.4	88.0	89.6	91.2	92.8	94.4	96.0	97.6	99.2	100.8	102.4	104.0	105.6	107.2	108.8	110.4	112.0	113.6	115.2

思考练习与实训

一、基础知识

1. 简述服装结构制图的概念、原理和作用。

2. 熟记常用的服装术语。

3. 掌握服装代号、制图符号的意义与用途。

4. 简要论述服装号型的应用方法。

5. 简要论述人体观察的目的和方法。

二、制图实践

1. 掌握正确的人体测量方法，进行人体测量训练。

2. 根据服装号型标准编制服装规格系列。

3. 根据服装的预定间隙量计算出服装的成品规格。

基础知识 模拟制图——

制图原理与模拟制图

课题名称：制图原理与模拟制图

课题内容：制图的原理与类别

制图的方法与步骤

几何体模拟制图

课题时间：10 课时

教学目的：通过讲授服装制图的原理与方法,使学生树立正确的制图观念,使其在理解服装结构原理的基础上,熟练掌握制图步骤与方法,成为具备一定理论修养和实践技能的应用型人才。

教学要求：1. 通过对几何体平面展开原理的研究,了解服装制图中立体与平面的转换关系。

2. 通过对人体立体形态作几何体趋向的归纳,为学习制图的计算原理奠定基础。

3. 通过形象思维和空间意识的训练,提高学生对空间问题的几何分析能力。

4. 通过对几何体作平面展开实践,使学生理解服装制图中的相关计算法则。

5. 通过研究服装的立体形态与结构类型,使学生掌握服装制图的绘制技术。

课前准备：阅读服装制图及相关方面的书籍,选择多种几何体进行分解实训。

第二章

制图原理与模拟制图

第一节　制图的原理与类别

　　自然界中的一切物体都是由点、线、面构成的。其中点是构成物体的基本元素，点的移动构成线，线的移动构成面，面的移动构成体。一个立方体由六个面组成，一个球体可以由无数个面构成。构成球体的面的数量越多，单位面积越小，它所构成的球体表面就越圆顺。根据这种原理，可以将复杂的人体立体形态分解成若干个平面图形，并依据这些平面图形进一步生成服装衣片。从理论上讲，构成服装的衣片数量越多，塑造出的服装形态就越适体，但限于材料、工艺和审美方面的因素，应当尽可能使服装的外观简洁和完整。因此，服装制图必须在对人体作归纳与整合的基础上，提炼出最小数量的裁片。研究制图的首要任务就是将人体最大限度地概括成少量虚拟的平面，然后根据几何学原理绘制出这些虚拟平面的图形，从而产生不同面积及形状的服装制图。

　　人体是由许多不规则曲面所构成的立体形态，要将这一复杂的立体形态分解成简单的平面制图，关键在于选择人体中主要的起伏点和转折线作为平面分解的参照。如图 2-1 所示，人体中主要的纵向起伏部位有胸部、腰部、臀部、乳点、肩胛骨凸点等，主要的横向转折线有前中线、后中线、侧缝线、公主线、腋面线等。其中起伏部位与起伏量的大小在服装制图中决定省位与省量，转折线的位置与形态决定制图的轮廓和结构类型。对于常规服装而言，裁片的数量一般为

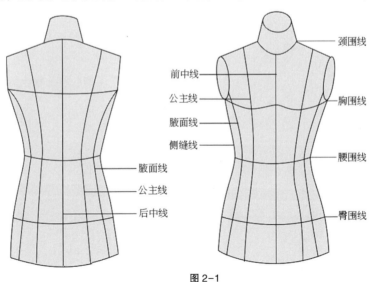

前中线
公主线
腋面线
侧缝线
颈围线
胸围线
腰围线
臀围线
腋面线
公主线
后中线

图 2-1

三片或四片,分别称为"三开身结构"和"四开身结构"。"三开身结构"和"四开身结构"是两种最基本的服装结构形式,其他结构形式都是在这两种基本结构的基础上派生出来的。因此,熟练掌握这两种基本结构的制图原理和制图方法,是学习服装制图的基础。有关这两种基本结构的原理,可以通过图2-2进行说明。

如图2-2(a)所示,假设人体胸部截面形状为一正圆。将圆周分成四等份,产生A、B、C、D四个点,分别将A、B、C、D四个点作为裁片的纵向分割线基点,展开后可以产生如图2-2(b)所示的服装平面制图。按照业内习惯将这种制图称为"四开身结构"。

如图2-2(c)所示,将人体胸围截面分成三等份,产生A、B、C三点,分别将这三点作为裁片的纵向分割线基点,展开后可以产生如图2-2(d)所示的服装平面制图。按照业内习惯将这种制图称为"三开身结构"。

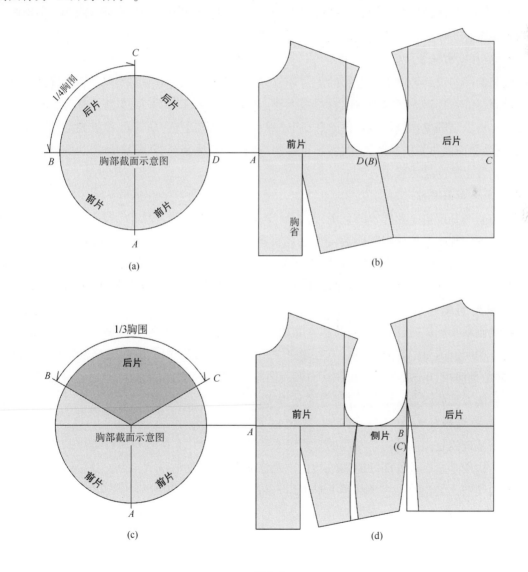

图2-2

第二节　制图的方法与步骤

一、服装制图的方法

尽管 CAD 制图技术在服装行业中的应用已日益普及，但是手工制图仍是服装设计与技术人员应该掌握的重要技能之一。服装制图是一项理论与实践相统一的专门技术，除了理解服装结构原理与相关知识之外，掌握正确的制图方法是提高制图质量和工作效率的重要因素。

1. 制图准备工作

其一是准备好制图工具，如铅笔、橡皮、曲线板、直尺、蛇形尺（测量自由曲线长度的工具）、胶带纸等，如果要绘制缩小制图时，还应当准备不同粗细的绘图笔。其二是准备好制图用纸，由于基础制图最终要分片拓印到较厚的样板纸上，所以用于基础制图的纸张不宜太厚。

2. 分析制图对象

服装制图是设计理念物化过程的重要环节，是服装立体形态的平面反映。因而在制图之前应当对服装的设计形态、结构特征、材料塑形特点、穿着对象、穿着场合、穿着要求等方面进行深入分析。从服装的整体结构到部件形状，从外观审美到内在工艺，从设计参数到结构平衡等方面，制订出全面而科学的制图方案，做到有目的、有针对性地制图，从而确保制图符合设计理念并满足服装生产的技术要求。

3. 选择制图规格

服装制图是产生工业样板的蓝图，为了减少在放码过程中所产生的误差，通常选择中间号型作为制图的规格。按照国家服装号型系列标准，男子的中间号型为 170/88A，女子中间号型为 160/84A。如果属于客户委托加工，则应选取客户提供规格表的中间数作为制图规格。凡是没有明确要求的部件规格，可以参照设计图或图片上的相关比例，推测出制图中的具体数据。

4. 确定制图布局

在绘制缩小制图时，图形布局的基本准则是，既要视觉上匀称美观，又要充分考虑到尺寸标注和文字说明所需要的足够空间。在绘制生产用制图时，基于相关部件吻合及对位方面的考虑，通常是将面板、里板、部件绘制在同一幅制图里面，为了避免混淆，应当将不同的衣片或部件采用不同的线型或颜色来绘制，并注意区分相切、相近、相重合部分的线迹。

5. 基础线和结构线

所谓基础线是指制图初始阶段的框架线。一般是用 HB 或 B 型号的铅笔绘制成细而轻的线条。结构线是指衣片外部的轮廓线和内部的省道线。一般是用 B 或 2B 型号的铅笔绘制成比较粗的线条。无论哪种线条都要求粗细均匀、直线规范、弧线圆顺。

6. 尺寸与文字标注

服装缩小制图作为交流的技术语言，除了制图本身所包含的基础线和结构线之外，还应当包含尺寸标注、尺寸箭头和其他文字说明。要求箭头标注端点精确，数字及文字规范，方向一致。

二、服装制图的步骤

1. 先画主衣片，后画零部件

根据局部服从整体的原则，制图中要先绘制出主要衣片的轮廓造型，然后以此为参照，按照一定的比例关系确定部件规格及造型。上衣类主部件是指前衣片、后衣片、大袖片、小袖片，下装类主部件是指前裤片、后裤片、前裙片、后裙片等，上衣类零部件是指领子(领面、领里)、口袋(袋盖面、袋盖里、嵌线、垫袋布、口袋布)、装饰部件等，下装类零部件是指腰面、腰里、腰襻、垫袋布、口袋布、门襟等。

2. 先画面板，后画里板和衬板

所谓面板是指服装面料的裁剪模板，它是服装制图的主体部分，决定里板和衬板的形状和规格。因此应当先将面板的制图绘制好，然后结合工艺要求画出里板和衬板制图。在绘制里板和衬板制图时，要注意因材料层间的吻合需要所产生的放松量的关系。

3. 先画净样，后画毛样

在服装制图中净样表示服装成形后的实际规格，不包括缝份和折边在内。毛样是表示服装成形前的衣片规格，包括缝份和折边在内。先画出衣片的净样，然后按照缝制工艺的具体要求加放缝份及折边，最后在制图上面注明标记，如经纬线的方向、毛向、条格方向等。

4. 检查审核全图

制图的审核是不可忽视的重要环节，在拓印衣片之前必须全面审核制图。审核的内容其一是分析制图的平面形状是否准确反映了预定的设计形态。其二是检测整体及部件的规格是否符合标准。其三是检验整体与部件间的吻合关系以及整体结构的平衡状况。

第三节 几何体模拟制图

人体形态虽然复杂，但服装设计所要研究的并非是所有的生理细节，而是提取与服装造型直接相关的形态要素，经过归纳与整合形成理想化的人体形态。这种理想化的人体形态源于人体而又超越人体。所谓源于人体是指经过归纳所形成的人体必须包含自然人体的主要特征。所谓超越人体是指经过归纳后的人体是一种趋于几何形态的虚拟人体。只有经过归纳与整合后的人体形态，才能够作为服装结构设计与制图的依据。这种观点的提出有以下五个方面的理由。

(1)服装设计的宗旨是从审美的角度对人体进行修饰，塑造出简洁完美的视觉形象，而不是模拟人体的所有细节。

(2)从服装文化心理学的角度分析，日常生活环境中的人对于体态美的展示是有取舍、有选择的，并非是人体自然形态的全部。

(3)限于当今服装材料与生产工艺，服装不可能也没有必要完全再现人体的所有细节。

(4)从几何学的角度分析，任何复杂的立体形态都是由若干个几何元素构成的，这就为人体的归纳与整合提供了可能。

(5)从服装结构理论研究的角度分析，只有将人体归纳成与之相近的几何体，才能够从中发现相关的几何学原理,建立起与服装相关的人体数学模型。

基于上述理由,通过下面的几何体分解与制图实践,加深对服装制图原理的理解,掌握立体形态与平面图形之间的转换关系,研究相关计算原理与制图方法,为学习服装制图奠定基础。

一、立方体的平面制图

如图2-3(a)、图2-3(b)所示,立方体各边长均为15cm。如果将它分解成6片大小、形状都相同的裁片,所形成的平面制图为边长15cm的正方形。如果要将立方体分解为一个完整的裁片,可以将平面制图设计成如图2-3(c)所示的形状,制图中的每一条边长均为15cm。

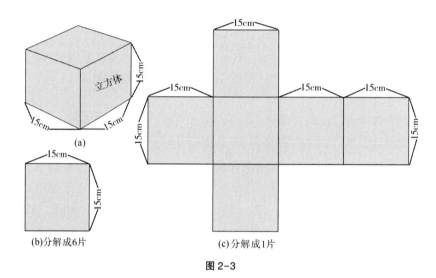

图 2-3

如图2-4所示,当立方体的四个侧面变成凹面时,它所分解出的平面制图的结构线也相应变成弧线,并且弧线的凹进量与凹面大小相关联。

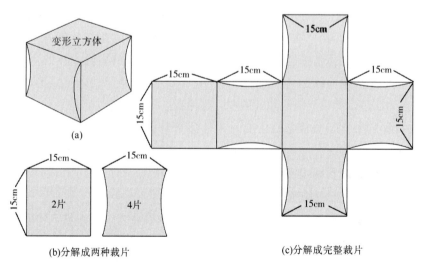

图 2-4

二、梯形体的平面制图

如图 2-5 所示,梯形体的规格如图中所注,要将它分解成平面制图,可以参照下面的步骤作图(按服装制图习惯只作制图的一半)。

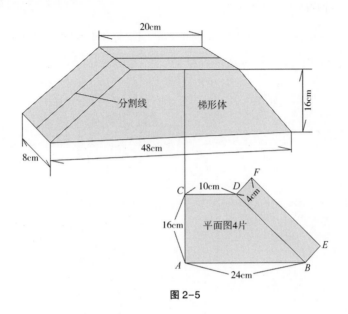

图 2-5

①作水平线 *AB* 等于梯形底边长的一半,即 48cm÷2＝24cm。

②过 *A* 点作 *AB* 的垂直线 *AC*,取 *AC*＝16cm 确定 *C* 点。

③过 *C* 点作 *AB* 的平行线 *CD*,取 *CD* 等于梯形顶边长的一半,直线连接 *BD*。

④过 *B* 点作 *BD* 的垂直线 *BE*,取 *BE*＝8cm÷2＝4cm。

⑤过 *D* 点作 *BD* 的垂直线 *DF*,取 *D*F＝8cm÷2＝4cm。

⑥直线连接 *EF*,完成制图。

三、圆柱体的平面制图

如图 2-6 所示,已知圆柱体的高度为 20cm,直径为 10cm。按照如下步骤将圆柱体的侧面分解成平面制图。

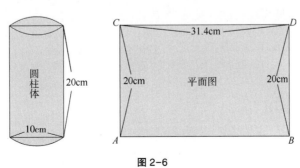

图 2-6

①作水平线 AB 等于圆柱体的底边周长，即 $AB=10\text{cm}\times3.14=31.4\text{cm}$。

②分别过 A、B 两点作 AB 的垂直线 AC 和 BD。

③取 $AC=BD=20\text{cm}$，直线连接 CD，完成制图。

四、圆锥体的平面制图

如图 2-7 所示，已知圆锥体上口的周长为 32cm，圆锥体下口的周长为 96cm，斜边的长度为 29cm。按照下面的步骤做出圆锥体的平面分解图（按照服装制图习惯只作 1/2 制图）。

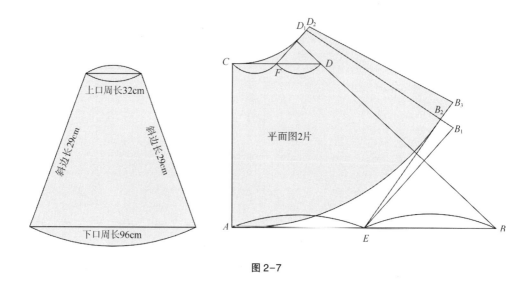

图 2-7

①作水平线 AB 等于圆锥体下口周长的一半，即 $AB=96\text{cm}\div2=48\text{cm}$。

②过 A 点作 AB 的垂直线 AC，取 $AC=29\text{cm}$。

③过 C 点作 AB 的平行线 CD，取 $CD=32\text{cm}\div2=16\text{cm}$。

④直线连接 BD，并向上作延长线。

⑤在 CD 的 1/2 位置确定 F 点，在 AB 的 1/2 位置确定 E 点。

⑥过 F 点作 BD 的垂直线 FD_1，取 $FD_1=FD$ 确定 D_1 点。

⑦过 E 点作 BD 的垂直线 EB_1，取 $EB_1=EB$ 确定 B_1 点。

⑧直线连接 D_1B_1，过 D_1 点沿 D_1B_1 线向下量出与 CA 线等长距离确定 B_2 点。

⑨弧线划顺 $\overset{\frown}{CD_1}$，顺弧线延长使其长度等于 16cm 确定 D_2 点。

⑩弧线划顺 $\overset{\frown}{AB_2}$，顺弧线延长使其长度等于 48cm 确定 B_3 点。

⑪直线连接 D_2B_3，完成制图。

五、双锥体的平面制图

如图 2-8 所示，双锥体是由两个相对的圆锥体组合而成。经测量双锥体上口周长为 48cm，中间位置周长为 24cm，下口周长为 64cm，斜边的长度分别为 16cm 和 24cm。将这一双锥体分解成平面时,可以用以下两种分解方法。两种方法所产生的平面制图的形状并不相同。

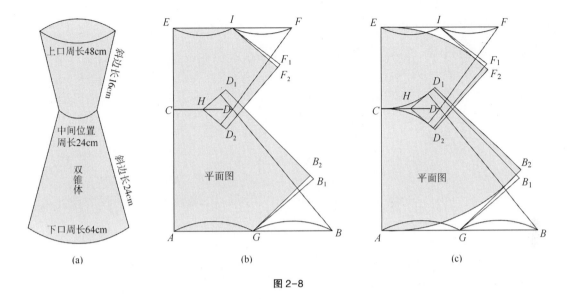

图 2-8

1. 制图方法一

①作水平线 $AB = 64\text{cm} \div 2 = 32\text{cm}$。

②过 A 点作 AB 的垂直线 AE,取 $AE = (AC+CE) = 24\text{cm}+16\text{cm} = 40\text{cm}$。

③取 $AC = 24\text{cm}$ 确定 C 点,过 C 点作 AE 的垂直线 CD,取 $CD = 24\text{cm} \div 2 = 12\text{cm}$。

④过 E 点作 AE 的垂直线 EF,取 $EF = 48\text{cm} \div 2 = 24\text{cm}$。

⑤在 AB 的 1/2 位置确定 G 点,过 G 点作 BD 的垂直线 GB_1,取 $GB_1 = GB$ 确定 B_1 点。

⑥在 CD 的 1/2 位置确定 H 点,过 H 点分别作 BD 的垂直线 HD_1 和 FD 的垂直线 HD_2,取 $HD_1 = HD$ 确定 D_1 点,取 $HD_2 = HD$ 确定 D_2 点。

⑦在 EF 的 1/2 位置确定 I 点,过 I 点作 FD 的垂直线 IF_1,取 $IF_1 = IF$ 确定 F_1 点。

⑧直线连接 B_1D_1,过 D_1 点向下取 $D_1B_2 = CA$ 确定 B_2 点。

⑨直线连接 D_2F_1,过 F_1 点向下取 $D_2F_2 = CE$ 确定 F_2 点。

⑩弧线划顺 $\overset{\frown}{CD_1}$、$\overset{\frown}{CD_2}$,顺弧线延长使 $\overset{\frown}{CD_1} = \overset{\frown}{CD_2} = 12\text{cm}$,修正 D_1、D_2 两点。

⑪弧线划顺 $\overset{\frown}{EF_2}$,顺弧线延长使 $\overset{\frown}{EF_2} = 24\text{cm}$,修正 F_2 点。

⑫弧线划顺 $\overset{\frown}{AB_2}$,顺弧线延长使 $\overset{\frown}{AB_2} = 32\text{cm}$,修正 B_2 点。

⑬分别用直线连接 D_2F_2、D_1B_2,完成制图。

从图 2-8(c)中可以看出,将双锥体分解的平面制图是两个相对的扇形,并且 D_1 点与 D_2 点以 HD 为中线相互重叠。如果要将上下两个扇形合并成一个完整的裁片,必须设法使重叠的部分分离开,这一造型原理经常被用于服装腰部的结构设计。

如图 2-9(a)所示,当衣片的腰节线位置横向分割时,可以将腰节线部位的重叠量分别转化成、上下衣片的轮廓线,从而使侧缝线保持原有的长度。

如图 2-9(b) 所示, 当腰节线不作分割时, 因重叠量无法单独处理而使侧缝线的长度减少, 制成的服装会因侧缝线过紧而导致外观不平服。为了解决这一问题, 通常是增加腰省并将靠近腰线的一段侧缝线用熨斗加热后拔开一定的量。越是合体的服装, 需要拔开的量越大。由于面料的拔开长度毕竟有限, 所以这种结构一般用于半合身型服装。

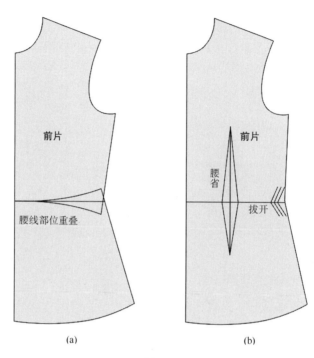

图 2-9

2. 制图方法二

如图 2-10 所示, 将双锥体作纵向分割, 分解成 8 片大小和形状均相同的裁片。由于分割所形成的裁片宽度变小, 图中 CD 线上的重叠量也会相应变小。这种较小的量能够通过拔开工艺得以弥补, 这种结构可以使造型更加完美, 制图步骤如下。

①作水平线 $AB = 64\text{cm} \div 8 = 8\text{cm}$。

②在 AB 的 1/2 位置确定 G 点, 过 G 点作 AB 的垂直线 GI, 取 $GI = (AC + CE) = 24\text{cm} + 16\text{cm} = 40\text{cm}$。

③在 GI 线上取 $GH = 24\text{cm}$ 确定 H 点, 过 H 点作 AB 的平行线 CD。

④以 H 为中点取 $CD = 24\text{cm} \div 8 = 3\text{cm}$。

⑤过 I 点作 AB 的平行线 EF, 以 I 为中点取 $EF = 48\text{cm} \div 8 = 6\text{cm}$。

⑥直线连接 EC、CA、FD、DB。

⑦过 I 点分别作 EC 和 FD 的垂直线, 取 $IE = IE_1$, $IF = IF_1$ 确定 E_1 点和 F_1 点。

⑧过 G 点分别作 AC 和 BD 的垂直线, 取 $GA_1 = GA$, $GB_1 = GB$ 确定 A_1 点和 B_1 点。

⑨直线连接 E_1C、CA_1 和 F_1D、DB_1, 确定展开图的基础线。

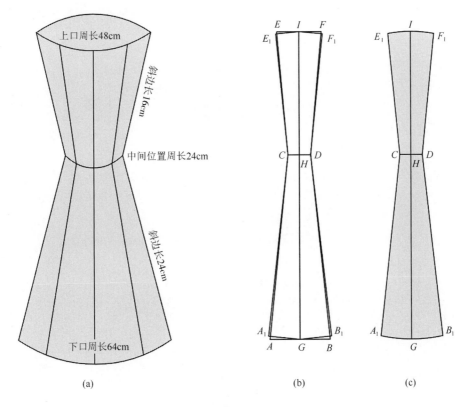

图 2-10

⑩弧线划顺 $\overset{\frown}{E_1 F_1}$，修正弧线长度使其等于圆周长的 1/8，重新确定 E_1、F_1 两点。

⑪弧线划顺 $\overset{\frown}{A_1 B_1}$，修正弧线长度使其等于圆周长的 1/8，重新确定 A_1、B_1 两点。

⑫分别用直线连接 $A_1 C$、$C E_1$、$B_1 D$、$D F_1$，完成制图。

通过以上两种分解方法及其分解结果的比较，从中可以发现分割对于服装造型的意义，尤其对于合身型的服装造型来说，利用分割的手法要比用省塑造的形态更加完美。

六、圆球体的平面制图

如图 2-11（a）所示，AB 为圆球体的横向直径，CD 为圆球体的纵向直径。过 A 点和 B 点沿圆球体表面画出圆周线。将圆周线 16 等分，确定各等分点。

如图 2-11（b）所示，分别通过各等分点与 C、D 两点作弧线连接，将圆球体的表面分解成 16 片相同形状与规格的裁片。

如图 2-11（c）所示，根据圆球体的几何原理，计算出平面制图中各部位的数据。

设球体的直径为 40cm，平面制图中 CD 的长度等于圆球体周长的一半。

即：$CD = 40\text{cm} \times 3.14 \div 2 = 62.8\text{cm}$。

　　$AB = 40\text{cm} \times 3.14 \div 16 = 7.85\text{cm}$。

如图 2-11（d）所示，将分解成的平面裁片重新组合成圆球体后，从 C 点或 D 点观察球体的

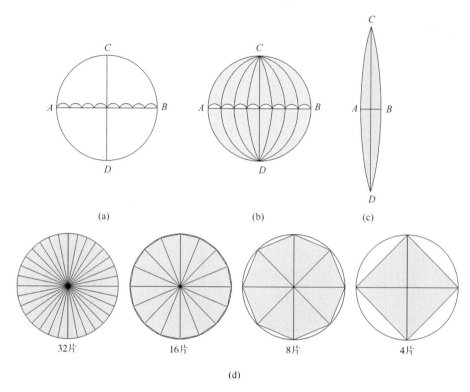

图 2-11

圆周线形状会发现,构成圆球体所用的裁片数量越多,成形后的圆球体表面越圆顺。图中分别采用 32 片、16 片、8 片、4 片构成球体,随着裁片数量的减少,所塑造的圆周表面棱角越明显,与原圆球体的形态差异也越来越大。用 4 片构成的球体接近于立方体,已经完全脱离了圆球体的特征。这种原理即服装分割的原理。

七、半圆球体的平面制图

如图 2-12(a)所示,假设半圆球体的底面周长为 60cm。将周长六等分,确定各个等分点。分别通过这些等分点与顶点 C 作纵向弧线连接,确定分割线的位置。

如图 2-12(b)所示,分别沿弧线剪开至顶点 C,然后将半圆球体展平,得出该球体的平面制图。制图中每一条弧线的形状,都代表着球体的立体形态。两条弧线之间分离开的量相当于"省量"。由此可以看出,"省"是将平面塑造成立体的重要手段。在这一平面制图中,半径 CA 和 CB 的长度等于球体底面周长的 1/4。制图中圆的周长大于球体底面的周长,两者相差的量是省量的总和。根据这种原理可以作如下计算:

制图中圆周半径 $CA = CB = 60\text{cm} \div 4 = 15\text{cm}$

制图中圆周周长 $= 15\text{cm} \times 2 \times 3.14 = 94.2\text{cm}$

制图中每个省的量 $= (94.2 - 60)\text{cm} \div 6 = 5.7\text{cm}$

有了这些数据,就能够在平面上绘制出体现半圆球体特征的结构制图,步骤:以 C 点为圆

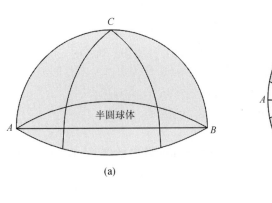

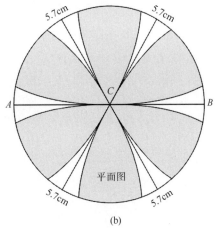

图 2-12

心,以 15cm 为半径画圆;将圆周六等分,连接各个等分点与圆心 C 点;分别以半径线与圆周的交点作为中点,两边对称画出省量 5.7cm;按照半圆球体的结构特征,将省大点与圆心点用弧线相连,完成制图。

由于半圆球体所分解成的裁片,无论是大小、形状都相等。所以,在实际制图中可以只绘制其中的一片,然后再根据制图复制出所需的裁片数量。

如图 2-13(a)所示,已知半圆球体底面周长为 55cm。计划用 6 片大小和形状完全相同的裁片来构成这一立体形态,制图步骤如图2-13(b)所示。

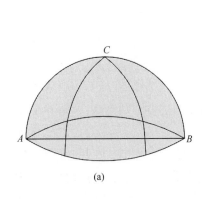

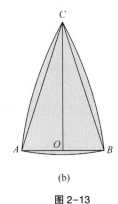

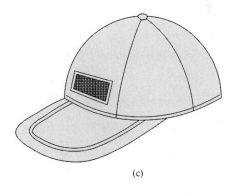

图 2-13

①作水平线 AB =55cm÷6=9.17cm。

②在 AB 的 1/2 位置确定 O 点,过 O 点作 AB 的垂直线 OC。

③取 OC 等于底面周长的 1/4,即 OC =55cm×1/4=13.75cm。

④用弧线划顺 $\overarc{AB}$、$\overarc{CA}$ 和 $\overarc{CB}$。

利用这种制图原理和制图方法,能够完成如图 2-13(c)所示的太阳帽造型。在制图中弧线 $\overarc{AC}$ 和 $\overarc{BC}$ 的形状,应体现半圆球体的立体形态。如果人为地改变弧线的形状,它所塑造成的立体形态也随之改变。

如图 2-14(a)所示，在原制图的基础上按照下面的方法进行调整。

①将 OC 线向下延长 5cm 确定 C_1 点，过 C_1 点作 AB 的平行线 DE，取 DE=AB。

②在 AB 的延长线上分别取 $AA_1=BB_1=2$cm。

③弧线划顺 $\overparen{CA_1D}$ 和 $\overparen{CB_1E}$，弧线划顺 $\overparen{DE}$ 并在中间部位凹进 1~1.5cm。

④通过增加 OC 的长度，改变 $\overparen{CA_1D}$ 和 $\overparen{CB_1E}$ 的弧线形状，形成如图 2-14(b)所示的立体形态。

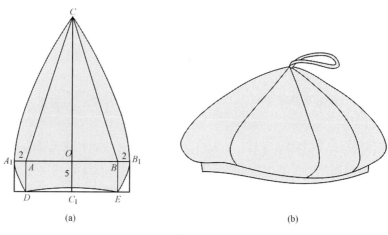

(a)   (b)

图 2-14

八、人体模拟形的平面制图

如图 2-15(a)所示，将人体的头部归纳成一个圆球体，颈部归纳成圆锥体，肩部归纳成梯形体，胸部和腰部归纳成一个双锥体，人体的上臂和前臂分别归纳成圆柱体和圆锥体，大腿和小腿也用同样的方法归纳成圆柱体和圆锥体。

如图 2-15(b)(c)所示，将所有经过归纳后的人体分解成平面，即是服装制图的雏形。从图中可以看出，在肩部与胸部相接的部位有一个省量，可以把它看作是一个袖窿省。将前胸部位垂直剪开至臀围线，合并袖窿省打开腰省，减少腰线部位的重叠量，从而构成腰线不分割情况下的衣片制图。由于人体臂部自然下垂时，前臂向前倾斜约 12°，所以在袖子的平面制图中后袖线位置形成一个肘省。

通过本节所进行的模拟制图，大体上可了解立体与平面之间的转化关系，学会了将立体形态转化成平面的相关计算与制图方法。在后面的实际制图中，要不断地运用这些原理和方法，去解决服装制图中的实际问题。当然，人体毕竟不是静止的几何体，人的日常工作和学习都离不开运动。因此还要研究人体运动对服装形态的影响因素，分析服装基本放松量和运动放松量的构成要素。基本放松量是由服装与人体的间隙大小所决定的，

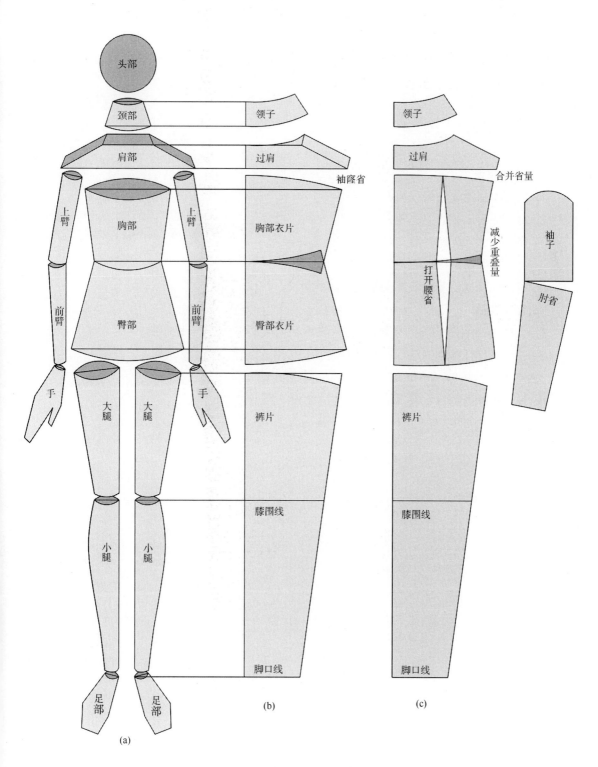

图 2-15

运动放松量是根据人体运动的方位、幅度大小所决定的。服装因功能定位不同而对放松量的要求也不相同，一般正装类放松量较小，休闲类放松量适中，运动类放松量较大。制图时要根据特定的款式造型、穿着对象、穿着要求等，灵活机动地设计松量，将服装的装饰性与机能性有机地统一起来。

思考练习与实训

一、基础知识

1. 简述服装制图的原理与方法。

2. 简述服装制图的类型及特点。

3. 简述通过几何体分解实验对服装制图的启示。

4. 将人体归纳成近似的几何体原因。

5. 简述人体体块及关节对于服装制图的意义。

二、制图实践

1. 画出 2~3 种几何体的立体图，自己设定相关数据，分解成平面制图。

2. 设计多种几何体的组合，画出相应的制图，用卡纸作成立体构成练习。

3. 设计 2~3 种帽子造型，设计相关规格并绘制 1∶1 制图。

4. 设计不同造型的背包、玩具，设计相关规格并绘制 1∶1 制图。

裙的构成原理与制图

课题名称: 裙的构成原理与制图

课题内容: 裙的构成原理

裙的基本制图

连腰筒裙制图

A 型裙制图

牛仔裙制图

塔裙制图

180°和 90°斜裙制图

课题时间: 20 课时

教学目的: 通过本章的理论讲授与制图示范,使学生理解裙的构成原理,掌握裙的制图的基本方法,并能够在常规裙制图的基础上举一反三,学会各种变化型裙款的制图。

教学要求: 1. 通过对裙作立体造型实验,使学生理解裙的立体形态与平面制图的关系。

2. 通过对人体臀腰差量的计算,使学生掌握裙的省位设置及省量计算方法。

3. 通过对常规裙的制图示范,使学生熟练掌握裙的制图技法。

4. 通过对裙的变化原理的讲授,使学生能够灵活运用制图方法应对各类裙的制图。

课前准备: 阅读服装制图及相关方面的书籍,准备制图工具及多媒体课件。

第三章

裙的构成原理与制图

裙在下装中属于结构比较简单的一种,有裙长、腰围、臀围和下摆围四个主要控制部位,其中腰围、臀围与人体形态密切相关,裙长和下摆围可以根据造型需要作较大的变化。本章所讲述的裙主要有筒裙、西装裙、塔裙、各种角度的斜裙及由此变化形成的有代表性的裙款。

第一节　裙的构成原理

如图 3-1 所示,取长度等于人体腰围线至膝盖线的距离、宽度与人体臀围相适应的面料,围在人体模型上形成一个筒形。因人体臀围与腰围间的差量,使筒形上口的周长与人体腰围之间形成一定的余量,这些余量是构成下装腰省量的成分。对于臀腰差量的处理是下装结构设计与制图的重要环节。由于人体臀腰间的凹凸量因位置不同而不同,所以反映在裙子制图上的省量大小也不均等。为了获取裙子制图中不同位置的省量分配比例,可以用立裁的方法进行造型实验。

如图 3-2 所示,首先将筒形上口的前、后中线位置,用别针分别固定于人体模型腰线上的对应位置,再在人体模型的两侧各选择三个等分点固定在对应的位置。经过分段固定后,腰围表面形成的余量即是该部位的省量。

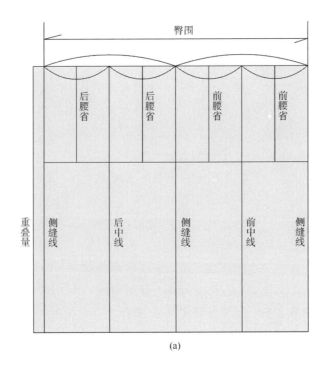

(a)

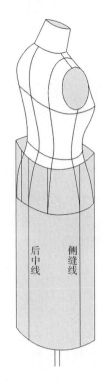

(b)

图 3-1

图 3-2

　　如图 3-3 所示,将腰部的余量分别折叠并用别针固定,在布料的表面按照折叠的痕迹用彩色铅笔画出色线,确定腰省的位置及大小。

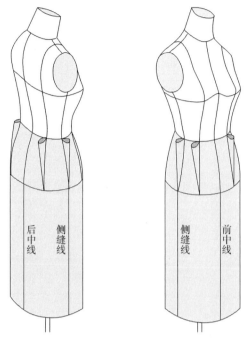

图 3-3

　　如图 3-4 所示,拆开筒形,将布料展平,由此所产生的平面形状即是裙子的基本制图。从图中可以看出,位于前片上的省道较短且省量要小一些,位于后片和两侧的省道较长且省量较大,这是由于人体前后凸点位置和凸量不同而造成的。

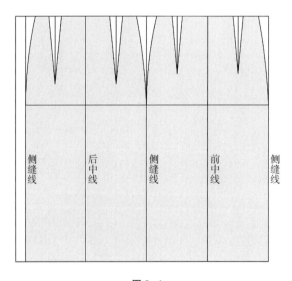

图 3-4

如图3-5所示,从人体的侧面观察臀部轮廓线便会发现,人体腹部凸点的位置高于臀部凸点的位置,并且腹部的凸出量小于臀部的凸出量,由此决定了前后省尖位置与省量大小存在差异。为了使裙的制图体现人体特征,对经过立裁产生的平面图进行测量后得出了腰省在不同位置的分配比例。前省省量=1/5臀腰差,侧省省量=2/5臀腰差,后省省量=2/5臀腰差。按照这种比例,可以确定裙子制图中主要部位省量的计算方法:前省省量=臀腰差数×1/5÷省的个数;后省省量=臀腰差数×2/5÷省的个数;侧缝撇进量=臀腰差数×2/5÷4=1/10臀腰差数(前、后裙片上左右两侧的侧缝线撇进量看作由4个省构成)。前省长度为10~12cm,后省长度为13~15cm。为了使裙子的侧缝线位于人体侧面的中轴线上,将侧缝线向前移动1cm,即前片臀围大=1/4臀围-1cm,后片臀围大=1/4臀围+1cm。

图3-6是根据裙的构成原理,利用以上公式计算产生的基本制图。基本制图是裙类变化的母型,是学习裙类制图的基础,后面所涉及的裙款变化都是在此基础上生成的。

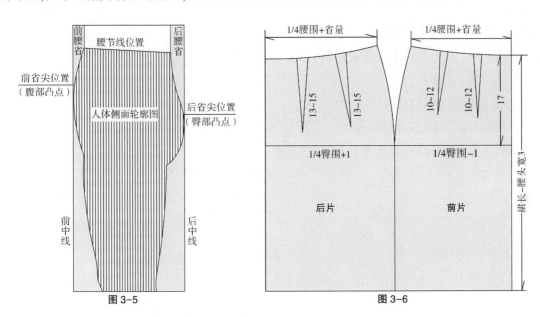

图3-5   图3-6

第二节 裙的基本制图

一、造型概述

如图3-7所示,裙的基本型以筒裙为代表。腰围、臀围与人体的形态及规格相适应,下摆的规格略小于臀围。前后裙片上面各设计四个省道。

二、制图规格

单位:cm

制图部位	裙长	腰围	臀围
成品规格	50	66	96

正面款式图   背面款式图

图 3-7

三、前片制图（图 3-8）

①前中线，作水平线，长度＝裙长-腰头宽 3cm。

②腰围线，垂直于①线。

③底边线，垂直于①线。

④侧缝直线，与①线平行相距 1/4 臀围-1cm。

⑤臀围线，垂直于①线，距离②线 17cm。

⑥侧缝撇进量，过④线和②线的交点，沿②线向下 1/10 臀腰差 3cm。

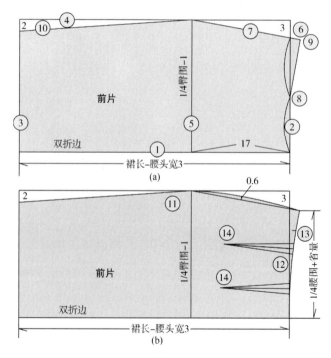

图 3-8

⑦臀腰斜线,过④线和⑤线的交点与⑥点直线连接,并适量向右延长。

⑧腰口线中点,在②线上取①线和②线的交点至⑥点之间的1/2位置定点。

⑨腰线起翘点,过⑧点作⑦线的垂线交于⑨点。

⑩侧缝斜线,过③线和④线的交点,沿③线向下2cm定点,与④线和⑤线的交点直线连接。

⑪如图3-8(b)所示,用弧线连接划顺侧缝线。

⑫如图3-8(b)所示,用弧线连接划顺腰口线。

⑬由腰口线与前中线的交点沿腰口线向上量1/4腰围,多余部分为省量。省量大于3cm时收两个省,小于3cm时收一个省。

⑭如图3-8(b)所示,将前片腰围3等分,确定两个省位。每个省取余量的1/2,省长为12cm。

四、后片制图(图3-9)

①后中线,作水平线,长度=裙长-腰头宽3cm。

②腰围线,垂直于①线。

③底边线,垂直于①线。

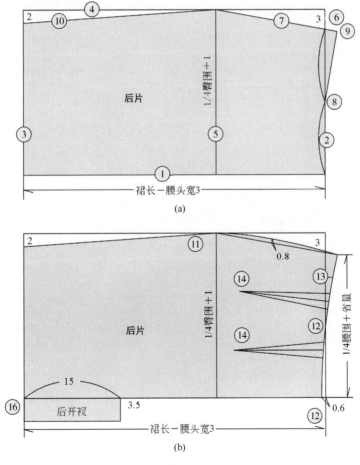

图 3-9

④侧缝直线，与①线平行相距 1/4 腰围+1cm。

⑤臀围线，垂直于①线，距离②线 17cm。

⑥侧缝撇进量，过④线和②线的交点，沿②线向下 1/10 臀腰差 3cm。

⑦臀腰斜线，过④线和⑤线的交点与⑥点直线连接，并适量向右延长。

⑧腰口线中点，在②线上取①线和②线的交点至⑥点之间的 1/2 位置定点。

⑨腰线起翘点，过⑧点作⑦线的垂线交于⑨点。

⑩侧缝斜线，过③线和④线交点沿③线向下 2cm 定点，与④线和⑤线的交点直线连接。

⑪如图 3-9（b）所示，用弧线连接划顺侧缝线。

⑫如图 3-9（b）所示，在①线与腰口线的交点位置向左 0.6cm 定点，用弧线连接划顺腰口线。

⑬如图 3-9（b）所示，过①线与腰口线的交点，沿腰口线向上量 1/4 腰围，剩余部分为省量。

⑭如图 3-9（b）所示，将后片腰围 3 等分，确定两个省位。每个省大占余量的 1/2，省长为 14cm。

⑮后开衩长度为 15cm，宽度为 3.5cm。

五、整体制图（图 3-10）

①前中线，作水平线，长度＝裙长-腰头宽 3cm。

②腰围线，垂直于①线，长度＝1/2 臀围。

③底边线，垂直于①线，长度＝1/2 臀围。

④后中线，直线连接②线和③线的上端点，平行于①线。

⑤臀围线，垂直于①线，距离②线 17cm。

⑥侧缝直线，与①线平行相距 1/4 臀围-1cm。

⑦前片侧缝撇进量，过⑥线和②线的交点，沿②线向下 1/10 臀腰差 3cm。

⑧后片侧缝撇进量，过⑥线和②线的交点，沿②线向上 1/10 臀腰差 3cm。

⑨前臀腰斜线，过⑥线和⑤线的交点与⑦点直线连接，并适量向右延长。

⑩后臀腰斜线，过⑥线和⑤线的交点与⑧点直线连接，并适量向右延长。

⑪前腰线中点，在⑦点至①线和②线交点之间的 1/2 位置定点。

⑫后腰线中点，在⑧点至②线和④线交点之间的 1/2 位置定点。

⑬前腰线起翘点，过⑪点作⑨线的垂线，交于⑬点。

⑭后腰线起翘点，过⑫点作⑩线的垂线，交于⑭点。

⑮前侧缝斜线，过③线和⑥线的交点，沿③线向下 2cm 定点，与⑤线和⑥线交点直线连接。

⑯后侧缝斜线，过③线和⑥线的交点，沿③线向上 2cm 定点，与⑤线和⑥线交点直线连接。

⑰如图 3-10（b）所示，用弧线连接划顺前片侧缝线。

⑱如图 3-10（b）所示，用弧线连接划顺后片侧缝线。

⑲如图 3-10（b）所示，用弧线连接划顺前片腰口线。

⑳如图 3-10（b）所示，在④线与腰口线的交点，向左 0.6cm 定点，用弧线连接划顺后片腰口线。

㉑过①线与腰口线的交点，沿腰口线向上量 1/4 腰围定点，剩余部分为省量。

㉒过④线与腰口线的交点，沿腰口线向下量 1/4 腰围定点，剩余部分为省量。

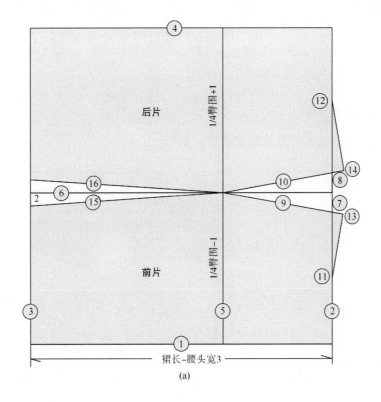

(a)

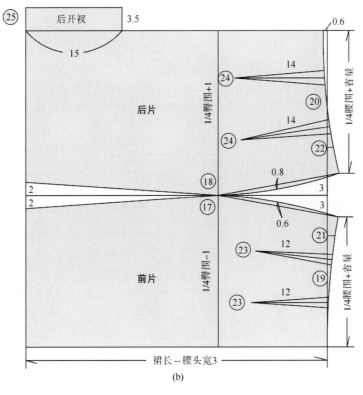

(b)

图 3-10

㉓将前片腰围 3 等分,确定两个省位。每个省大占余量的 1/2,省长为 12cm。

㉔将后片腰围 3 等分,确定两个省位。每个省大占余量的 1/2,省长为 14cm。

㉕后开衩长度为 15cm,宽度为 3.5cm。

六、部件制图(图 3-11)

按照图 3-11 中所标注的数据绘制腰带。

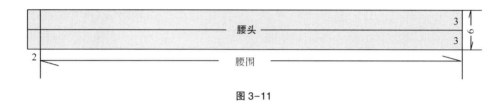

图 3-11

七、加放缝份(图 3-12)

按照图 3-12 中所标注的数据加放缝份、折边及剪口位置。

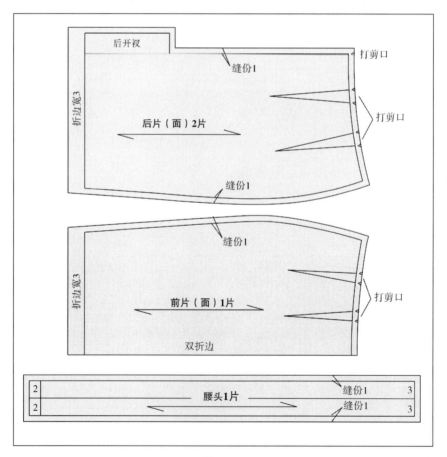

图 3-12

第三节　连腰筒裙制图

一、造型概述

如图 3-13 所示,连腰筒裙的造型特点主要体现在腰与裙片的连接方式上。在前后裙片上各设有四个省,省线的上端平行延长至腰口线,通过省线的变化塑造出腰部的凹凸效果。后中线下端设计开衩,上端安装隐形拉链,其他部位的造型与普通筒裙基本相同。

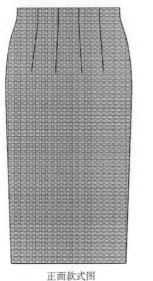

正面款式图　　　　　　　　　背面款式图

图 3-13

二、制图规格

单位:cm

制图部位	裙　长	腰　围	臀　围
成品规格	74	66	96

三、前片制图(图 3-14)

①前中线,作水平线,长度=裙长(含腰头宽 4cm)。

②腰围线,垂直于①线,长度=1/4 臀围-1cm。

③底边线,垂直于①线,长度=1/4 臀围-1cm。

④侧缝直线,直线连接②线和③线的上端点,平行于①线。

⑤腰宽线,与②线平行,距离②线 4cm。

⑥臀围线,与⑤线平行,距离⑤线 17cm。

⑦侧缝撇进量,过⑤线和④线的交点,沿⑤线向下 1/10 臀腰差确定⑦点。

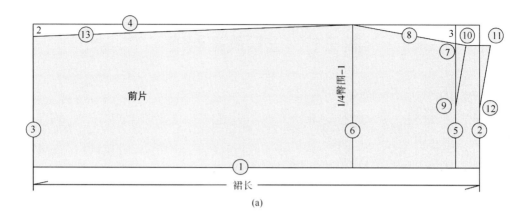

(a)

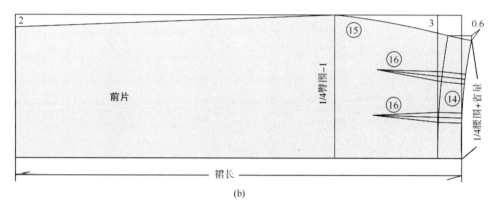

(b)

图 3-14

⑧臀腰斜线,过④线和⑥线的交点与⑦点直线连接,并适量向右延长。

⑨腰线中点,在侧缝劈进点⑦至①线和⑤线的交点之间的 1/2 位置定点。

⑩腰线起翘点,过⑨点作⑧线的垂线,交于⑩点。

⑪腰宽线,过⑩点作④线的平行线,长度=腰宽 4cm。

⑫腰口斜线,在②线上取①线和②线的交点至⑪点之间的 1/2 位置确定⑫点,与⑪点直线连接,确定腰口斜线。

⑬侧缝斜线,过③线和④线的交点,沿③线向下 2cm 定点,与④线和⑥线的交点直线连接。

⑭如图 3-14(b)所示,分别用弧线连接划顺腰宽线和腰口线。

⑮如图 3-14(b)所示,用弧线连接划顺侧缝线。

⑯如图 3-14(b)所示,过①线与腰口线的交点,沿腰口弧线向上量 1/4 腰围,多余部分为省量。省量小于 3cm 时收一个省。省量大于 3cm 时收两个省。位于腰头区域内的省线要处理成平行线,腰宽线以下的省线可根据人体形态处理成弧线。

四、后片制图(图 3-15)

①后中线,作水平线,长度=裙长(含腰头宽 4cm)。

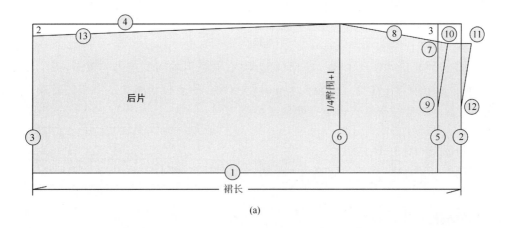

(a)

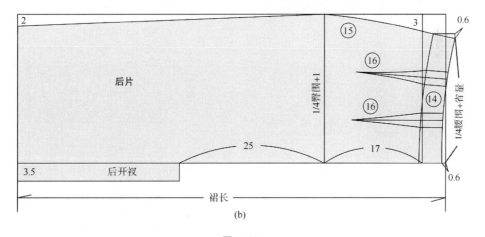

(b)

图 3-15

②腰围线,垂直于①线,长度 = 1/4 臀围 +1cm。

③底边线,垂直于①线,长度 = 1/4 臀围 +1cm。

④侧缝直线,直线连接③线和④线的上端点,平行于①线。

⑤腰宽线,与②线平行并相等,两线相距 4cm。

⑥臀围线,与⑤线平行并相等,两线相距 17cm。

⑦侧缝撇进量,过⑤线和④线的交点,沿⑤线向下 1/10 臀腰差确定⑦点。

⑧臀腰斜线,过④线和⑥线的交点与⑦点直线连接,并适量向右延长。

⑨腰线中点,在侧缝劈进点⑦至①线和⑤线交点之间的 1/2 位置定点。

⑩腰线起翘点,过⑨点作⑧线的垂线,交于⑩点。

⑪腰宽线,过⑩点作④线的平行线,长度 = 腰宽 4cm。

⑫腰口斜线,在②线上取①线和②线的交点至⑪点间的 1/2 位置确定⑫点,与⑪点直线连接,确定腰口斜线。

⑬侧缝斜线,由③线和④线的交点,沿③线向下 2cm 定点,与④线和⑥线交点直线连接。

⑭如图 3-15(b)所示,由①线与腰口线的交点向左量 0.6cm,分别用弧线连接划顺腰宽线

和腰口线。

⑮如图 3-15(b)所示，用弧线连接划顺侧缝线。

⑯如图 3-15(b)所示，过①线与腰口线的交点，沿腰口线向上量 1/4 腰围，多余部分为省量。省量小于 3cm 时收一个省。省量大于 3cm 时收两个省。位于腰宽区域内的省线处理成平行线，腰宽线以下的省线根据人体形态处理成弧线。

五、部件制图(图 3-16)

按照图 3-16 中所标注的数据绘制腰头。

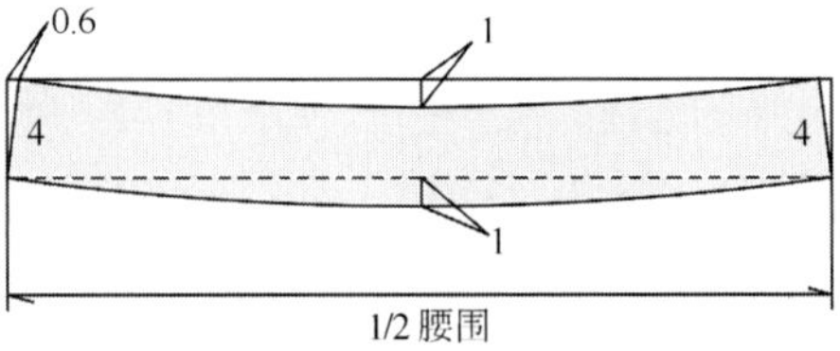

六、加放缝份(图 3-17)

按照图 3-17 中所标注的数据加放缝份、折边及剪口位置。

图 3-16

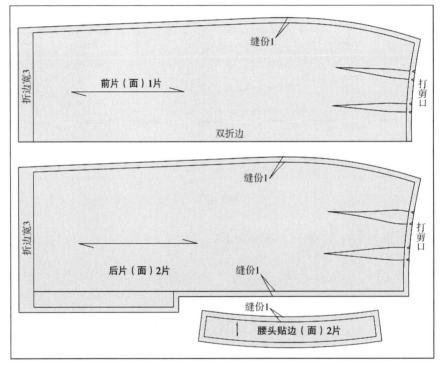

图 3-17

第四节　A 型裙制图

一、造型概述

如图 3-18 所示，A 型裙的臀围和腰围，是按照人体的实际形态来设计的，与筒裙的造型基本相同，区别在于下摆围度增大而裙长减少，下摆线一般至大腿的 1/2 位置。在后中线的上端安装拉链,有装腰和连腰两种形式,本节所介绍的是装腰式 A 型裙的制图。

正面款式图　　　　　　　　　背面款式图

图 3-18

二、制图规格

单位:cm

制图部位	裙　长	腰　围	臀　围
成品规格	45	66	96

三、前片制图(图 3-19)

①前中线,作水平线,长度=裙长-腰头宽 3cm。

②腰围线,垂直于①线,长度 = 1/4 臀围-1cm。

③底边线,垂直于①线,长度 = 1/4 臀围-1cm。

④侧缝直线,直线连接②线和③线的上端点,平行于①线。

⑤臀围线,与②线平行并相等,两线相距 17cm。

⑥侧缝撇进量,过②线和④线的交点,沿②线向下 1/10 臀腰差定点。

⑦臀腰斜线,过④线和⑤线的交点与⑥点直线连接,并适量向右延长。

⑧腰线中点,在⑥点至①线和②线交点之间的 1/2 位置定点。

⑨腰线起翘点,过⑧点作⑦线的垂线,交于⑨点。

⑩侧缝斜线,由③线和④线的交点沿③线向上延长 4cm 定点,与⑦线的左端点直线连接。

⑪底边线,过③线的中点向⑩线作垂线,交于⑪点。

⑫如图 3-19(b)所示,用弧线连接划顺侧缝线⑫。

⑬如图 3-19(b)所示,用弧线连接划顺腰口线。

⑭如图 3-19(b)所示,用弧线连接划顺底边缝线。

⑮如图 3-19(b)所示,沿腰口弧线量取 1/4 腰围,多余部分为省量。省量小于 3cm 时收一个省,省量大于 3cm 时收两个省,省长 13cm。

⑯如图 3-19(b)所示,用弧线连接划顺袋口线。

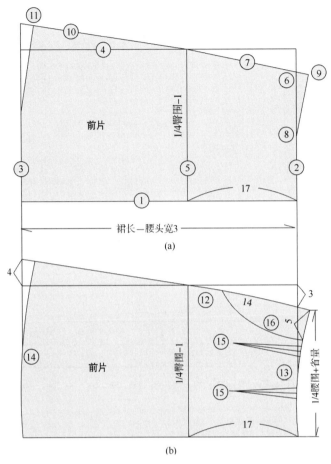

图 3-19

四、后片制图（图 3-20）

①后中线，作水平线，长度＝裙长－腰头宽 3cm。

②腰围线，垂直于①线。

③底边线，垂直于①线。

④侧缝直线，与①线平行并相等，两线相距 1/4 臀围＋1cm。

⑤臀围线，与②线平行并相等，两线相距 17cm。

⑥侧缝撇进量，过②线和④线的交点沿②线向下 1/10 臀腰差。

⑦臀腰斜线，过④线和⑤线的交点与⑥点直线连接，并适量向右延长。

⑧腰线中点，在⑥点至①线和②线交点之间的 1/2 位置定点。

⑨腰线起翘点，过⑧点作⑦线的垂线，交于⑨点。

⑩侧缝斜线，由③线和④线的交点，沿③线向上 4cm 定点，与⑦线的左端点直线连接。

⑪底边斜线，过③线的中点向⑩线作垂线，交于⑪点。

⑫如图 3-20（b）所示，用弧线连接划顺侧缝线。

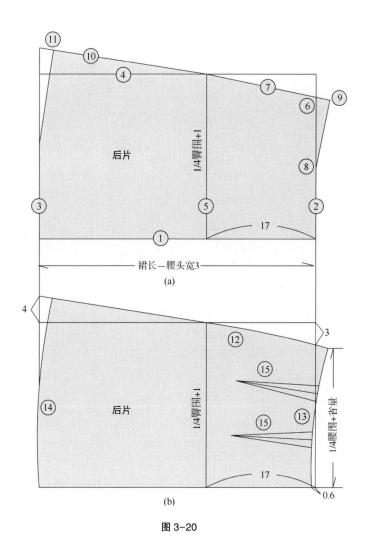

图 3-20

⑬如图 3-20(b)所示,过①线和②线的交点,沿①线向左 0.6cm 定点,用弧线划顺腰口线。

⑭如图 3-20(b)所示,用弧线划顺底边缝线。

⑮如图 3-20(b)所示,沿腰口弧线量取 1/4 腰围,多余部分为省量。省量小于 3cm 时收一个省,省量大于 3cm 时收两个省,省长 15cm。

五、部件制图(图 3-21)

按照图 3-21 中所标注的数据绘制腰头。

图 3-21

六、加放缝份（图 3-22）

按照图 3-22 中所标注的数据加放缝份、折边及剪口位置。

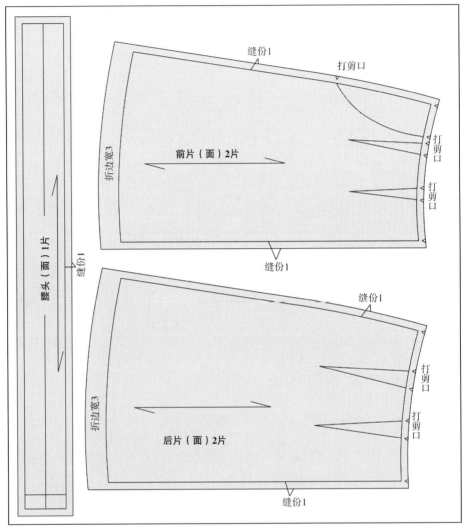

图 3-22

第五节　牛仔裙制图

一、造型概述

如图 3-23 所示,牛仔裙与 A 型裙相比造型更贴近人体,各部位的放松量较小。前片左右各有一个省道,在前中线位置设计成叠门形式,用五粒扣固定,后面设计独立的腰翘及两个明贴袋,装腰。

正面款式图

背面款式图

图 3-23

二、制图规格

单位:cm

制图部位	裙　长	臀　围	腰　围
成品规格	40	93	63

三、前片制图(图3-24)

①前中线,作水平线,长度=裙长-腰头宽3cm。

②腰围线,垂直于①线。

③底边线,垂直于①线。

④侧缝直线,与①线平行并相等,两线相距1/4臀围-1cm。

⑤臀围线,与②线平行并相等,两线相距17cm。

⑥侧缝撇进量,过②线和④线的交点,沿②线向下1/10臀腰差定点。

⑦臀腰斜线,过④线和⑤线的交点与⑥点直线连接,并适量向右延长。

⑧腰线中点,在⑥点至①线和②线交点之间的1/2位置定点。

⑨腰线起翘点,过⑧点作⑦线的垂线,交于⑨点。

⑩侧缝斜线,由③线和④线的交点,沿③线向上3cm定点,与⑦线的左端点直线连接。

⑪底边起翘,过③线的中点向⑩线作垂线,交于⑪点。

⑫叠门线,与①线平行并相等,两线相距2cm。

⑬如图3-24(b)所示,分别用弧线连接划顺侧缝线。

⑭如图3-24(b)所示,分别用弧线连接划顺腰口线。

⑮如图3-24(b)所示,分别用弧线连接划顺底边缝线。

⑯如图3-24(b)所示,沿腰口弧线量取1/4腰围,多余部分为省量。省量小于3cm时收一个省,省量大于3cm时收两个省,图中为一个省,省长13cm。

⑰如图3-24(b)所示,用弧线连接划顺袋口线。

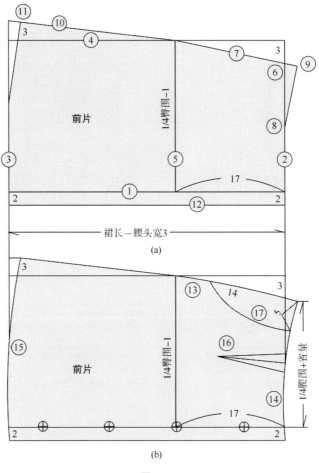

图 3-24

四、后片制图（图 3-25）

①后中线，作水平线，长度＝裙长−腰宽 3cm。

②腰围线，垂直于①线。

③底边线，垂直于①线。

④侧缝直线，与①线平行并相等，两线相距 1/4 臀围+1cm。

⑤臀围线，与②线平行并相等，两线相距 17cm。

⑥侧缝撇进量，过②线和④线的交点，沿②线向下 1/10 臀腰差定点。

⑦臀腰斜线，过④线和⑤线的交点与⑥点直线连接，并适量向右延长。

⑧腰线中点，在⑥点至①线和②线交点之间的 1/2 位置定点。

⑨腰线起翘点，过⑧点作⑦线的垂线，交于⑨点。

⑩侧缝斜线，由③线和④线的交点，沿③线向上 3cm 定点，与⑦线左端点直线连接。

⑪底边斜线，过③线的中点向⑩线作垂线，交于⑪点。

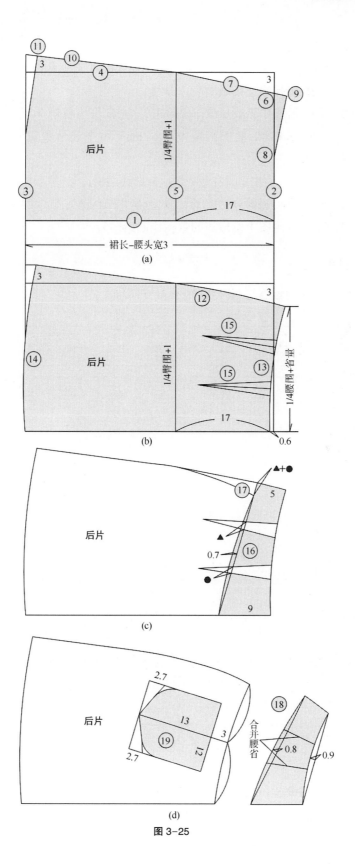

图 3-25

⑫如图 3-25(b)所示，用弧线连接划顺侧缝线。

⑬如图 3-25(b)所示，过①线和②线的交点沿①线向左 0.6cm 定点，用弧线连接划顺腰口线。

⑭如图 3-25(b)所示，用弧线连接划顺底边缝线。

⑮如图 3-25(b)所示，沿腰口弧线量取 1/4 腰围，多余部分为省量。

⑯如图 3-25(c)所示，分割腰翘，侧缝线位置宽 5cm，后中线位置宽 9cm，中间部位凹进 0.7cm。用弧线划顺分割线。

⑰如图 3-25(c)所示，先将后片上的省量处理成侧缝线的撇进量，然后用弧线划顺侧缝线。

⑱如图 3-25(d)所示，将腰翘部分的省量合并，分别用弧线划顺腰口线和腰翘底线。

⑲如图 3-25(d)所示，按照图中所标注的数据绘制后贴袋。

五、部件制图（图 3-26）

按照图 3-26 中所标注的数据绘制腰头、垫袋布、口袋布。

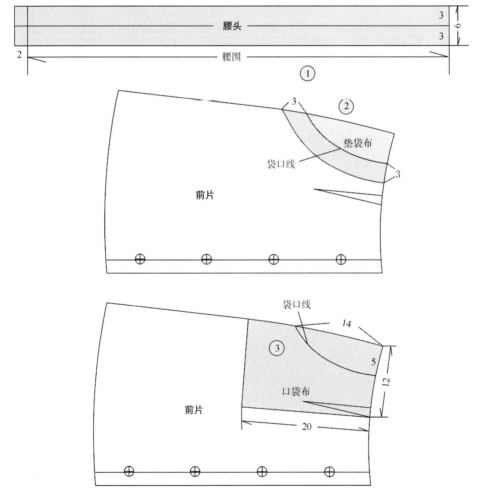

图 3-26

六、加放缝份（图 3-27）

按照图 3-27 中所标注的数据加放缝份、折边。

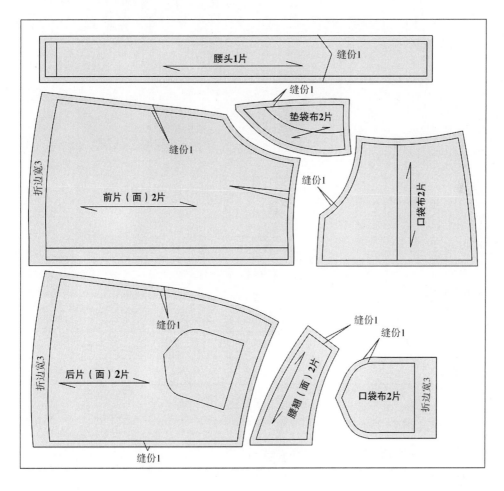

图 3-27

第六节　五片分割裙制图 *

一、造型概述

如图 3-28 所示，五片分割裙是在普通裙的基本上变化生成的，该设计以分割线为主，形式为不平衡分割，成前身一片、后身两片、侧身各一片的五片结构。侧腰为缩褶设计，将前后省量和侧缝合为褶量，使分割出的侧裙袋增加立体感和实用性。裙摆为 A 型裙廓型，开口设计在后腰中线上。

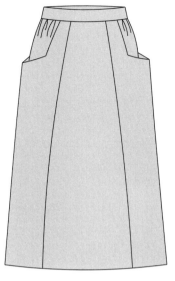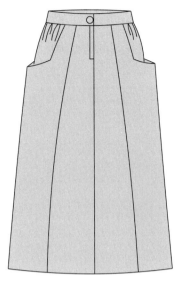

正面款式图　　　　　　　　　　　　　背面款式图

图 3-28

二、制图规格

单位：cm

制图部位	裙　长	臀　围	腰　围
成品规格	74	96	66

三、前片制图（图 3-29）

①前中线作水平线，长度＝裙长−腰头宽 3cm。

②腰围线，垂直于①线。

③底边线，垂直于①线。

④侧缝直线，与①线平行并相等，两线相距 1/4 臀围−1cm。

⑤臀围线，与②线平行并相等，两线相距 18cm。

⑥侧缝劈进量，过②线和④线的交点，沿②线向下 1/10 臀腰差定点。

⑦臀腰斜线，过④线和⑤线的交点与⑥点直线连接，并适量向右延长。

⑧腰线中点，在⑥点至①线和②线的交点之间的 1/2 位置定点。

⑨腰线起翘点，过⑧点作⑦线的垂线，交于⑨点。

⑩如图 3-29（b）所示，沿腰口弧线向上量取 1/4 腰围，在腰口斜线 1/2 处取 2cm 做省，省长 10cm，剩余部分为缩褶量。

⑪⑫如图 3-29（b）所示，分别用弧线连接划顺腰口线⑪和侧缝线⑫。

⑬分割线，在腰围线的 1/2 处定点与③线连接，平行于①线。

⑭如图 3-29(b)所示,由③线与⑬线交点向上 2cm 并向右 0.5cm 定点,与省尖直线连接确定前中片分割线。

⑮如图 3-29(b)所示,由③线与⑬线交点向下 2cm 并向右 0.5cm 定点,与省尖直线连接确定前侧片分割线。

⑯如图 3-29(b)所示,过侧缝线作⑭线的垂线。

⑰如图 3-29(b)所示,过侧缝线作⑮线的垂线。

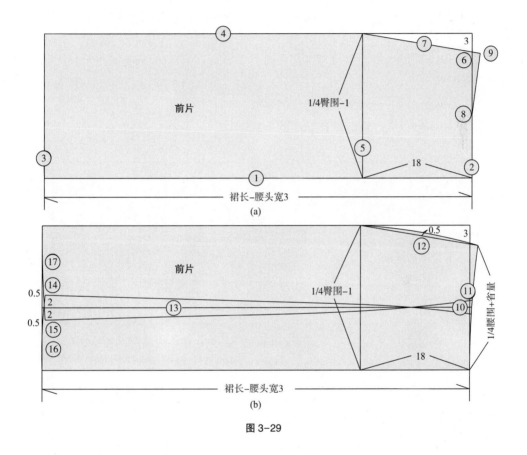

图 3-29

四、后片制图(图 3-30)

①后中线,作水平线,长度=裙长-腰头宽 3cm。

②腰围线,垂直于①线。

③底边线,垂直于①线。

④侧缝直线,与①线平行并相等,两线相距 1/4 臀围+1cm。

⑤臀围线,与②线平行并相等,两线相距 18cm。

⑥侧缝劈进量,过②线和④线的交点沿②线向下 1/10 臀腰差定点。

⑦臀腰斜线,过④线和⑤线的交点与⑥点直线连接,并适量向右延长。

⑧腰线中点,在⑥点至①线和②线的交点之间的 1/2 位置定点。

⑨腰线起翘点,过⑧点作⑦线的垂线,交于⑨点。

⑩如图 3-30(b)所示,沿腰口线向上量取 1/4 腰围,在腰口线 1/3 处取 2cm 做省,省长 12cm,剩余部分为缩褶量。

⑪⑫如图 3-30(b)所示,由①线与腰口线的交点向左量 0.6cm,分别用弧线连接划顺腰口线⑪和侧缝线⑫。

⑬分割线,在腰围线的 1/3 处定点与③线连接,平行于①线。

⑭如图 3-30(b)所示,由③线与⑬线交点向上 2.5cm 并向右 0.5cm 定点,与省尖直线连接确定后中片分割线。

⑮如图 3-30(b)所示,由③线与⑬线交点向下 2.5cm 并向右 0.5cm 定点,与省尖直线连接确定后侧片分割线。

⑯如图 3-30(b)所示,过侧缝线作⑭线的垂线。

⑰如图 3-30(b)所示,过侧缝线作⑮线的垂线。

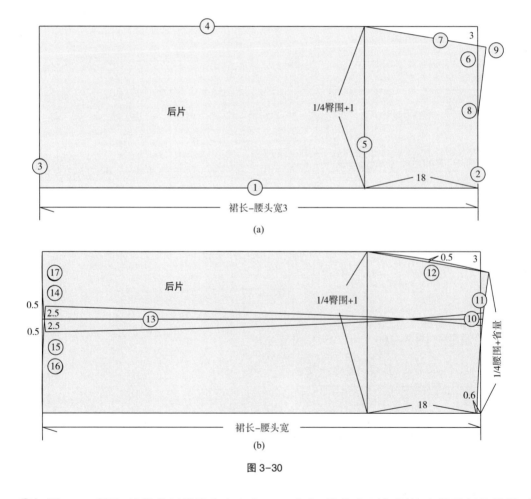

图 3-30

⑱如图 3-31 所示,过前分割线的交点向上 3cm 定点,沿此点画与侧缝直线平行的线段,长度为 8cm。

⑲如图3-31所示,连接⑱线与后片省道尖点并延长1.5cm确定⑲线。

⑳如图3-31所示,连接⑲线的上端点与后侧片分割线和臀围线的交点确定⑳线。

㉑如图3-31所示,沿臀围线平行向左4cm与前后片分割线相交,确定㉑线,完成侧上片制图。

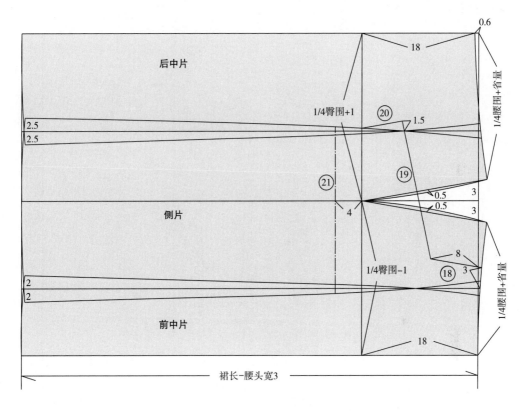

图3-31

五、部件制图(图3-32)

按照图3-32中所标注的数据绘制腰头。

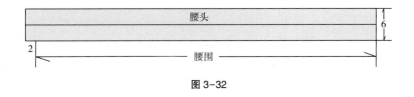

图3-32

六、加放缝份(图3-33)

按照图3-33中所标注的数据加放缝份、折边。

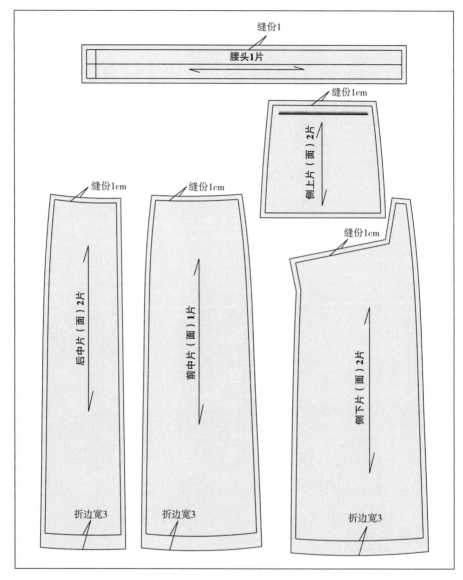

图 3-33

第七节　双开衩斜裙制图 *

一、造型概述

　　如图 3-34 所示，这种斜裙与普通斜裙的制图基本相同，在前后裙片上通过纵向分割设计开衩，以增加下肢的活动幅度。中间部位的裙片为连腰结构，两侧的裙片单独配置腰头。

正面款式图　　　　　　　　　　　　　　背面款式图

图 3-34

二、制图规格

单位:cm

制图部位	裙　长	臀　围	腰　围
成品规格	74	96	66

三、前片制图(图 3-35)

①前中线,长度=裙长(含腰头宽 3cm)。

②腰围线,垂直于①线。

③底边线,垂直于①线。

④侧缝直线,与①线平行并相等,两线相距 1/4 臀围-0.5cm。

⑤腰宽线,与②线平行并相等,两线相距 3cm。

⑥臀围线,与⑤线平行并相等,两线相距 17cm。

⑦裙摆大,过③线和④线的交点,沿③线向上 3cm 定点。

⑧侧缝斜线,过⑦点与④线和⑥线的交点直线连接。

⑨侧缝撇进量,过⑤线和④线的交点,沿⑤线向下 1/10 臀腰差定点。

⑩臀腰斜线,过④线和⑥线的交点与⑨点直线连接,并适量向右延长。

⑪腰线中点,在⑨点至①线和⑤线的交点的 1/2 位置定点。

⑫腰线起翘点,过⑪点作⑩线的垂线,交于⑫点。

⑬腰口斜线,与⑪⑫两点的连接线平行并相等,两线相距 3cm。

⑭底边中点,在⑦点至①线和③线的交点之间的 1/2 位置定点。

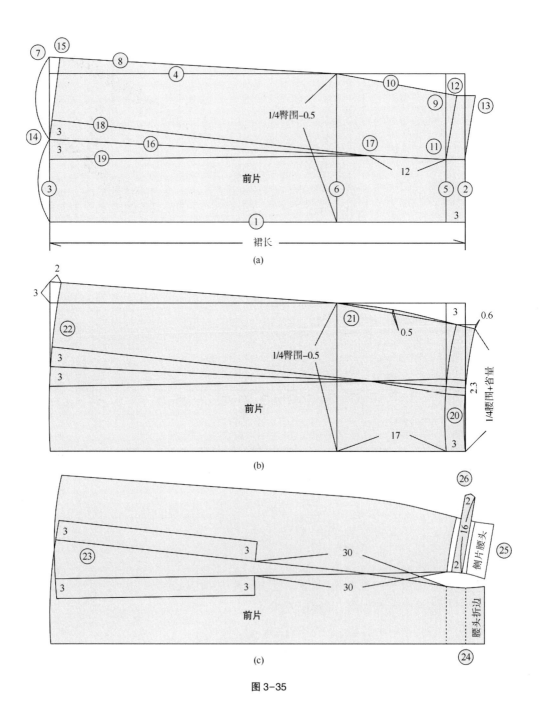

图 3-35

⑮底边斜线，过⑭点作⑧线的垂线，交于⑮点。

⑯分割线，直线连接⑪、⑭两点。

⑰省尖位置，在⑯线上距离⑪点 12cm 处定点。

⑱前中片分割线，过⑭点沿③线向上 3cm 定点，与⑰点直线连接。

⑲前侧片分割线，过⑭点沿③线向下 3cm 定点，与⑰点直线连接。

⑳如图 3-35(b)所示,用弧线连接划顺腰宽及腰口线。

㉑如图 3-35(b)所示,用弧线连接划顺侧缝线。

㉒如图 3-35(b)所示,用弧线连接划顺底边线。

㉓如图 3-35(c)所示,按照图中数据绘制开衩并重新划顺底边线。

㉔如图 3-35(c)所示,加放腰头折边量。

㉕如图 3-35(c)所示,绘制侧片腰头。

㉖如图 3-35(c)所示,绘制腰襻,腰襻宽 2cm,长 16cm。

四、后片制图(图 3-36)

①后中线,作水平线,长度=裙长(含腰头宽 3cm)。

②腰围线,垂直于①线。

③底边线,垂直于①线。

④侧缝直线,与①线平行并相等,两线相距 1/4 臀围+0.5cm。

⑤腰宽线,与②线平行并相等,两线相距 3cm。

⑥臀围线,与⑤线平行并相等,两线相距 17cm。

⑦裙摆大,过③线和④线的交点,沿③线向上延长 3cm 定点。

⑧侧缝斜线,过⑦点与④线和⑥线的交点直线连接。

⑨侧缝撇进量,过⑤线和④线的交点,沿⑤线向下 1/10 臀腰差定点。

⑩臀腰斜线,过④线和⑥线的交点与⑨点直线连接,并适量向右延长。

⑪腰线中点,在⑨点至①线和⑤线的交点之间的 1/2 位置定点。

⑫腰线起翘点,过⑪点作⑩线的垂线,交于⑫点。

⑬腰口斜线,与⑪、⑫两点的连接线平行并相等,两线相距 3cm。

⑭底边中点,在⑦点至①线和③线的交点之间的 1/2 位置定点。

⑮底边斜线,过⑭点作⑧线的垂线,交于⑮点,确定底边斜线。

⑯分割线,直线连接⑪、⑭两点。

⑰省尖位置,在⑯线上距离⑪点 14cm 处定点。

⑱前片分割线,过⑭点沿③线向上 3cm 定点,与⑰点直线连接。

⑲后片分割线,过⑭点沿③线向下 3cm 定点,与⑰点直线连接。

⑳如图 3-36(b)所示,用弧线连接划顺腰宽及腰口线。

㉑如图 3-36(b)所示,用弧线连接划顺侧缝线。

㉒如图 3-36(b)所示,用弧线连接划顺底边线。

㉓如图 3-36(c)所示,按照图中数据绘制开衩并重新划顺底边线。

㉔如图 3-36(c)所示,加放腰头折边量。

㉕如图 3-36(c)所示,绘制侧片腰头。

㉖如图 3-36(c)所示,绘制腰襻,腰襻宽 2cm,长 16cm。

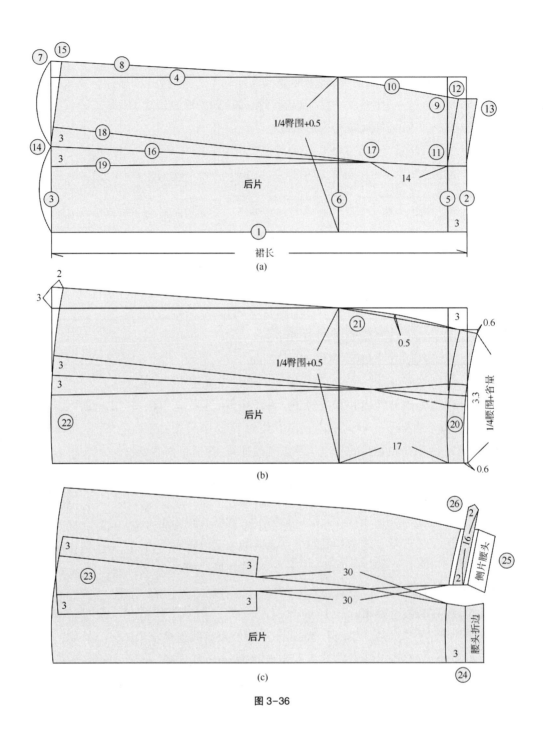

图 3-36

五、加放缝份（图 3-37）

按照图 3-37 中所标注的数据加放缝份、折边。

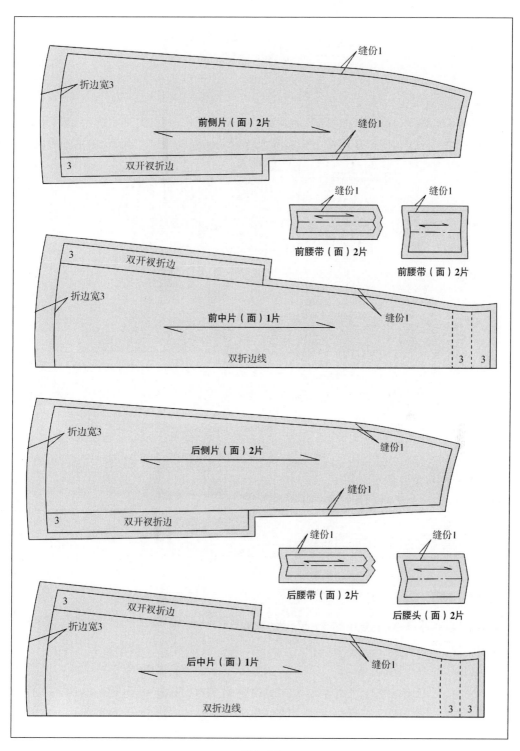

图 3-37

第八节　六片褶裥裙制图 *

一、造型概述

如图 3-38 所示,六片褶裥裙是在普通斜裙的基础上变化而成的,通过纵向分割分别在前后裙片上各设计两个褶裥,使裙摆的大小能够随人体运动的幅度而自动调节,单独配置腰头。

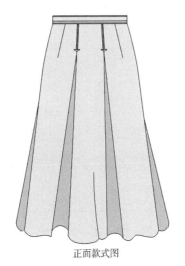 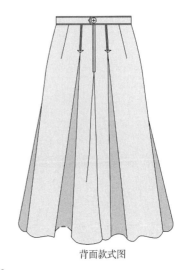

正面款式图　　　　　　　　　背面款式图

图 3-38

二、制图规格

单位:cm

制图部位	裙　长	臀　围	腰　围
成品规格	74	96	66

三、前片制图(图 3-39)

①前中线,作水平线,长度=裙长-腰头宽 3cm。

②腰围线,垂直于①线。

③底边线,垂直于①线。

④侧缝直线,与①线平行并相等,两线相距 1/4 臀围-0.5cm。

⑤臀围线,与②线平行并相等,两线相距 17cm。

⑥侧缝撇进量,过②线和④线的交点,沿②线向下 1/10 臀腰差定点。

⑦臀腰斜线,过④线和⑤线的交点与⑥点直线连接,并适量向右延长。

⑧腰线中点,在⑥点至①线和②线的交点间的 1/2 位置定点。

⑨腰口斜线,过⑧点作⑦线的垂线,交于⑨点。

⑩裙摆大,过③线和④线的交点,沿③线向上延长5cm定点。

⑪侧缝斜线,过⑩点与④线和⑤线的交点直线连接。

⑫底边中点,在⑩点至①线和③线的交点之间的1/2位置定点。

⑬底边斜线,过⑫点作⑪线的垂线,交于⑬点。

⑭分割线,直线连接底边线和腰口线的1/3点。

⑮如图3-39(b)所示,用弧线连接划顺腰口线。

⑯如图3-39(b)所示,用弧线连接划顺底边线。

⑰如图3-39(b)所示,用弧线连接划顺侧缝线。

⑱前省道,如图3-39(b)所示,沿腰口线测量1/4腰围,剩余部分处理成省量,省长12cm。

⑲如图3-39(c)所示,由底边线与分割线交点向上3cm定点,与省尖直线连接确定前中片分割线。

⑳如图3-39(c)所示,由底边线与分割线交点向下3cm定点,与省尖直线连接确定前侧片分割线。

㉑如图3-39(d)所示,按照图中所标注的数据画出前侧片的褶裥量。

㉒如图3-39(d)所示,按照图中所标注的数据画出前中片的褶裥量。

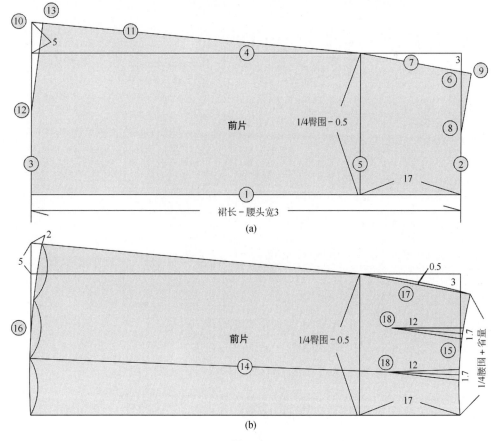

图 3-39

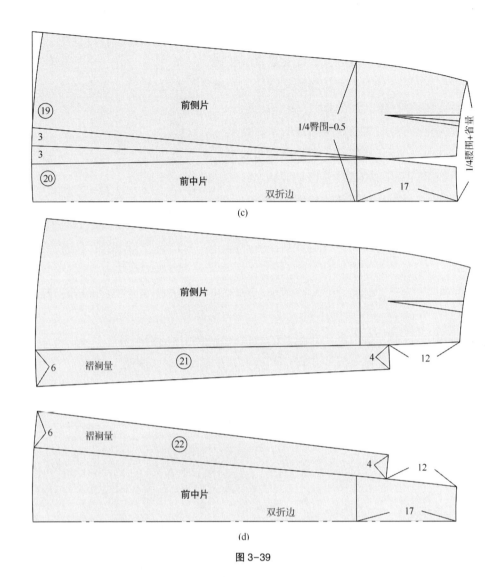

图 3-39

四、后片制图（图 3-40）

①后中线，作水平线，长度＝裙长－腰头宽 3cm。

②腰围线，垂直于①线。

③底边线，垂直于①线。

④侧缝直线，与①线平行并相等，两线相距 1/4 臀围＋0.5cm。

⑤臀围线，与②线平行并相等，两线相距 17cm。

⑥侧缝撇进量，过②线和④线的交点，沿②线向下 1/10 臀腰差定点。

⑦臀腰斜线，过④线和⑤线的交点与⑥点直线连接，并适量向右延长。

⑧腰线中点，在⑥点至①线和②线的交点间的 1/2 位置定点。

⑨腰口斜线，过⑧点作⑦线的垂线，交于⑨点。

⑩裙摆大,过③线和④线的交点,沿③线向上延长 5cm 定点。

⑪侧缝斜线,过⑩点与④线和⑤线的交点直线连接。

⑫底边中点,在⑩点至①线和③线的交点之间的 1/2 位置定点。

⑬底边斜线,过⑫点作⑪线的垂线,交于⑬点。

⑭分割线,直线连接底边线和腰口线的 1/3 点。

⑮如图 3-40(b)所示,用弧线连接划顺腰口线。

⑯如图 3-40(b)所示,用弧线连接划顺底边线。

⑰如图 3-40(b)所示,用弧线连接划顺侧缝线。

⑱后省道,如图 3-40(b)所示,沿腰口线测量 1/4 腰围,多余部分处理成省量,省长 14cm。

⑲如图 3-40(c)所示,由底边线与分割线交点向上 3cm 定点,与省尖直线连接确定后中片的分割线。

⑳如图 3-40(c)所示,由底边线与分割线交点向下 3cm 定点,与省尖直线连接确定后侧片的分割线。

㉑如图 3-40(d)所示,按照图中所标注的数据画出后侧片的褶裥量。

㉒如图 3-40(d)所示,按照图中所标注的数据画出后中片的褶裥量。

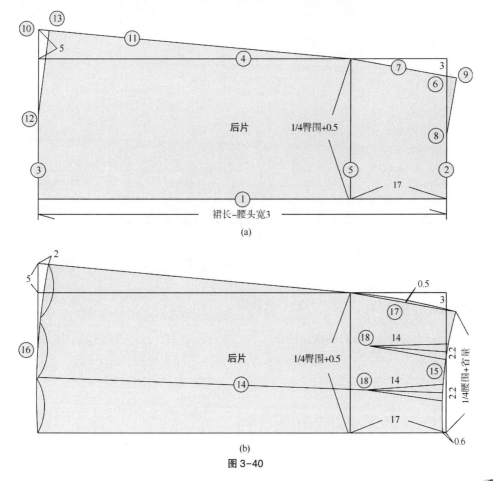

图 3-40

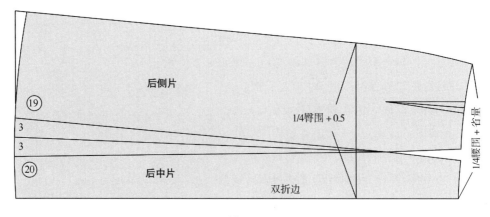

(c)

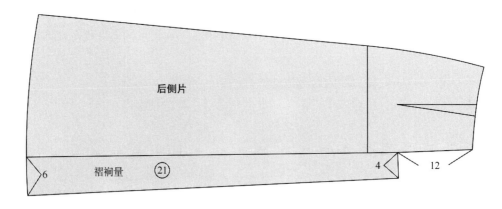

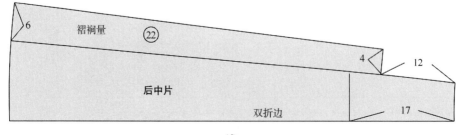

(d)

图 3-40

五、部件制图（图 3-41）

按照图 3-41 中所标注的数据绘制腰头。

图 3-41

六、加放缝份（图3-42）

按照图3-42中所标注的数据加放缝份、折边及剪口位置。

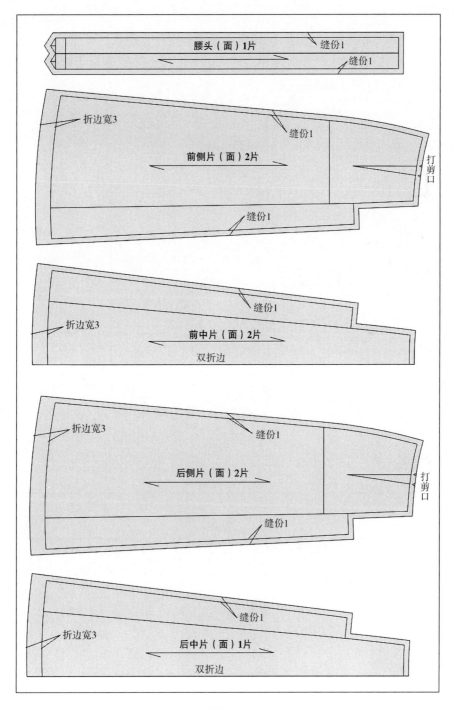

腰头（面）1片　缝份1　缝份1

折边宽3　缝份1　前侧片（面）2片　缝份1　打剪口

缝份1　折边宽3　前中片（面）2片　双折边

折边宽3　缝份1　后侧片（面）2片　缝份1　打剪口

缝份1　折边宽3　后中片（面）1片　双折边

图3-42

第九节　不规则褶裙制图*

一、造型概述

如图 3-43 所示,本款裙型 A 廓型,设计亮点主要表现在分割线与缩褶的组合上。在纸样设计中采用了腰省转移的手法,分割线使裙型显示出不规则之美,缩褶位于裙摆下部,增强了立体感和设计感,裙子开口位于侧缝。

正面款式图　　　　　　　　　　　　背面款式图

图 3-43

二、制图规格

单位:cm

制图部位	裙　长	臀　围	腰　围
成品规格	78	96	66

三、前片制图(图 3-44)

①前中线,作水平线,长度=裙长-腰头宽 3cm。

②腰围线,垂直于①线。

③底边线,垂直于①线。

④侧缝直线,与①线平行并相等,两线相距 1/4 臀围-1cm。

⑤臀围线,与②线平行并相等,两线相距 18cm。

⑥侧缝劈进量,过②线和④线的交点沿②线向下 1/10 臀腰差定点。

⑦臀腰斜线,过④线和⑤线的交点与⑥点直线连接,并适量向右延长。

⑧腰线中点,在⑥点至①线和②线的交点之间的1/2位置定点。

⑨腰线起翘点,过⑧点作⑦线的垂线,交于⑨点。

⑩如图3-44(b)所示,沿腰口弧线量取1/4腰围,多余部分平分成两个腰省,省长延伸至臀围线。

⑪⑫如图3-44(b)所示,分别用弧线连接划顺腰口线⑪和侧缝线⑫。

⑬⑭省道转移线,沿省线作③线的垂线生成省道转移线。

⑮⑯如图3-44(c)所示,前中固定不动,沿省尖点将前省线合并,生成两条闭合线。

⑰如图3-44(c)所示,省线合并后余量转移,形成新的底边线。

⑱如图3-44(d)所示,将前片延前中展开,沿腰围线1/3处定点与底边线1/2处连接,确定前中分割线。

⑲如图3-44(d)所示,前中分割线下落18cm定点,侧缝线下落45cm定点,两点弧线相连确定前左片分割线。沿前中分割和侧缝线均下落5cm,两端点相连确定前左分割线下端,修正为弧线,并分别横向展开20cm,形成图3-44(e)。

⑳如图3-44(d)所示,前中分割线下落40cm定点,侧缝线下落50cm定点,两点弧线相连确定前右片分割线,并横向展开20cm,形成图3-44(f)。

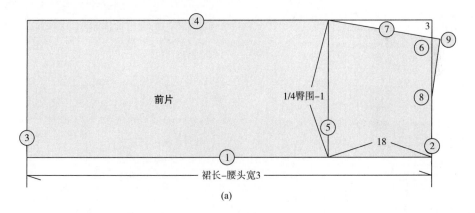

(a)

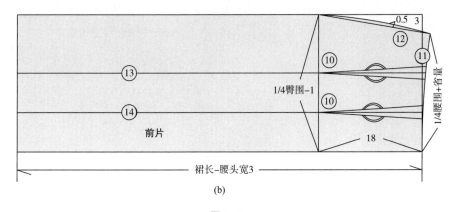

(b)

图3-44

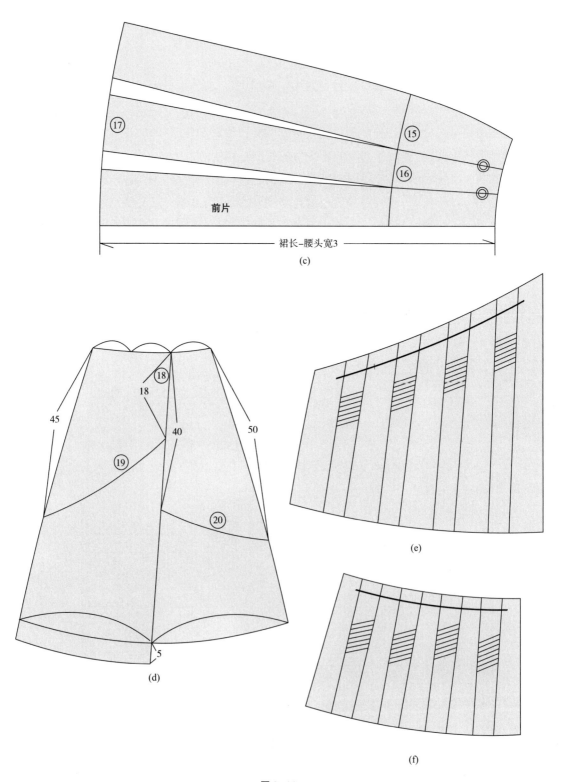

图 3-44

四、后片制图(图3-45)

①前中线,作水平线,长度=裙长-腰头宽3cm。

②腰围线,垂直于①线。

③底边线,垂直于①线。

④侧缝直线,与①线平行并相等,两线相距1/4臀围+1cm。

⑤臀围线,与②线平行并相等,两线相距18cm。

⑥侧缝劈进量,过②线和④线的交点沿②线向下1/10臀腰差定点。

⑦臀腰斜线,过④线和⑤线的交点与⑥点直线连接,并适量向右延长。

⑧腰线中点,在⑥点至①线和②线的交点之间的1/2位置定点。

⑨腰线起翘点,过⑧点作⑦线的垂线,交于⑨点。

⑩如图3-45(b)所示,沿腰口弧线量取1/4腰围,多余部分平分成两个腰省,省长延伸至臀围线。

⑪⑫如图3-45(b)所示,分别用弧线连接划顺腰口线⑪和侧缝线⑫。

⑬⑭沿省线作③线的垂线生成省道转移线。

⑮⑯如图3-45(c)所示,前中固定不动,沿省尖点将前省线合并,生成两条闭合线。

⑰如图3-45(c)所示,省线合并后余量转移,形成新的底边线。

⑱如图3-45(d)所示,将后片延后中展开,沿腰围线1/2处位置定点与底边线1/2处连接,确定后中分割线。

⑲如图3-45(d)所示,后中分割线下落40cm定点,侧缝线下落50cm定点,两点弧线相连确定后右片分割线。沿前中分割和侧缝线均下落5cm,两端点相连确定前左分割线下端,修正为弧线,并横向展开20cm,形成图3-45(e)。

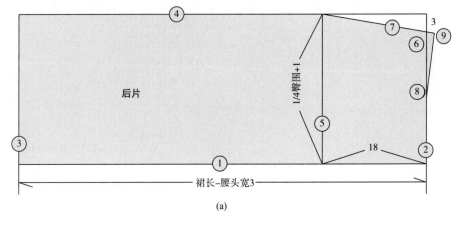

(a)

图3-45

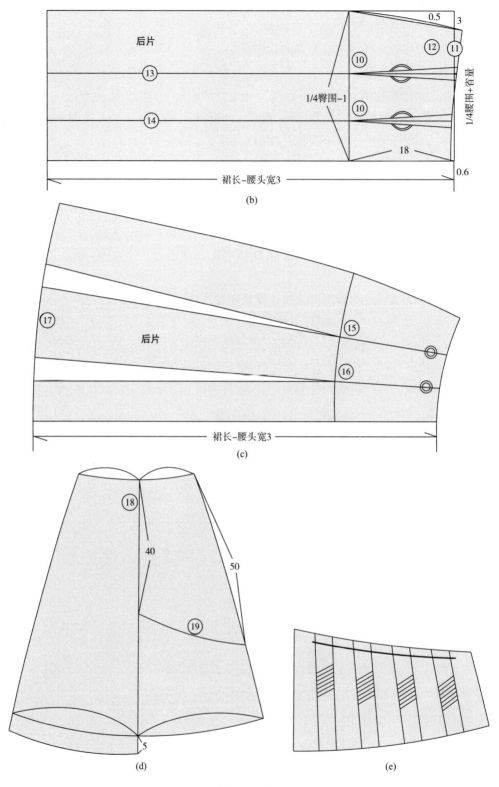

(b)

(c)

(d)

(e)

图 3-45

五、部件制图（图3-46）

按照图3-46中所标注的数据绘制腰头制图。

图 3-46

六、加放缝份（图3-47）

按照图3-47中所标注的数据加放缝份、折边。

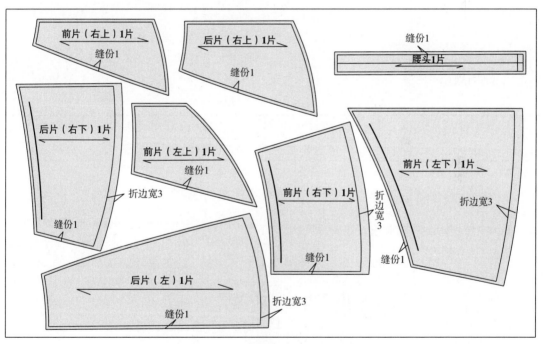

图 3-47

第十节　六片喇叭裙制图*

一、造型概述

如图3-48所示,六片喇叭裙与筒裙的造型方法近似。从下摆展宽点开始作夸张处理,使裙子的廓型呈喇叭形。下摆展宽点的位置,一般定在膝盖线的位置,下摆的展宽量可以根据设计需要确定。

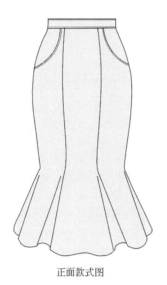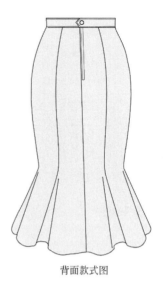

正面款式图　　　　　　　　　　背面款式图

图 3-48

二、制图规格

单位：cm

制图部位	裙　长	腰　围	臀　围
成品规格	74	66	96

三、前片制图（图 3-49）

①前中线，作水平线，长度=裙长-腰头宽 3cm。

②腰围线，垂直于①线。

③底边线，垂直于①线。

④侧缝直线，与①线平行并相等，两线相距 1/4 臀围-1cm。

⑤臀围线，与②线平行并相等，两线相距 17cm。

⑥裙摆展宽线，与⑤线平行，两线相距 35cm。

⑦分割线，直线连接底边线和腰围线的 1/3 点。

⑧侧片腰线中点，在②线上取⑦线与④线间的 1/2 位置定点，以此为中点量取 1/6 腰围，确定 A、B 两点。

⑨臀腰斜线，过④线和⑤线的交点与 A 点直线连接，并适量向右延长。

⑩臀腰斜线，过⑦线和⑤线的交点与 B 点直线连接，并适量向右延长。

⑪臀腰斜线，过①线和②线的交点，沿②线向上量 1/12 腰围定点，与⑦线和⑤线的交点直线连接。

⑫腰围斜线，过⑧点作⑨线的垂线，交于⑫点。

⑬腰围斜线，过⑧点作⑩线的垂线，交于⑬点。

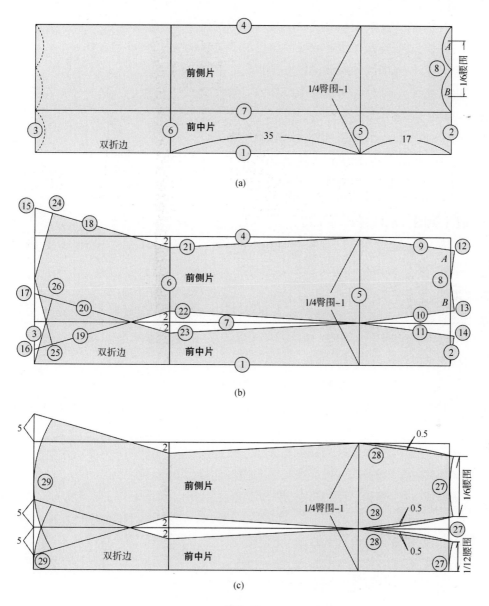

图 3-49

⑭腰围斜线,过①线和②线的交点作⑪线的垂线,交于⑭点。

⑮下摆展宽量,过③线和④线的交点,沿③线向上 5cm 定点。

⑯下摆展宽量,过③线和⑦线的交点,沿③线向下 5cm 定点。

⑰下摆展宽量,过③线和⑦线的交点,沿③线向上 5cm 定点。

⑱下摆斜线,过④线和⑥线的交点,沿⑥线向下 2cm 定点,与⑮点直线连接。

⑲下摆斜线,过⑦线和⑥线的交点,沿⑥线向上 2cm 定点,与⑯点直线连接。

⑳下摆斜线,过⑦线和⑥线的交点,沿⑥线向下 2cm 定点,与⑰点直线连接。

㉑侧缝斜线,直线连接⑱线和⑥线的交点与④线和⑤线的交点。

㉒侧缝斜线，直线连接⑲线和⑥线的交点与⑦线和⑤线的交点。

㉓侧缝斜线，直线连接⑳线和⑥线的交点与⑦线和⑤线的交点。

㉔底边起翘线，过⑮线和⑯线的中点作⑱线的垂线，交于㉔点。

㉕底边起翘线，过⑮线和⑯线的中点作⑲线的垂线，交于㉕点。

㉖底边起翘线，过①线和③线的交点作⑳线的垂线，交于㉖点。

㉗如图3-49(c)所示，用弧线连接划顺腰口线。

㉘如图3-49(c)所示，用弧线连接划顺侧缝线。

㉙如图3-49(c)所示，用弧线连接划顺底边线。

四、后片制图(图3-50)

①后中线，作水平线，长度＝裙长－腰头宽3cm。

②腰围线，垂直于①线。

③底边线，垂直于①线。

④侧缝直线，与①线平行并相等，两线相距1/4臀围+1cm。

⑤臀围线，与②线平行并相等，两线相距17cm。

⑥裙摆展宽线，与⑤线平行，两线相距35cm。

⑦分割线，直线连接底边线和腰围线的1/3点。

⑧侧片腰线中点，在②线上取⑦线与④线间的1/2位置定点，以此为中点量取1/6腰围确定A、B两点。

⑨臀腰斜线，过④线和⑤线的交点与A点直线连接，并适量向右延长。

⑩臀腰斜线，过⑦线和⑤线的交点与B点直线连接，并适量向右延长。

⑪臀腰斜线，过①线和②线的交点，沿②线向上量1/12腰围定点，与⑦线和⑤线的交点直线连接。

⑫腰围斜线，过⑧点作⑨线的垂线，交于⑫点。

⑬腰围斜线，过⑧点作⑩线的垂线，交于⑬点。

⑭腰围斜线，过①线和②线的交点作⑪线的垂线，交于⑭点。

⑮下摆展宽量，过③线和④线的交点，沿③线向上5cm定点。

⑯下摆展宽量，过③线和⑦线的交点，沿③线向下5cm定点。

⑰下摆展宽量，过③线和⑦线的交点，沿③线向上5cm定点。

⑱下摆斜线，过④线和⑥线的交点，沿⑥线向下2cm定点，与⑮点直线连接。

⑲下摆斜线，过⑦线和⑥线的交点，沿⑥线向上2cm定点，与⑯点直线连接。

⑳下摆斜线，过⑦线和⑥线的交点，沿⑥线向下2cm定点，与⑰点直线连接。

㉑侧缝斜线，直线连接⑱线和⑥线的交点与④线和⑤线的交点。

㉒侧缝斜线，直线连接⑲线和⑥线的交点与⑦线和⑤线的交点。

㉓侧缝斜线，直线连接⑳线和⑥线的交点与⑦线和⑤线的交点。

㉔底边起翘线，过⑮线和⑯线的中点作⑱线的垂线，交于㉔点。

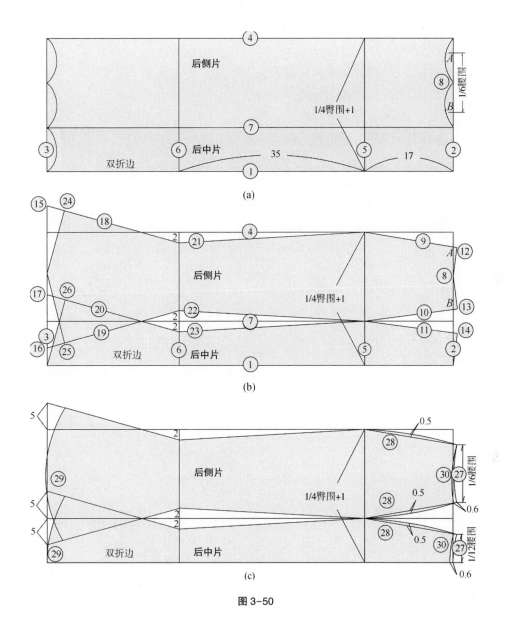

图 3-50

㉕底边起翘线,过⑮线和⑯线的中点作⑲线的垂线,交于㉕点。

㉖底边起翘线,过①线和③线的交点作⑳线的垂线,交于㉖点。

㉗如图 3-50(c)所示,用弧线连接划顺腰口线。

㉘如图 3-50(c)所示,用弧线连接划顺侧缝线。

㉙如图 3-50(c)所示,用弧线连接划顺底边线。

㉚如图 3-50(c)所示,分别将后中片的腰口线向里平移 0.6cm,后侧片腰口线向里倾斜 0.6cm,弧线划顺腰口线。

五、部件制图（图3-51）

①如图3-51（a）中所标注的数据绘制腰头。

②如图3-51（b）中所标注的数据绘制袋口。

③如图3-51（c）中所标注的数据绘制垫袋。

④如图3-51（d）中所标注的数据绘制口袋布。

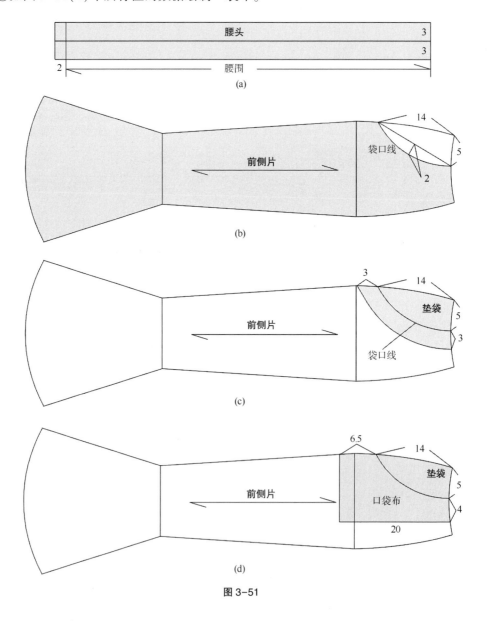

图3-51

六、加放缝份（图3-52）

按照图3-52中所标注的数据加放缝份、折边及剪口位置。

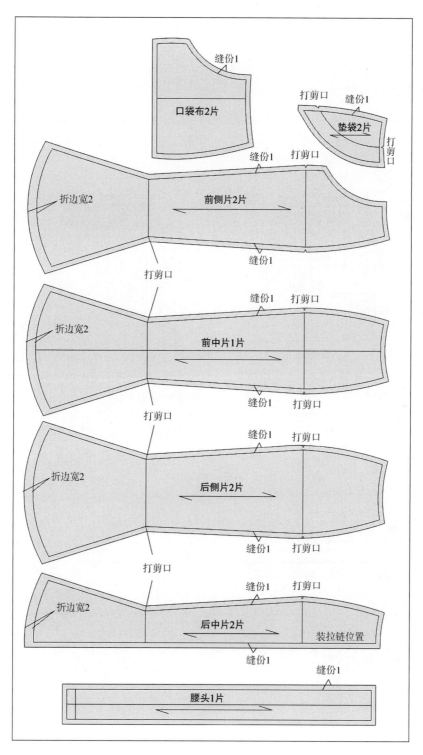

图 3-52

第十一节　塔裙制图

一、造型概述

如图 3-53 所示，塔裙在形式上像宝塔一样，自上而下以阶梯式递增。塔裙有两节、三节和多节之分。每节之间用缩褶的方式相联结，有时在接缝中间镶有同色或异色的嵌线。

正面款式图　　　　　　　　　　背面款式图

图 3-53

二、制图规格

单位：cm

制图部位	裙　长	腰　围
成品规格	70	66

三、整体制图（图 3-54）

①前中线，作水平线，长度＝裙长－腰头宽 3cm。

②腰围线，垂直于①线，长度＝1/2 腰围×1.5。

③分割线，平行于②线，长度等于②线的 1.5 倍。

④分割线，平行于③线，长度等于③线的 1.5 倍。

⑤底边线，平行于④线，长度等于④线的 1.5 倍。

⑥分割线的比例，根据设计需要任意分配，图中按照 3：5：8 来分配。

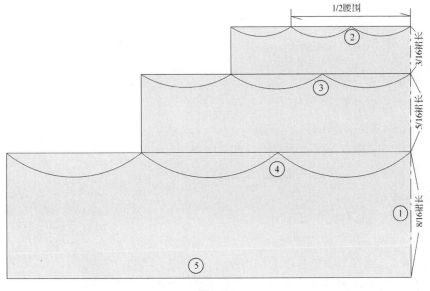

图 3-54

第十二节   180°和 90°斜裙制图

如图 3-55 所示,180°和 90°斜裙的制图方法基本相同。只是因裙子的角度不同,用于绘制腰围弧线的半径不相同。根据圆周长计算公式,180°裙子的腰围半径 = 1/6 腰围 - 0.5cm,90°斜裙的腰围半径 = 1/3 腰围 - 1cm。

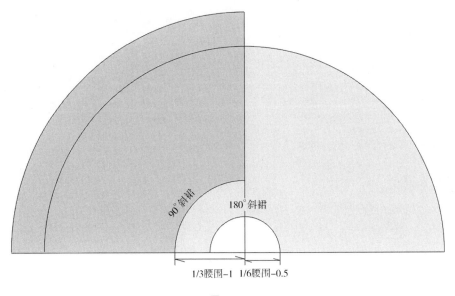

图 3-55

思考练习与实训

一、基础知识

1. 简述裙的构成原理及造型特点。

2. 简述裙的几个主要的控制部位。

3. 简述裙的造型与人体的关系。

4. 简述筒裙与斜裙在制图上的相同点和不同点。

5. 简述筒裙在裙腰位置的侧缝线撇进量的计算。

二、制图实践

1. 结合教学内容从教材中选择5~8款裙子绘制1∶5制图。

2. 按照1∶1的比例绘制筒裙、斜裙及分割式裙的制图。

3. 选择2~3款裙在制图的基础上加放缝份,并完成全套纸样的制作。

4. 由学生自行测体,确定款式与规格,绘制1∶1制图。

应用理论 制图实训——

裤的构成原理与制图

课题名称：裤的构成原理与制图

课题内容：裤的构成原理

裤的计算公式

女西裤制图

男西裤制图

普通女短裤制图

普通男短裤制图

裙裤制图

课题时间：14 课时

教学目的：通过本章的理论讲授与制图示范,使学生理解裤的构成原理,掌握裤的制图的基本方法,能够在常规裤的制图的基础上举一反三,学会各种变化型裤子的制图。

教学要求：1. 通过对裙与裤造型特征的比较,使学生理解裤的立体形态与平面制图的关系。

2. 通过对裤的计算公式的求证,使学生理解裤的制图中的相关计算原理与方法。

3. 通过对常规裤的制图示范,使学生熟练掌握裤的制图技法。

4. 通过裤的变化原理的讲授,使学生能够灵活运用制图方法应对各类裤的制图。

课前准备：阅读服装制图及相关方面的书籍,准备制图工具及多媒体课件。

第四章

裤的构成原理与制图

裤是下装类型中应用最普遍的品种,不同年龄、性别、季节、场合,都可以穿着。裤的种类很多,有普通男女西裤、直筒裤、中长裤、短裤等。

如图4-1所示,裤的结构比裙的结构要复杂得多,控制部位也相应多一些,除了腰围、臀围之外,还有膝围、脚口围、裤长、上裆长、下裆长等。

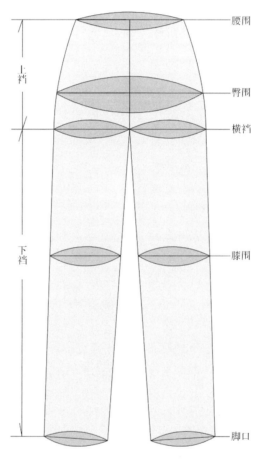

图 4-1

第一节　裤的构成原理

裤是在裙的基础上进一步发展而成的,为了便于说明裤的构成原理,可将裙改造成具备裤特征的造型。如图4-2(a)(b)所示,分别沿裙的前、后中线向上剪开至横裆线,然后取一宽度等于人体厚度、长度与下裆相等的分裆布,按照图4-2(c)所示的形式,缝合在前后裙片之间。这样就构成了如图4-2(d)所示的具备上裆、下裆、腰围、臀围、裤管的基本裤型。

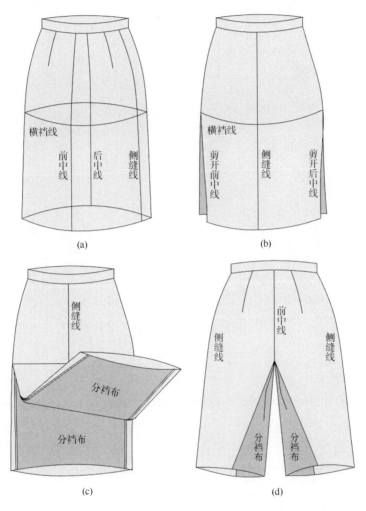

图 4-2

如图4-3(a)(b)所示,将裙分别沿前、后中线位置作剖面图,然后根据人体臀部的侧面形状,将裆线由直线形修正为弧线形。图中AB间的距离反映人体臀部的厚度。在裤结构当中表示前后裆宽度之和。将AB四等分,前裆宽AC占1/4AB,后裆宽BC占3/4AB。

如图4-3(c)所示,按照裤裆线的形状分别画出前后裤片。由图中可以看出,前裆线的形状与人体腹部的形状相对应,后裆线的形状及倾斜度与人体臀部的形状及凸出量相对应,侧缝线的形状与人体侧面形状相对应。

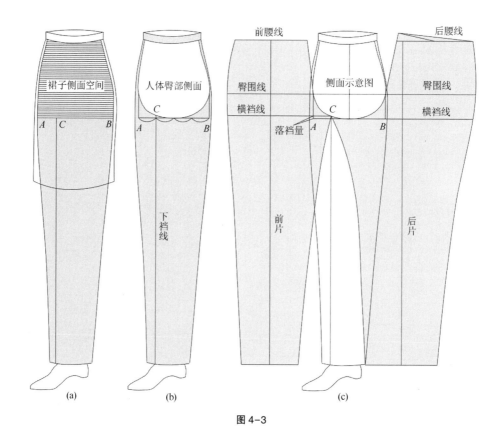

图 4-3

第二节　裤的计算公式

裤与裙一样都属于"四开身"结构，所以裤片的围度分别按照腰围和臀围的 1/4 来分配的。由于人体后臀部的凸出量大于前腹部的凸出量，为了使裤子的侧缝线位于人体侧面的中轴线上，一般前片取 1/4 臀围-1cm，后片取 1/4 臀围+1cm，将侧缝线向前移位 1cm。这 1cm 的调节值是针对正常人体设计的，在实际制图中，还要根据具体的人体特征灵活运用。

一、关于上裆的测量与计算

上裆又称立裆，在裤的制图中是指横裆线至腰围线之间的距离。上裆长度尺寸，直接影响裤的适体性与机能性，上裆与腰围、臀围是裤类造型中的主要控制部位。上裆的测量方法有两种，一种是先用软尺分别测量裤长和下裆的长度，然后用裤长减去下裆长求得，这种方法一般是根据成品裤的测量，直接在人体上面测量很不方便，所以一般不太常用。另一种是测量人体坐高，即让被测者坐在椅子上面，上身与椅子面垂直，双腿并拢，小腿与地面垂直，用软尺沿人体侧面测量腰线至椅子面之间的距离，然后用坐高加 2~3cm 的放松量，确定上裆的长度。

对于某些特殊体型来说，仅有上裆长度仍难以保证造型的准确。因为人体的变化除了上裆长度外还要考虑人体厚度的变化。所以有时还采用测量通裆尺寸的方法。所谓通裆尺寸，是指前、后上裆长度与裆宽度之总和。

如图4-4所示,用软尺从前腰线开始穿过裆缝测量至后腰线,增加2~3cm的放松量作为通裆尺寸,再按照下面的比例求出上裆长度和裆的总宽度。上裆长度=2/5通裆尺寸,总裆宽度=1/5通裆尺寸。

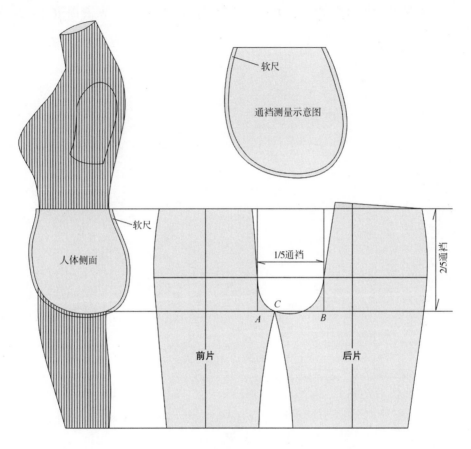

图4-4

由于上裆长度除了受人体臀部形态的影响之外,更主要的还受穿衣习惯的影响。所以很难找出一个比较准确的计算公式。现在比较常用的计算方法是取1/4臀围,这是一个经验公式,它的合理性是因为在一定的范围内,计算所造成的误差还不至于影响裤的机能和造型。

二、关于前后裆宽度的计算

裤的裆部形状是根据人体臀部侧面的形状设计的。裆的宽度大小,在很大程度上决定裤的适体性与机能性。裆的宽度过大,会增加横裆尺寸和下裆线的弧度,与人体之间产生过大的间隙量。裆的宽度过小,又会导致臀部绷紧,下肢运动不便。因此,对于裆宽的处理成为裤的结构制图的要点。为了寻求有关横裆计算的理论依据,可通过下面的作图来进行求证。

　　如图 4-5(a)所示，成形后的裤子是由三个略带锥度的筒形所构成。位于上端的筒形由腰围和臀围构成，位于下端的是两个裤管所构成的筒形。做出这三个筒形的俯视图，如图 4-5(b)所示，以臀围作为周长作正圆，DE 为该圆的直径。将 DE 四等分，确定 O_1 和 O_2 两个圆心点。分别以 O_1 和 O_2 点为圆心，作两个内切圆。将内切圆的周长看作裤管顶端的围度。由图中可以看出，内切圆的直径 AB 代表裤子裆部的宽度。根据圆周定律可以求出 AB 的计算公式。

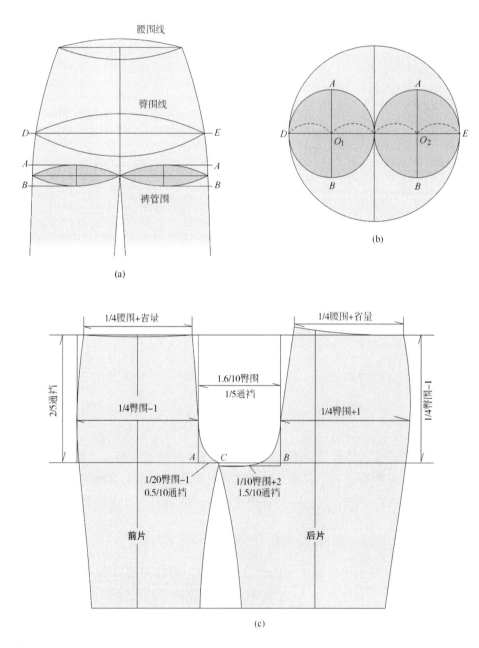

图 4-5

已知:圆周长＝直径×π

所以:DE＝臀围÷π

因为:$AB=1/2DE$

所以:AB＝臀围÷2π

　　　≈0.16 臀围

如图 4-5(c)所示,将 AB 四等分,前裆宽 $AC=1/4AB$。后裆宽 $CB=3/4AB$。由此可以分别求出前、后裆宽的计算公式。

前裆宽 AC＝0.16 臀围×1/4＝1/25 臀围

为了便于计算,将 1/25 臀围调整成 1/20 臀围,调整前后的两分数相差:

1/20 臀围－1/25 臀围＝5/100 臀围－4/100 臀围＝1/100 臀围

取男女中间体臀围平均值 100cm,则调整前后的实际误差为:

$$100cm×1/100=1cm$$

将 1cm 的误差作为修正值,对计算公式进行修正后得:

前裆宽 AC＝1/20 臀围－1cm

用同样的方法可以求出后裆宽度的计算公式:

后裆宽 CB＝0.16 臀围×3/4＝6/50 臀围

为了便于计算,将 6/50 臀围调整成 1/10 臀围,调整前后的两分数相差:

6/50 臀围－1/10 臀围＝6/50 臀围－5/50 臀围＝1/50 臀围

取男女中间体臀围平均值 100cm,则调整前后的实际误差为:

$$100cm×1/50=2cm$$

将 2cm 的误差作为修正值,对计算公式进行修正后得:

后裆宽 CB＝1/10 臀围+2cm

如果要采用通裆尺寸来计算前、后裆的宽度,可以用下面的计算公式:

已知:裆部总宽度＝1/5 通裆尺寸

所以:前裆宽＝1/5 通裆尺寸×1/4＝0.5/10 通裆尺寸

后裆宽＝1/5 通裆尺寸×3/4＝1.5/10 通裆尺寸

第三节　女西裤制图

一、造型概述

如图 4-6 所示,女西裤的前片左右各设计两个反褶,由正面看,褶迹线向前折叠。后片左右各设计两个省,背面的省量分别向侧缝线扣倒。在裤子前裆线上装拉链,左右各有一个侧缝插袋。

正面款式图　　　　　　侧面款式图　　　　　　背面款式图

图 4-6

二、制图规格

单位：cm

制图部位	裤　长	腰　围	臀　围	脚口围
成品规格	100	70	100	44

三、前片制图（图 4-7）

①基本线，长度＝裤长-腰头宽 4cm。

②脚口线，过①线左端点作①线的垂线。

③腰围线，过①线右端点作①线的垂线。

④横裆线，平行于③线，距离③线 1/4 臀围-1cm。

⑤臀围线，平行于③线，在③线至④线的 1/3 位置。

⑥膝围线，平行于④线，在②线至⑤线的 1/2 位置。

⑦前裆直线，平行于①线，距①线 1/4 臀围-1cm。

⑧前裆宽，过④线和⑦线的交点，沿④线向上量 1/20 臀围-1cm 定点。

⑨横裆线基点，过①线和④线的交点，沿④线向上 1cm 定点。

⑩前烫迹线，在④线上取⑧点至⑨点间的 1/2 位置定点，过此点作①线的平行线。

⑪⑫脚口大，取 1/2 脚口围-2cm，以②线和⑩线的交点为中点两侧均分，确定⑪⑫两点。

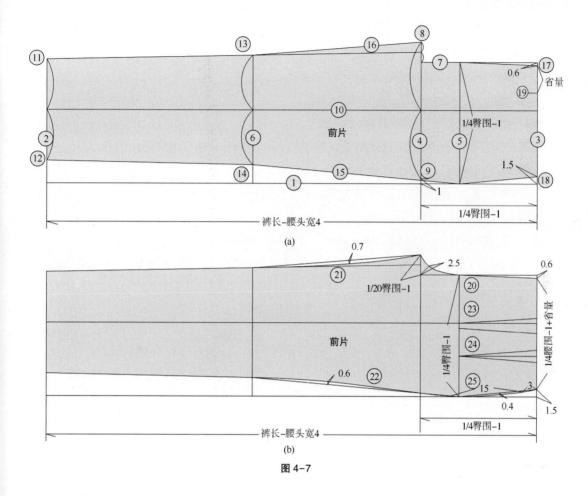

图 4-7

⑬⑭膝围大,过⑪点与前裆宽的中点直线连接,与⑥线相交于⑬点。以⑩线为中线取⑬的对称点确定⑭点,直线连接⑫点与⑭点。

⑮侧缝斜线,直线连接⑭点与①线和⑤线的交点。

⑯下裆斜线,直线连接⑬点与⑧点。

⑰前裆撇进量,由③线和⑦线的交点,沿③线向下 0.6cm 定点,与⑦线和⑤线的交点作直线连接。

⑱侧缝撇进量,过①线和③线的交点,沿③线向上 1/20 臀腰差定点,与①线和⑤线交点直线连接。

⑲前腰围大,过⑱点沿③线向上 1/4 腰围−1cm 确定⑲点,多余部分为省量。

⑳如图 4-7(b)所示,用弧线连接划顺前裆线。

㉑如图 4-7(b)所示,用弧线连接划顺下裆线。

㉒如图 4-7(b)所示,用弧线连接划顺侧缝线。

㉓如图 4-7(b)所示,取前褶大 3cm,以烫迹线为界上侧占省量的 1/3,下侧占省量的 2/3。

㉔如图 4-7(b)所示,后褶在前褶线至侧缝线的 1/2 位置,褶大等于省量减去前褶大。

㉕侧缝袋位,由腰口线沿侧缝弧线向左量 3cm 确定袋口上限点,袋口大 15cm。

四、后片制图（图4-8）

①基本线，长度＝裤长－腰宽4cm。

②脚口线，过①线的左端点作①线的垂线。

③腰围线，过①线的右端点作①线的垂线。

④横裆线，平行于③线，距离③线1/4臀围－1cm。

⑤臀围线，平行于③线，在③线至④线的1/3位置。

⑥膝围线，平行于④线，在②线至⑤线的1/2位置。

⑦落裆线，与④线平行相距1cm。

⑧后裆直线，平行于①线，距①线1/4臀围＋1cm。

⑨后裆斜线，过④线和⑧线的交点，沿④线向上2cm定点，与⑤线和⑧线的交点直线连接并向两边延长。

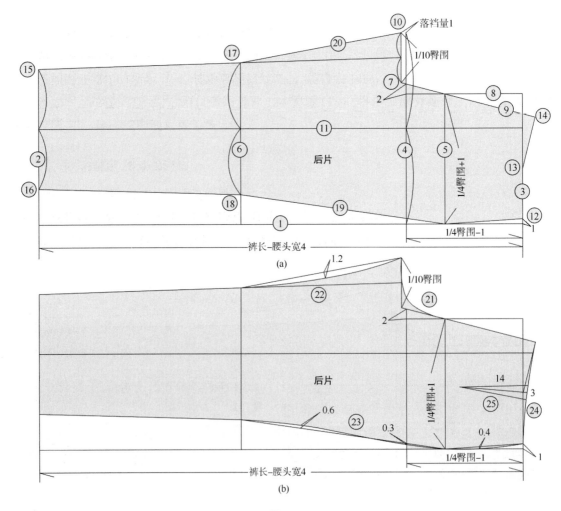

图4-8

⑩后裆宽,过⑨线和⑦线的交点,沿⑦线向上 1/10 臀围定点。

⑪后烫迹线,在⑩点至①线和④线的交点的 1/2 位置定点,过此点作①线的平行线。

⑫侧缝撇进量,过①线和③线的交点,沿③线向上 1cm 定点,与①线和⑤线交点直线连接。

⑬后腰中点,在⑫点与③线和⑨线的交点间的 1/2 位置定点。

⑭腰翘高,过⑬点作⑨线的垂线,交于⑭点。

⑮⑯脚口大,取 1/2 脚口围+2cm。以②线和⑪线的交点为中点两侧均分,确定⑮⑯两点。

⑰⑱膝围大,过⑮点与后裆宽中点作直线连接,与⑥线相交于⑰点,再以⑪线为中线,沿⑥线取⑰点的对称点确定⑱点,直线连接⑯点与⑱点。

⑲侧缝斜线,直线连接⑱点与①线和⑤线的交点。

⑳下裆斜线,直线连接⑰点与⑩点。

㉑如图 4-8(b)所示,用弧线连接划顺后裆线。

㉒如图 4-8(b)所示,用弧线连接划顺下裆线。

㉓如图 4-8(b)所示,用弧线连接划顺侧缝线。

㉔如图 4-8(b)所示,用弧线连接划顺腰口线。

㉕如图 4-8(b)所示,沿腰口弧线量取 1/4 腰围+1cm,多余部分为省量。当省量大于 3cm 时收两个省,小于 3cm 时收一个省,图中设计一个省,省长 14cm。

五、重叠制图(图 4-9)

①后片烫迹线,与前片的烫迹线重合。

②根据前片分别画出腰围线、臀围线、膝围线、脚口线、落裆线。

③在臀围线上由前片侧缝线向下量 1/20 臀围-1cm,确定③点。

④后裆直线,过③点沿臀围线向上 1/4 臀围+1cm 定点,过此点作①线的平行线。

⑤过臀围线与后裆直线的交点向上 2cm 确定⑤点,直线连接⑤点与臀围线和后裆直线交

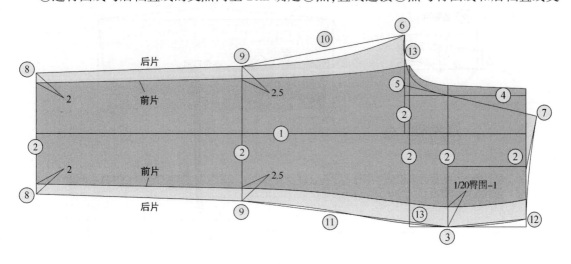

图 4-9

点,确定后裆斜线。

⑥后裆宽,过⑤点沿落裆线向上 1/10 臀围确定⑥点。

⑦后腰翘大,过后腰的中点作后裆斜线的垂线,交于⑦点。

⑧在前片脚口大的基础上,分别向上、下各加放 2cm,确定后片脚口大。

⑨在前片膝围大的基础上,分别向上、下各加放 2.5cm,确定后片膝围大。

⑩直线连接⑧点和⑨点、⑨点和⑥点,确定下裆线。

⑪直线连接⑧点和⑨点、⑨点和③点,确定侧缝线。

⑫侧缝撇进量,由腰口线与侧缝线的交点向上 1cm 定点,与⑦点弧线连接划顺腰口线。

⑬用弧线划顺后裆线和侧缝线。

⑭省的处理方法与后片单独制图的处理方法相同。

六、部件制图(图 4-10)

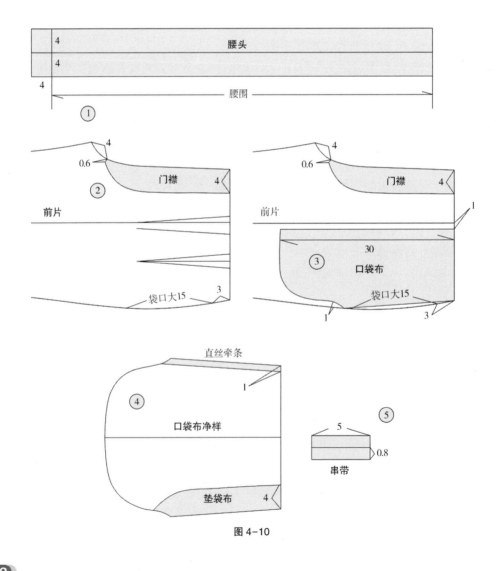

图 4-10

①按照图4-10中所标注的数据绘制腰头。

②按照图4-10中所标注的数据绘制门襟。

③按照图4-10中所标注的数据绘制口袋布。

④按照图4-10中所标注的数据绘制牵条和垫袋布。

⑤按照图4-10中所标注的数据绘制串带。

七、加放缝份（图4-11）

按照图4-11中所标注的数据加放缝份、折边及剪口位置。

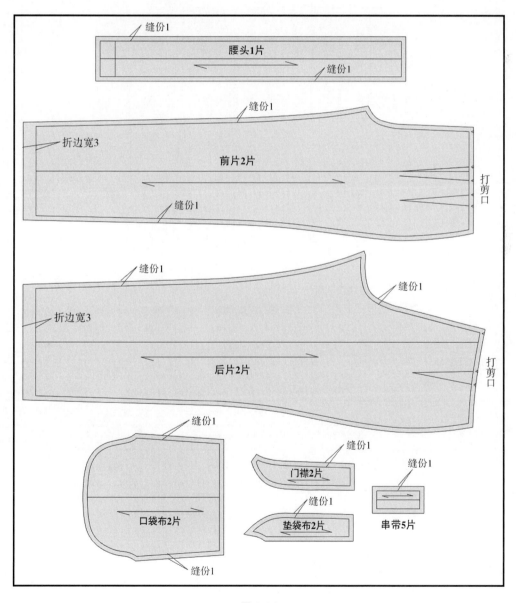

图 4-11

第四节　锥形褶裤制图*

一、造型概述

如图 4-12 所示,锥形褶裤在结构处理上,裤口收紧,腰部两侧各设计三个活褶。褶在腰部固定消失于侧缝,由正面看,褶迹线向前折叠。在裤子前裆线上装拉链。左右各有一个侧缝插袋。

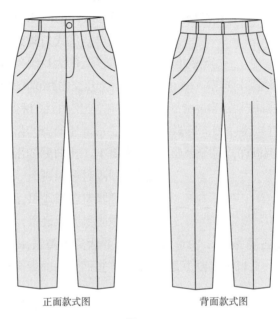

正面款式图　　　　　　背面款式图

图 4-12

二、制图规格

单位:cm

制图部位	裤　长	腰　围	臀　围	脚口围
成品规格	100	70	100	34

三、前片制图(图 4-13)

①基本线,作水平线,长度=裤长-腰头宽 4cm。

②脚口线,过①线左端点作①线的垂线。

③腰围线,过①线右端点作①线的垂线。

④横裆线,平行于③线,距离③线 1/4 臀围-1cm。

⑤臀围线,平行于③线,在③线至④线的 1/3 位置。

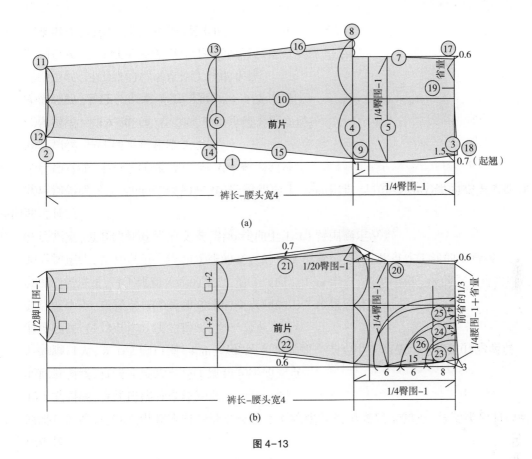

图 4-13

⑥膝围线,平行于④线,在②线至⑤线的 1/2 位置。

⑦前裆直线,平行于①线,距①线 1/4 臀围 -1cm。

⑧前裆宽,过④线和⑦线的交点,沿④线向上量 1/20 臀围 -1cm 定点。

⑨横裆线基点,过①线和④线的交点,沿④线向上 1cm 定点。

⑩前烫迹线,在④线上取⑧点至⑨点间的 1/2 位置定点,过此点作①线的平行线。

⑪⑫脚口大,取 1/2 脚口围 -1cm,以②线和⑩线的交点为中点两侧均分,确定⑪⑫两点。

⑬⑭膝围大,过⑪点与前裆宽的中点直线连接,与⑥线相交于⑬点,再以⑩线为中线取⑬点的对称点确定⑭点,直线连接⑫点与⑭点。

⑮侧缝斜线,直线连接⑭点与①线和⑤线交点。

⑯下裆斜线,直线连接⑬点与⑧点。

⑰前裆劈进量,由③线和⑦线的交点沿③线向下 0.6cm 定点,与⑦线和⑤线的交点直线连接。

⑱侧缝劈进量,过①线和③线的交点沿③线向上 1/20 臀腰差定点,与①线和⑤线的交点直线连接。

⑲前腰围大,过⑱点起翘 0.7cm,并沿③线向上量 1/4 腰围 -1cm 确定⑲点,剩余部分为省量。

⑳~㉒如图 4-13(b)所示,分别用弧线连接划顺前裆线⑳、下裆线㉑、侧缝线㉒。

㉓如图 4-13（b）所示,沿腰口线向上 6cm 确定第一个褶线的起始位置,沿此点向下 1/3 前腰省量确定褶的大小,同时由腰口线沿侧缝弧线向下 8cm 确定第一个褶线的结束位置,用弧线将褶线划顺。

㉔如图 4-13（b）所示,沿腰口过第一个褶向上 4cm 确定第二个褶线的起始位置,沿此点向下 1/3 前腰省量确定褶的大小,同时由第一个褶线的结束位置向下 6cm 确定第二个褶线的结束位置,用弧线将褶线划顺。

㉕如图 4-13（b）所示,沿腰口过第二个褶向上 4cm 确定第三个褶线的起始位置,沿此点向下 1/3 前腰省量确定褶的大小,同时由第二个褶线的结束位置向下 6cm 确定第三个褶线的结束位置,用弧线将褶线划顺。

㉖侧缝袋位,由腰口线沿侧缝弧线向左量 3cm 确定袋口上端点,沿此点向左量取 15cm 确定袋口长。

四、后片制图（图 4-14）

①基本线,长度＝裤长−腰头宽 4cm。

②脚口线,过①线的左端点作①线的垂线。

③腰围线,过①线的右端点作①线的垂线。

④横裆线,平行于③线,距离③线 1/4 臀围+1cm。

⑤臀围线,平行于③线,在③线至④线的 1/3 位置。

⑥膝围线,平行于④线,在②线至⑤线的 1/2 位置。

⑦落裆线,与④线平行相距 1cm。

⑧后裆直线,平行于①线,距①线 1/4 臀围−1cm。

⑨后裆斜线,过④线和⑧线交点沿④线向上量 2cm 定点,与⑤线和⑧线交点直线连接并延长。

⑩后裆宽,过⑧线和⑦线的交点,沿⑦线向上量 1/10 臀围确定⑩点。

⑪后烫迹线,在⑩点至①线和④线交点的 1/2 位置定点,过此点作①线的平行线。

⑫后腰中点,在③线和⑨线交点间的 1/2 位置定点。

⑬腰翘高,过⑫点作⑨线的垂线,交于⑬点。

⑭侧缝线,过⑬点向下量 1/4 腰围+1+省量（5cm 与前片等同）,沿③线向下定点并与①线和⑤线的交点直线连接。

⑮⑯脚口大,取 1/2 脚口围+2cm,以②线和⑪线交点为中点两侧均分,确定⑮⑯两点。

⑰⑱膝围大,过⑮点与后裆宽的中点作直线连接,与⑥线相交于⑰点,再以⑪线为中线,沿⑥线取⑰点的对称点确定⑱点,直线连接⑯⑱的两点。

⑲侧缝斜线,用直线连接⑱点与①线和⑤线的交点。

⑳下裆斜线,用直线连接⑰点与⑩点。

㉑~㉔如图 4-14（b）所示,分别用弧线连接划顺后裆线㉑、下裆线㉒、侧缝线㉓、腰口线㉔。

㉕如图 4-14（b）所示,沿腰口线向上 6cm 确定第一个褶线的起始位置,沿此点向下 1/3 后腰省量确定褶的大小,同时由腰口线沿侧缝弧线向下 8cm 确定第一个褶线的结束位置,用弧线

将褶线划顺。

　　㉖如图 4-14(b)所示,沿腰口过第一个褶向上 4cm 确定第二个褶线的起始位置,沿此点向下 1/3 后腰省量确定褶的大小,同时由第一个褶线的结束位置向下 6cm 确定第二个褶线的结束位置,用弧线将褶线划顺。

　　㉗如图 4-14(b)所示,沿腰口过第二个褶向上 4cm 确定第三个褶线的起始位置,沿此点向下 1/3 后腰省量确定褶的大小,同时由第二个褶线的结束位置向下 6cm 确定第三个褶线的结束位置,用弧线将褶线划顺。

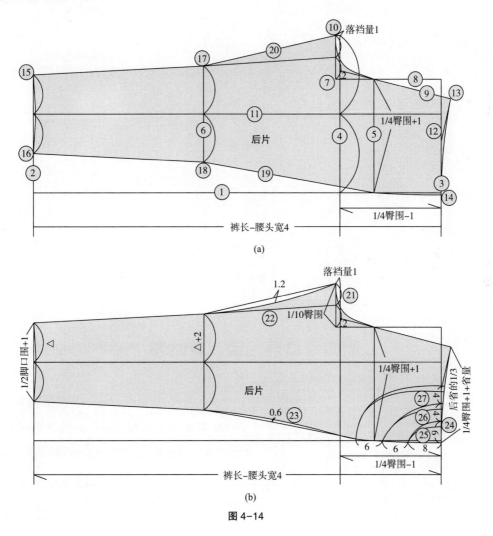

图 4-14

五、部件制图(图 4-15)

①按照图 4-15 中所标注的数据绘制腰头。

②按照图 4-15 中所标注的数据绘制门襟。

③按照图 4-15 中所标注的数据绘制口袋布。

④按照图 4-15 中所标注的数据绘制串带。

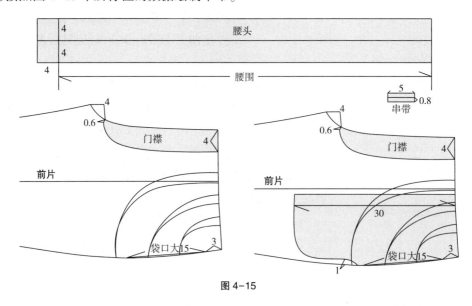

图 4-15

六、加放缝份(图 4-16)

按照图 4-16 中所标注的数据加放缝份、折边及剪口位置。

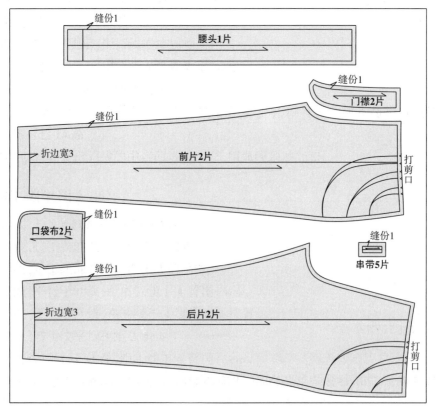

图 4-16

第五节　女直筒裤制图 *

一、造型概述

如图 4-17 所示,直筒裤在结构处理上,裤口加大,腰部前后无任何收省处理,工艺上采用松紧带将腰部收缩至合适。裤子无拉链、无口袋设计。

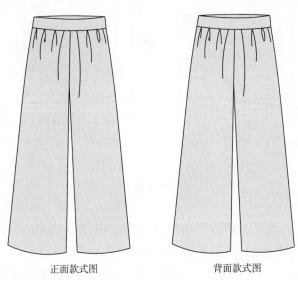

正面款式图　　　　　背面款式图

图 4-17

二、制图规格

单位:cm

制图部位	裤 长	腰 围	臀 围	脚口围
成品规格	95	70	100	50

三、前片制图(图 4-18)

①基本线,长度=95cm。

②脚口线,过①线左端点作①线的垂线。

③腰围线,过①线右端点作①线的垂线。

④横裆线,平行于③线,距离③线 1/4 臀围+3cm。

⑤臀围线,平行于③线,在③线至④线的 1/3 位置。

⑥膝围线,平行于④线,在②线至⑤线的 1/2 位置。

⑦前裆直线,平行于①线,距①线 1/4 臀围-1cm。

⑧前裆宽,过④线和⑦线交点沿④线向上量 1/20 臀围-1cm 定点。

⑨横裆线基点,过①线和④线的交点定点。

⑩前烫迹线,在④线上取⑧点至⑨点间的 1/2 位置定点,过此点作①线的平行线。

⑪⑫脚口大,取 1/2 脚口围-2cm,以②线和⑩线交点为中点两侧均分,确定⑪⑫两点。

⑬⑭膝围大,过⑪点与⑧点直线连接,与⑥线相交于⑬点并向下 1cm 定点,连接⑫点与⑤线和①线的交点与⑥线交于⑭点。

⑮前裆劈进量,由③线和⑦线的交点沿③线向下 0.6cm 定点,与⑦线和⑤线的交点作直线连接。

⑯侧缝劈进量,过①线和③线的交点沿③线向上 1/20 臀腰差定点,与①线和⑤线的交点直线连接。

⑰⑱如图 4-18 所示,分别用弧线连接划顺前裆线⑰、下裆线⑱。

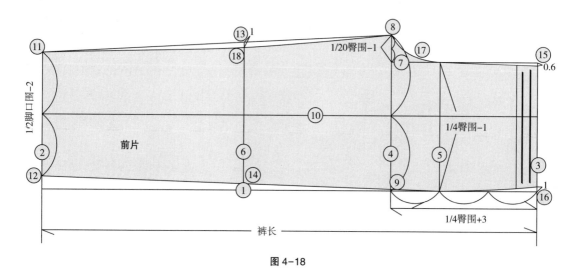

图 4-18

四、后片制图(图 4-19)

①基本线,长度=裤长 95cm。

②脚口线,过①线的左端点作①线的垂线。

③腰围线,过①线的右端点作①线的垂线。

④横裆线,平行于③线,距离③线 1/4 臀围+3cm。

⑤臀围线,平行于③线,在③线至④线的 1/3 位置。

⑥膝围线,平行于④线,在②线至⑤线的 1/2 位置。

⑦后裆直线,平行于①线,距①线 1/4 臀围+1cm。

⑧过④线和⑦线的交点,沿④线向上量 2cm 定点。

⑨后裆斜线,过⑧点,与⑤线和⑦线交点直线连接并延长。

⑩后裆宽,过⑧点,沿④线向上 1/10 臀围确定⑩点。

⑪后烫迹线,在⑩点至①线和④线的交点的 1/2 位置定点,过此点作①线的平行线。

⑫后腰中点,在③线和⑨线交点间的 1/2 位置定点。

⑬腰翘高,过⑫点作⑨线的垂线,交于⑬点。

⑭侧缝线,直线连接⑬线与①线和⑤线的交点。

⑮⑯脚口大,取 1/2 脚口围+2cm,以②线和⑪线的交点为中点两侧均分,确定⑮⑯两点。

⑰⑱膝围大,连接⑮点与⑩点,与⑥线相交并向下 1.5cm 定点,连接⑯点与⑤线和①线的交点,与⑥线交于⑱点。

⑲⑳如图 4-19 所示,分别用弧线连接划顺前裆线⑲、下裆线⑳。

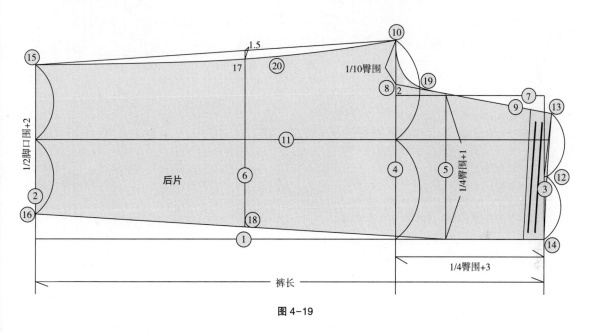

图 4-19

五、部件制图(图 4-20)

按照图 4-20 中所标注的数据绘制口袋布。

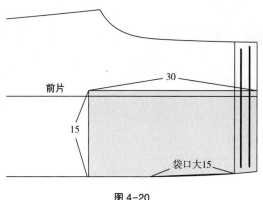

图 4-20

六、加放缝份（图4-21）

按照图4-21中所标注的数据加放缝份、折边。

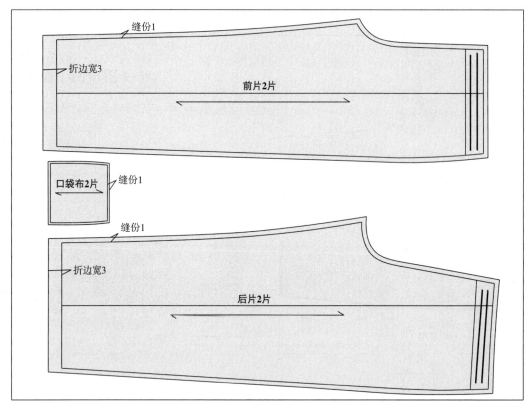

图4-21

第六节　男西裤制图

一、造型概述

如图4-22所示，男西裤单独配制腰头。装串带7根，其中后裆线位置并排装两根。前裤片左右各设计两个正褶，由正面看褶迹线向两侧倒伏。左右两侧各设计一个插袋。前门襟装拉链或钉纽扣。

二、制图规格

单位:cm

制图部位	裤　长	腰　围	臀　围	脚口围
成品规格	103	76	105	46

正面款式图　　　　　侧面款式图　　　　　背面款式图

图 4-22

三、前片制图（图 4-23）

①基本线,长度＝裤长-腰头宽 4cm。

②脚口线,过①线的左端点作①线的垂线。

③腰围线,过①线的右端点作①线的垂线。

④横裆线,平行于③线,距离③线 1/4 臀围-1cm。

⑤臀围线,平行于③线,在③线至④线的 1/3 位置。

⑥膝围线,平行于④线,在②线至⑤线的 1/2 位置。

⑦前裆直线,平行于①线,距①线 1/4 臀围-1cm。

⑧前裆宽,过④线和⑦线的交点,沿④线向上 1/20 臀围-1cm 定点。

⑨横裆线基点,过①线和④线的交点,沿④线向上 1cm 定点。

⑩前烫迹线,在④线上取⑧点至⑨点间的 1/2 位置定点,过此点作①线的平行线。

⑪⑫脚口大,取 1/2 脚口围-2cm,以②线和⑩线交点为中点两侧均分确定⑪⑫两点。

⑬⑭膝围大,过⑪点与前裆宽的中点直线连接,与⑥线相交于⑬点。以⑩线为中线取⑬点的对称点确定⑭点,直线连接⑫⑭两点。

⑮侧缝斜线,直线连接⑭点与①线和⑤线的交点。

⑯下裆斜线,直线连接⑬点与⑧点。

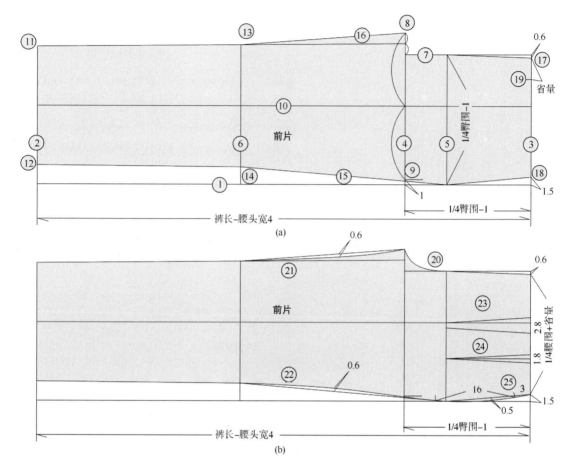

图 4-23

⑰前裆撇进量,由③线和⑦线的交点,沿③线向下 0.6cm 定点,与⑦线和⑤线的交点直线连接。

⑱侧缝撇进量,过①线和③线的交点,沿③线向上 1.5cm 定点,与①线和⑤线的交点直线连接。

⑲前腰围大,过⑱点沿③线向上 1/4 腰围-1cm 确定⑲点,多余部分为省量。

⑳如图 4-23(b)所示,用弧线连接划顺前裆线。

㉑如图 4-23(b)所示,用弧线连接划顺下裆线。

㉒如图 4-23(b)所示,用弧线连接划顺侧缝线。

㉓如图 4-23(b)所示,前褶大 2.8cm,以烫迹线为界,前侧占褶量的 1/3,后侧占 2/3。

㉔如图 4-23(b)所示,侧褶在前褶线至侧缝线的 1/2 位置,褶大等于总省量减去前褶大。

㉕侧缝袋位,由腰口线向左量 3cm 为袋口上限点,袋口大 16cm。

四、后片制图(图 4-24)

①基本线,长度=裤长-腰头宽 4cm。

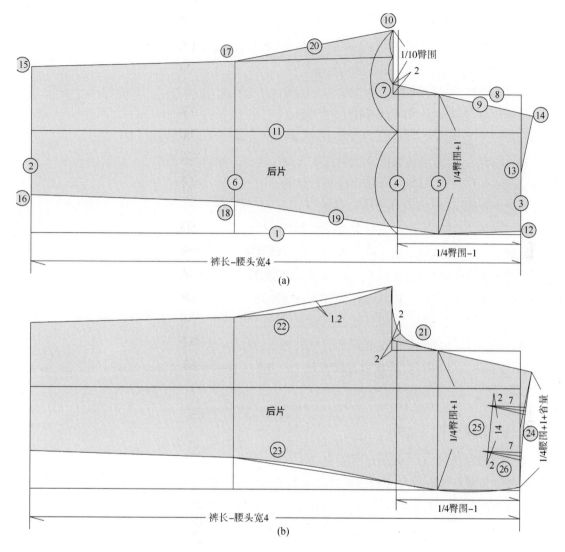

图4-24

②脚口线,过①线的左端点作①线的垂线。

③腰围线,过①线的右端点作①线的垂线。

④横裆线,平行于③线,距离③线 1/4 臀围-1cm。

⑤臀围线,平行于③线,在③线至④线的 1/3 位置。

⑥膝围线,平行于④线,在②线至⑤线的 1/2 位置。

⑦落裆线,与④线平行相距 1cm。

⑧后裆直线,平行于①线,距①线 1/4 臀围+1cm。

⑨后裆斜线,过④线和⑧线的交点,沿④线向上 2cm 定点,与⑤线和⑧线的交点直线连接并向两边延长。

⑩后裆宽，过⑨线和⑦线的交点，沿⑦线向上 1/10 臀围确定⑩点。

⑪后烫迹线，在⑩点至①线和④线的交点的 1/2 位置定点，过此点作①线的平行线。

⑫侧缝撇进量，过①线和③线的交点，沿③线向上 1cm 定点，与①线和⑤线的交点直线连接。

⑬后腰中点，在⑫点与③线和⑨线的交点间的 1/2 位置定点。

⑭腰翘高，过⑬点作⑨线的垂线，交于⑭点。

⑮⑯脚口大，取 1/2 脚口围+2cm，以②线和⑪线交点为中点两侧均分确定⑮⑯两点。

⑰⑱膝围大，过⑮点与后裆宽的中点作直线连接，与⑥线相交于⑰点。以⑪线为中线，沿⑥线取⑰点的对称点确定⑱点，直线连接⑯⑱两点。

⑲侧缝斜线，直线连接⑱点与①线和⑤线的交点。

⑳下裆斜线，直线连接⑰点与⑩点。

㉑如图 4-24(b)所示，用弧线连接划顺后裆线。

㉒如图 4-24(b)所示，用弧线连接划顺下裆线。

㉓如图 4-24(b)所示，用弧线连接划顺侧缝线。

㉔如图 4-24(b)所示，用弧线连接划顺腰口线。

㉕如图 4-24(b)所示，后口袋距离腰口线 7cm，袋口大 14cm。

㉖如图 4-24(b)所示，沿腰口弧线量取 1/4 腰围+1cm，将多余部分处理成两个省，省尖距离袋口两端各 2cm，省中线垂直于腰口线。

五、重叠制图(图4-25)

①后片烫迹线，与前片的烫迹线重合。

②根据前片分别画出腰围线、臀围线、膝围线、脚口线、落裆线。

③在臀围线上由前片侧缝线向下 1/20 臀围-1cm，确定③点。

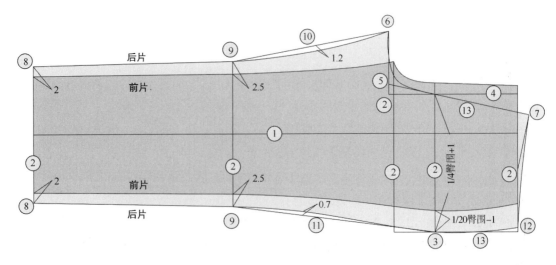

图 4-25

④后裆直线,过③点沿臀围线向上 1/4 臀围+1cm 定点,过此点作①线的平行线。

⑤过后裆直线与横裆线的交点向上 2cm 确定⑤点,直线连接⑤点和臀围线与后裆直线交点,确定后裆斜线。

⑥后裆宽,过⑤点沿落裆线向上 1/10 臀围确定⑥点。

⑦后腰翘大,过后腰的中点作后裆斜线的垂线,交于⑦点。

⑧在前片脚口大的基础上,分别向上、下各加放 2cm,确定后片脚口大。

⑨在前片膝围大的基础上,分别向上、下各加放 2.5cm,确定后片膝围大。

⑩直线连接⑧点和⑨点、⑨点和⑥点,确定下裆线。

⑪直线连接⑧点和⑨点、⑨点和③点,确定侧缝线。

⑫侧缝撇进量,由腰口线与侧缝线的交点向上 1cm 定点,与⑦点弧线连接划顺腰口线。

⑬用弧线划顺后裆线和侧缝线,省及后袋的处理方法与单独制图相同。

六、部件制图(图 4-26)

①按照图 4-26 中所标注的数据绘制门襟。

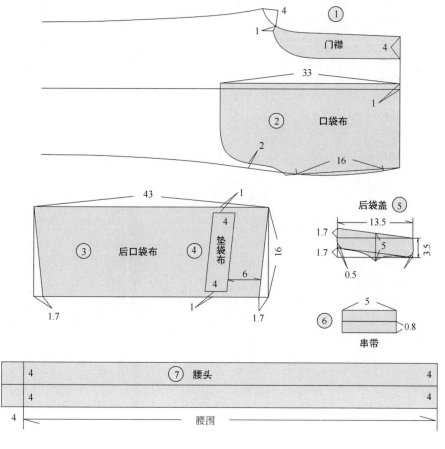

图 4-26

②按照图 4-26 中所标注的数据绘制口袋布。

③按照图 4-26 中所标注的数据绘制后口袋布。

④按照图 4-26 中所标注的数据绘制垫袋布。

⑤按照图 4-26 中所标注的数据绘制后袋盖。

⑥按照图 4-26 中所标注的数据绘制串带。

⑦按照图 4-26 中所标注的数据绘制腰头。

七、加放缝份（图 4-27）

按照图 4-27 中所标注的数据加放缝份、折边及剪口位置。

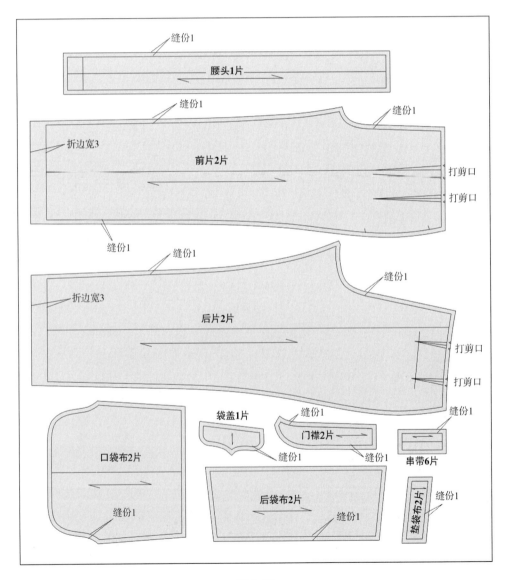

图 4-27

第七节　普通女短裤制图

一、造型概述

如图 4-28 所示,短裤的造型与长裤相比落裆量要大一些,一般为 2.5cm 左右。这是根据后裤片的倾斜量而作的调整。前片左右各设计一个褶,后片左右各设计两个省。

正面款式图　　　　侧面款式图　　　　背面款式图

图 4-28

二、制图规格

单位:cm

制图部位	裤　长	腰　围	臀　围	脚口围
成品规格	40	70	96	55

三、前片制图（图 4-29）

①基本线,长度＝裤长-腰头宽 3cm。

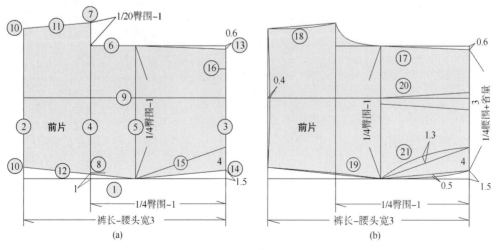

图 4-29

②脚口线，过①线的左端点作①线的垂线。

③腰围线，过①线的右端点作①线的垂线。

④横裆线，平行于③线，距离③线1/4臀围−1cm。

⑤臀围线，平行于③线，在③线至④线的1/3位置。

⑥前裆直线，平行于①线，距①线1/4臀围−1cm。

⑦前裆宽，过④线和⑥线的交点，沿④线向上1/20臀围−1cm定点。

⑧横裆线基点，过①线和④线的交点，沿④线向上1cm定点。

⑨前烫迹线，在④线上取⑦点至⑧点间的1/2位置定点，过此点作①线的平行线。

⑩脚口大，取1/2脚口围−4cm，以烫迹线为中线两侧均分。

⑪下裆线，用直线连接脚口大⑩点与前裆宽⑦点。

⑫侧缝线，用直线连接脚口大⑩点与①线和⑤线的交点。

⑬前裆撇进量，由③线和⑥线的交点，沿③线向下0.6cm定点，与⑤线和⑥线的交点直线连接。

⑭侧缝撇进量，过①线和③线的交点，沿③线向上1.5cm定点，与①线和⑤线的交点直线连接。

⑮袋口斜线，过⑭点沿③线向上4cm定点，与①线和⑤线的交点直线连接。

⑯前腰围大，过⑭点沿③线向上1/4腰围定点，⑬点至⑯点的间距为省量。

⑰如图4-39(b)所示，用弧线连接划顺前裆线。

⑱如图4-39(b)所示，用弧线连接划顺下裆线。

⑲如图4-39(b)所示，用弧线连接划顺侧缝线。

⑳前褶位置，褶大3cm，以烫迹线为界，前侧占褶量的1/3，后侧占褶量的2/3。

㉑斜插袋口，在袋口斜线的中点凹进1.3cm，用弧线划顺袋口。

四、后片制图（图4-30）

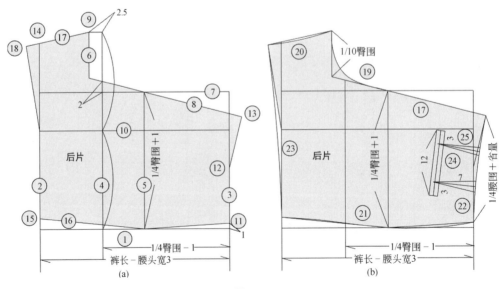

图 4-30

①基本线,长度＝裤长－腰头宽 3cm。

②脚口线,过①线的左端点作①线的垂线。

③腰围线,过①线的右端点作①线的垂线。

④横裆线,平行于③线,距离③线 1/4－1cm 臀围。

⑤臀围线,平行于③线,在③线至④线的 1/3 位置。

⑥落裆线,与④线平行相距 2.5cm。

⑦后裆直线,平行于①线,距①线 1/4 臀围+1cm。

⑧后裆斜线,过④线和⑦线的交点,沿④线向上 2cm 定点,与⑤线和⑦线的交点直线连接并向两边延长。

⑨后裆宽,过⑧线和⑥线的交点,沿⑥线向上 1/10 臀围确定⑨点。

⑩后烫迹线,在⑨点至①线和④线的交点的 1/2 位置定点,过此点作①线的平行线。

⑪侧缝撇进量,过①线和③线的交点,沿③线向上 1cm 定点,与①线和⑤线的交点直线连接。

⑫后腰中点,在⑪点与③线和⑧线的交点间的 1/2 位置定点。

⑬腰翘高,过⑫点作⑧线的垂线,交于⑬点。

⑭⑮脚口大,取 1/2 脚口围+4cm,以②线和⑩线的交点为中点两侧均分确定⑭⑮两点。

⑯侧缝斜线,直线连接⑮点与①线和⑤线的交点。

⑰下裆斜线,直线连接⑭点与⑨点。

⑱脚口斜线,过⑨点沿⑰线向左量出与前片下裆线等长距离确定⑱点,与②线和⑩线的交点直线连接。

⑲如图 4-30(b)所示,用弧线连接划顺后裆线。

⑳如图 4-30(b)所示,用弧线连接划顺下裆线。

㉑如图 4-30(b)所示,用弧线连接划顺侧缝线。

㉒如图 4-30(b)所示,用弧线连接划顺腰口线。

㉓如图 4-30(b)所示,用弧线连接划顺脚口线。

㉔如图 4-30(b)所示,后口袋距离腰口线 7cm,距离侧缝线 4cm,袋口大 12cm。

㉕如图 4-30(b)所示,沿腰口弧线测量 1/4 腰围,余量为省量,省尖距离袋口端点各 3cm,省中线垂直于腰口线。

五、部件制图（图 4-31）

①按照图 4-31 中所标注的数据绘制门襟。

②按照图 4-31 中所标注的数据绘制口袋布。

③按照图 4-31 中所标注的数据绘制垫袋布。

④按照图 4-31 中所标注的数据绘制后口袋布。

⑤按照图 4-31 中所标注的数据绘制双开线。

⑥按照图 4-31 中所标注的数据绘制腰头。

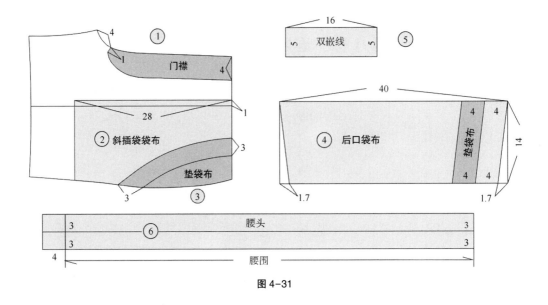

图 4-31

六、加放缝份（图 4-32）

按照图 4-32 中所标注的数据加放缝份、折边。

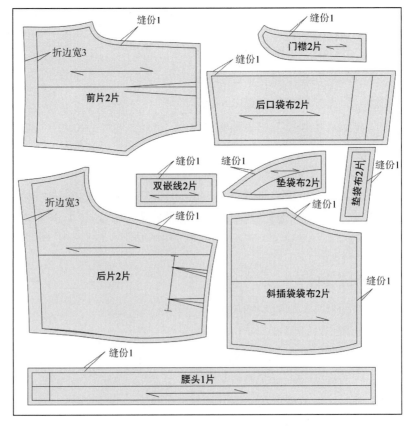

图 4-32

第八节　连腰女短裤制图 *

一、造型概述

如图 4-33 所示,连腰女短裤是在普通女短裤制图的基础上形成的,前片与腰头连为一体,后片腰翘与腰头相连接,通过腰翘的纵向分割塑造腰部的曲线造型。前片设计两个弧形插袋及内袋,前裆线装隐形拉链,后片设计两个贴袋,侧面脚口位置设计开衩。

正面款式图　　　　　侧面款式图　　　　　背面款式图

图 4-33

二、制图规格

单位:cm

制图部位	裤　长	腰　围	臀　围	脚口围
成品规格	39	68	93	54

三、前片制图(图 4-34)

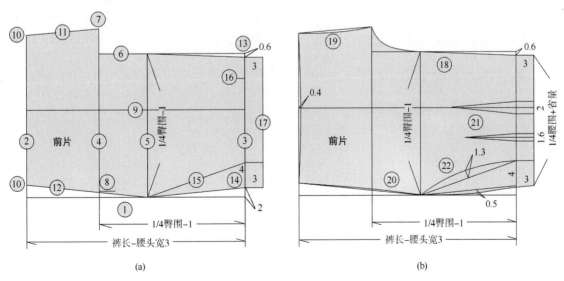

(a)　　　　　　　　　　　　　　　　(b)

图 4-34

①基本线，长度＝裤长−腰头宽 3cm。

②脚口线，过①线的左端点作①线的垂线。

③腰围线，过①线的右端点作①线的垂线。

④横裆线，平行于③线，距离③线 1/4−1cm 臀围。

⑤臀围线，平行于③线，在③线至④线的 1/3 位置。

⑥前裆直线，平行于①线，距①线 1/4 臀围−1cm。

⑦前裆宽，过④线和⑥线的交点，沿④线向上 1/20 臀围−1cm 定点。

⑧横裆线基点，过①线和④线的交点，沿④线向上 1cm 定点。

⑨前烫迹线，在④线上取⑦点至⑧点间的 1/2 位置定点，过此点作①线的平行线。

⑩脚口大，取 1/2 脚口围−4cm，以烫迹线为中点上下均分。

⑪下裆线，直线连接脚口大⑩点与前裆宽⑦点。

⑫侧缝线，直线连接脚口大⑩点与①线和⑤线的交点。

⑬前裆撇进量，由③线和⑥线的交点，沿③线向下 0.6cm 定点，与⑤线和⑥线的交点直线连接。

⑭侧缝撇进量，由①线和③线的交点，沿③线向上 2cm 定点，与①线和⑤线的交点直线连接。

⑮袋口斜线，过⑭点沿③线向上 4cm 定点，与①线和⑤线的交点直线连接。

⑯前腰围大，过⑭点沿③线向上 1/4 腰围定点，⑬点至⑯点的间距为省量。

⑰腰头宽，与③线平行相距 3cm。

⑱如图 4−34(b)所示，用弧线连接划顺前裆线。

⑲如图 4−34(b)所示，用弧线连接划顺下裆线。

⑳如图 4−34(b)所示，用弧线连接划顺侧缝线。

㉑如图 4−34(b)所示，前省以烫迹线为中线两边均分，侧省位于前省与袋口线的中间。前省长 15cm，侧省长 14cm。

㉒斜插袋口，在袋口斜线的中点凹进 1.3cm，用弧线划顺袋口。

四、后片制图（图 4−35）

①基本线，长度＝裤长−腰头宽 3cm。

②脚口线，过①线的左端点作①线的垂线。

③腰围线，过①线的右端点作①线的垂线。

④横裆线，平行于③线，距离③线 1/4 臀围−1cm。

⑤臀围线，平行于③线，在③线至④线的 1/3 位置。

⑥落裆线，与④线平行相距 2.5cm。

⑦后裆直线，平行于①线，距①线 1/4 臀围+1cm。

⑧后裆斜线，过④线和⑦线的交点，沿④线向上 2cm 定点，与⑤线和⑦线的交点直线连接并向两边延长。

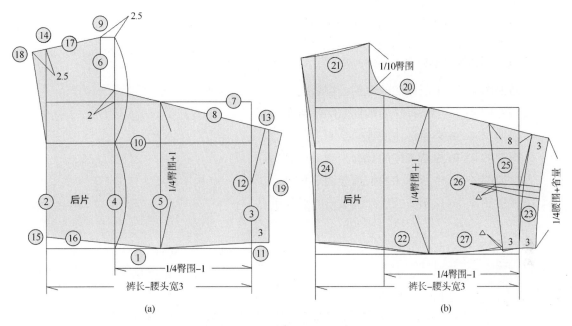

图 4-35

⑨后裆宽,过⑧线和⑥线的交点,沿⑥线向上 1/10 臀围确定⑨点。

⑩后烫迹线,在⑨点至①线和④线的交点的 1/2 位置定点,过此点作①线的平行线。

⑪侧缝撇进量,过①线和③线的交点,沿③线向上 1cm 定点,与①线和⑤线的交点直线连接。

⑫后腰中点,在⑪点与③线和⑧线的交点间的 1/2 位置定点。

⑬腰翘高,过⑫点作⑧线的垂线,交于⑬点。

⑭⑮脚口大,取 1/2 脚口围+4cm,以②线和⑩线的交点为中点两侧均分确定⑭⑮两点。

⑯侧缝斜线,直线连接⑮点与①线和⑤线的交点。

⑰下裆斜线,直线连接⑭点与⑨点。

⑱脚口斜线,过⑨点沿⑰线向左取与前片下裆线等长距离确定⑱点,再与②线和⑩线交点直线连接。

⑲腰头线,将⑫与⑬的连线平行向右移动 3cm,画出后腰头。

⑳如图 4-35(b)所示,用弧线连接划顺后裆线。

㉑如图 4-35(b)所示,用弧线连接划顺下裆线。

㉒如图 4-35(b)所示,用弧线连接划顺侧缝线。

㉓如图 4-35(b)所示,用弧线连接划顺腰口线。

㉔如图 4-35(b)所示,用弧线连接划顺脚口线。

㉕如图 4-35(b)所示,用弧线连接划顺腰翘分割线。

㉖如图 4-35(b)所示,沿腰口弧线测量 1/4 腰围,余量为省量,省中线位于腰线中点并垂直

于腰口线。

㉗将腰翘分割线左侧的省量由侧缝线缩进,并用弧线重新划顺侧缝线。

五、部件制图(图4-36)

①按照图4-36中所标注的数据绘制口袋布。

②按照图4-36中所标注的数据绘制垫袋布。

③按照图4-36中所标注的数据绘制前门底襟。

④按照图4-36中所标注的数据绘制后口袋。

⑤按照图4-36中所标注的数据绘制前腰里。

⑥按照图4-36所示依据后片腰头绘制后腰里。

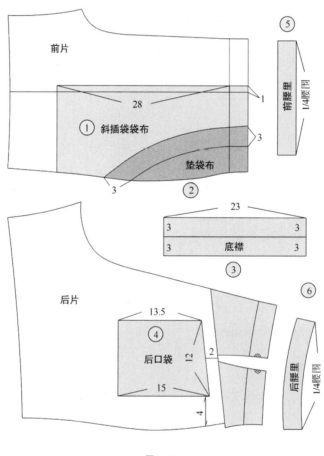

图4-36

六、加放缝份(图4-37)

按照图4-37中所标注的数据加放缝份、折边。

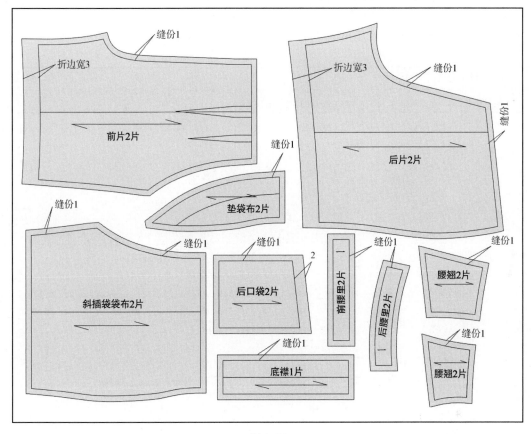

图 4-37

第九节　普通男短裤制图

一、造型概述

如图 4-38 所示,男短裤与女短裤的制图方法基本相同,细节略有变化。前面有两个弧形斜插袋,后面有腰翘及两个贴袋,装腰头,七根串带。

正面款式图　　　　　　　侧面款式图　　　　　　　背面款式图

图 4-38

143

二、制图规格

单位：cm

制图部位	裤　长	腰　围	臀　围	脚口围
成品规格	42	75	100	58

三、前片制图（图4-39）

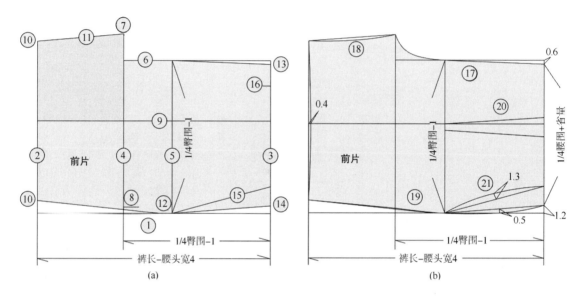

图 4-39

①基本线，长度＝裤长-腰头宽 4cm。

②脚口线，过①线的左端点作①线的垂线。

③腰围线，过①线的右端点作①线的垂线。

④横裆线，平行于③线，距离③线 1/4 臀围-1cm。

⑤臀围线，平行于③线，在③线至④线的 1/3 位置。

⑥前裆直线，平行于①线，距离①线 1/4 臀围-1cm。

⑦前裆宽，过④线和⑥线的交点，沿④线向上 1/20 臀围-1cm 定点。

⑧横裆线基点，过①线和④线的交点，沿④线向上 1cm 定点。

⑨前烫迹线，在④线上取⑦点至⑧点间的 1/2 位置定点，过此点作①线的平行线。

⑩脚口大，取 1/2 脚口围-4cm，以烫迹线为中点上下均分。

⑪下裆线，直线连接脚口大⑩点与前裆宽⑦点。

⑫侧缝线，直线连接脚口大⑩点与①线和⑤线的交点。

⑬前裆撇进量，由③线和⑥线的交点，沿③线向下 0.6cm 定点，与⑤线和⑥线的交点直线连接。

⑭侧缝撒进量,由①线和③线的交点,沿③线向上 1/20 臀腰差 1.2cm 定点,与①线和⑤线的交点直线连接。

⑮袋口斜线,过⑭点沿③线向上 3cm 定点,与①线和⑤线的交点直线连接。

⑯前腰围大,过⑭点沿③线向上 1/4 腰围定点,⑬点至⑯点的间距为省量。

⑰如图 4-39(b)所示,用弧线连接划顺前裆线。

⑱如图 4-39(b)所示,用弧线连接划顺下裆线。

⑲如图 4-39(b)所示,用弧线连接划顺侧缝线。

⑳前褶位置,以烫迹线为界,前侧占褶量的 1/3,后侧占褶量的 2/3。

㉑斜插袋口,在袋口斜线的中点凹进 1.3cm,用弧线划顺袋口。

四、后片制图(图 4-40)

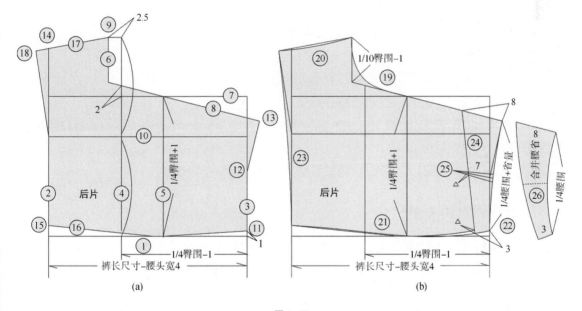

图 4-40

①基本线,长度=裤长-腰头宽 4cm。

②脚口线,过①线的左端点作①线的垂线。

③腰围线,过①线的右端点作①线的垂线。

④横裆线,平行于③线,距离③线 1/4 臀围-1cm。

⑤臀围线,平行于③线,在③线至④线的 1/3 位置。

⑥落裆线,与④线平行相距 2.5cm。

⑦后裆直线,平行于①线,距离①线 1/4 臀围+1cm。

⑧后裆斜线,过④线和⑦线的交点,沿④线向上 2cm 定点,与⑤线和⑦线的交点直线连接并向两边延长。

⑨后裆宽，过⑧线和⑥线的交点，沿⑥线向上 1/10 臀围定点。

⑩后烫迹线，在⑨点至①线和④线的交点的 1/2 位置定点，过此点作①线的平行线。

⑪侧缝撇进量，过①线和③线的交点，沿③线向上 1cm 定点，与①线和⑤线的交点直线连接。

⑫后腰中点，在⑪点与③线和⑧线的交点间的 1/2 位置定点。

⑬腰翘高，过⑫点作⑧线的垂线，交于⑬点。

⑭⑮脚口大，取 1/2 脚口围+4cm，以②线和⑩线交点为中点两侧均分，确定⑭⑮两点。

⑯侧缝斜线，直线连接⑮点与①线和⑤线的交点。

⑰下裆斜线，直线连接⑭点与⑨点。

⑱脚口斜线，过⑨点沿⑰线向左取与前片下裆线等长距离确定⑱点，再与②线和⑩线的交点直线连接。

⑲如图 4-40(b)所示，用弧线连接划顺后裆线。

⑳如图 4-40(b)所示，用弧线连接划顺下裆线。

㉑如图 4-40(b)所示，用弧线连接划顺侧缝线。

㉒如图 4-40(b)所示，用弧线连接划顺腰口线。

㉓如图 4-40(b)所示，用弧线连接划顺脚口线。

㉔按照图中所标注的数据绘制腰翘分割线。

㉕如图 4-40(b)所示，沿腰口弧线测量 1/4 腰围，多余部分为省量，省中线位于腰口线中点并垂直于腰口线，省长 7cm。

㉖如图 4-40(b)所示，合并腰省，用弧线划顺腰翘底线及腰口线。

五、部件制图(图 4-41)

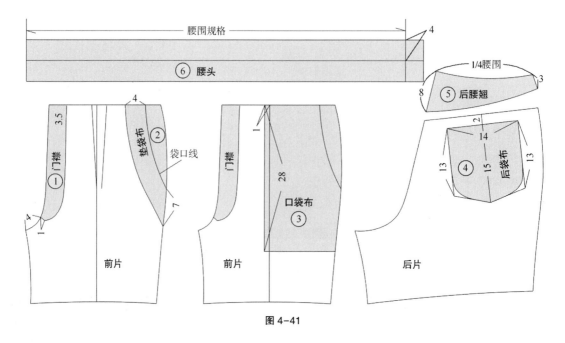

图 4-41

①按照图 4-41 中所标注的数据绘制门襟。

②按照图 4-41 中所标注的数据绘制垫袋布。

③按照图 4-41 中所标注的数据绘制口袋布。

④按照图 4-41 中所标注的数据绘制后口袋布。

⑤按照图 4-41 中所标注的数据绘制后腰翘。

⑥按照图 4-41 中所标注的数据绘制腰头。

六、加放缝份（图4-42）

按照图 4-42 中所标注的数据加放缝份、折边及剪口位置。

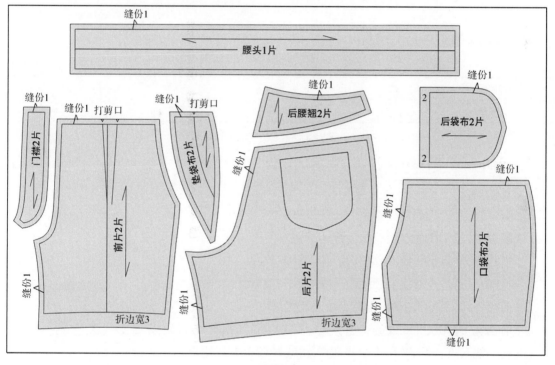

图 4-42

第十节 男休闲短裤制图*

一、造型概述

如图 4-43 所示,男休闲短裤与普通男短裤相比较,裤长、脚口围、臀围等规格都要大一些,属于宽松式造型。前面两个斜插袋,后面有弧形腰翘及两个双嵌线袋,腰头内串绳,用来调整腰围的大小,在前后下裆位置设计弧形分割线,增加外观变化。

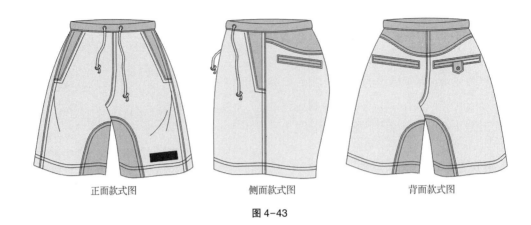

正面款式图　　　　　　　　侧面款式图　　　　　　　　背面款式图

图 4-43

二、制图规格

单位：cm

制图部位	裤 长	腰 围	臀 围	脚口围
成品规格	55	80	110	64

三、前片制图（图 4-44）

①基本线，长度 = 裤长 - 腰头宽 2.5cm。

②脚口线，过①线的左端点作①线的垂线。

③腰围线，过①线的右端点作①线的垂线。

④横裆线，平行于③线，距离③线 1/4 臀围 -1cm。

⑤臀围线，平行于③线，在③线至④线的 1/3 位置。

⑥前裆直线，平行于①线，距离①线 1/4 臀围 -1cm。

⑦前裆宽，过④线和⑥线的交点，沿④线向上 1/20 臀围 -1cm 定点。

⑧横裆线基点，过①线和④线的交点，沿④线向上 1cm 定点。

⑨前烫迹线，在④线上取⑦点至⑧点间的 1/2 位置定点，过此点作①线的平行线。

⑩脚口大，取 1/2 脚口围 -4cm，以烫迹线为中点上下均分。

⑪下裆线，直线连接脚口大⑩点与前裆宽⑦点。

⑫侧缝线，直线连接脚口大⑩点与①线和⑤线的交点。

⑬前裆撇进量，由③线和⑥线的交点，沿③线向下 0.6cm 定点，与⑤线和⑥线的交点直线连接。

⑭侧缝撇进量，由①线和③线的交点，沿③线向上 1/20 臀腰差定点，与①线和⑤线的交点直线连接。

⑮袋口斜线，过⑭点沿③线向上 4cm 定点，由臀围线与侧缝线的交点向上 1cm 定点，直线连接两点。

⑯如图 4-44（b）（c）所示，用弧线连接划顺前裆线。

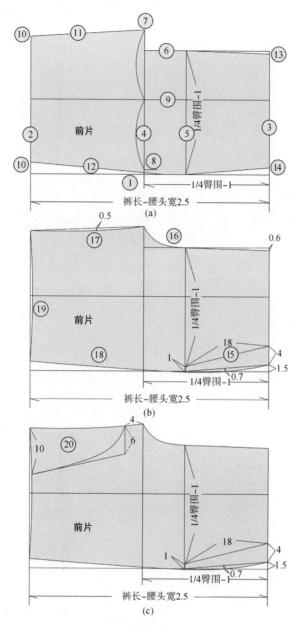

图 4-44

⑰如图 4-44(c)所示,用弧线连接划顺下裆线。

⑱如图 4-44(c)所示,用弧线连接划顺腰口线。

⑲如图 4-44(c)所示,用弧线连接划顺脚口线。

⑳如图 4-44(c)所示,用弧线连接划顺下裆分割线。

四、后片制图(图 4-45)

①基本线,长度 = 裤长 - 腰头宽 2.5cm。

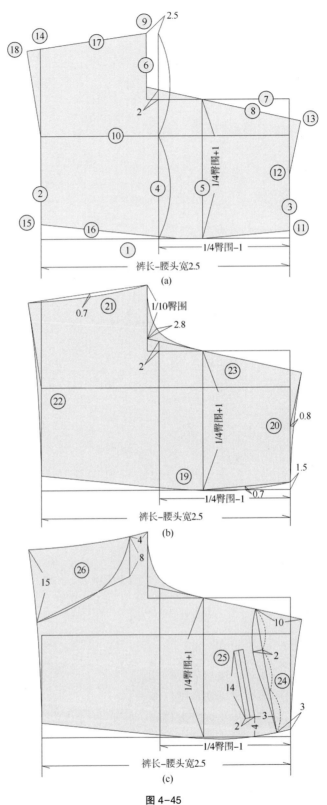

图 4-45

②脚口线,过①线的左端点作①线的垂线。

③腰围线,过①线的右端点作①线的垂线。

④横裆线,平行于③线,距离③线 1/4 臀围−1cm。

⑤臀围线,平行于③线,在③线至④线的 1/3 位置。

⑥落裆线,与④线平行相距 2.5cm。

⑦后裆直线,平行于①线,距离①线 1/4 臀围+1cm。

⑧后裆斜线,过④线和⑦线的交点,沿④线向上 2cm 定点,与⑤线和⑦线的交点直线连接并向两边延长。

⑨后裆宽,过⑧线和⑥线的交点,沿⑥线向上 1/10 臀围定点。

⑩后烫迹线,在⑨点至①线和④线的交点的 1/2 位置定点,过此点作①线的平行线。

⑪侧缝撇进量,过①线和③线的交点,沿③线向上 1/20 臀腰差定点,与①线和⑤线的交点直线连接。

⑫后腰中点,在⑪点与③线和⑧线的交点间的 1/2 位置定点。

⑬腰翘高,过⑫点作⑧线的垂线,交于⑬点。

⑭⑮脚口大,取 1/2 脚口围+4cm,以②线和⑩线的交点为中点上下均分,确定⑭⑮两点。

⑯侧缝斜线,直线连接⑮点与①线和⑤线的交点。

⑰下裆斜线,直线连接⑭点与⑨点。

⑱脚口斜线,过⑨点沿⑰线向左取与前片下裆线等长距离确⑱点,再与②线和⑩线的交点直线连接。

⑲如图 4-45(b)所示,用弧线连接划顺侧缝线。

⑳如图 4-45(b)所示,用弧线连接划顺腰口线。

㉑如图 4-45(b)所示,用弧线连接划顺下裆线。

㉒如图 4-45(b)所示,用弧线连接划顺脚口线。

㉓如图 4-45(b)所示,用弧线连接划顺后裆线。

㉔如图 4-45(c)所标注的数据绘制腰翘分割线。

㉕如图 4-45(c)所标注的数据绘制双开线袋口。

㉖如图 4-45(c)所标注的数据绘制下裆分割线。

五、部件制图(图 4-46)

①按照图 4-46 中所标注的数据绘制口袋布。

②按照图 4-46 中所标注的数据绘制垫袋布。

③按照图 4-46 中所标注的数据绘制双开线。

④按照图 4-46 中所标注的数据绘制后口袋布。

⑤按照图 4-46 中所标注的数据绘制后袋垫袋布。

⑥按照图 4-46 中所标注的数据分离后腰翘。

⑦按照图 4-46 中所标注的数据绘制腰头。

⑧按照图4-46中所示,分离前片下裆裤片。

⑨按照图4-46中所示,分离后片下裆裤片。

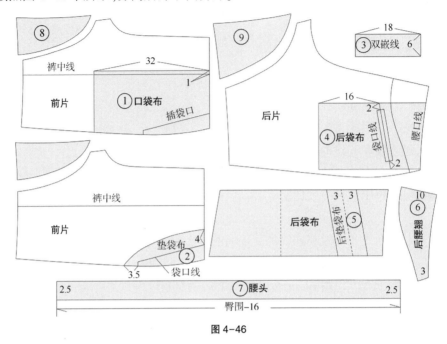

图 4-46

六、加放缝份(图4-47)

按照图4-47中所标注的数据加放缝份、折边。

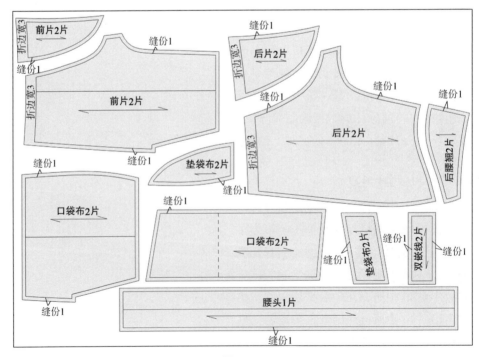

图 4-47

第十一节 裙裤制图

一、造型概述

如图 4-48 所示,裙裤的造型是将裤与裙的结构特点综合应用。裙裤臀围线以上部位的造型与裤的造型近似,区别在于裙裤裆部的长度与宽度都要比裤子大一些,裙摆的大小可以根据设计需要来确定。

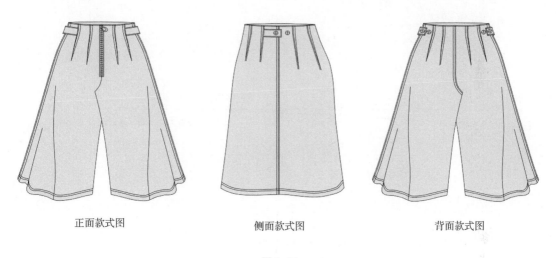

正面款式图　　　　　　　　侧面款式图　　　　　　　　背面款式图

图 4-48

二、制图规格

单位:cm

制图部位	裙裤长	腰　围	臀　围
成品规格	60	70	100

三、前片制图(图 4-49)

①基本线,长度=裤长-腰头宽 3cm。

②脚口线,过①线的左端点作①线的垂线。

③腰围线,过①线的右端点作①线的垂线。

④横裆线,平行于③线,距离③线 1/4 臀围+2cm。

⑤臀围线,平行于③线,在③线至④线的 1/3 位置。

⑥前裆直线,平行于①线,距离①线 1/4 臀围-1cm。

⑦前裆宽,过④线和⑥线的交点,沿④线向上 1/20 臀围+2cm 定点。

⑧下裆直线,过⑦点作①线的平行线交于②线。

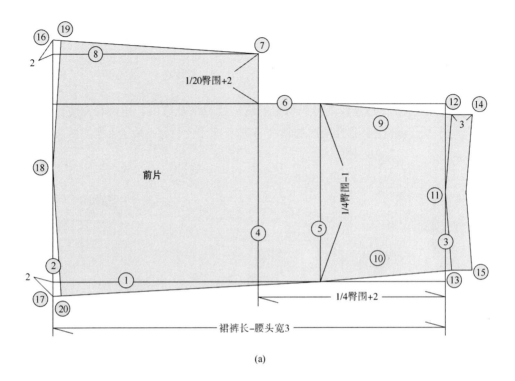

(a)

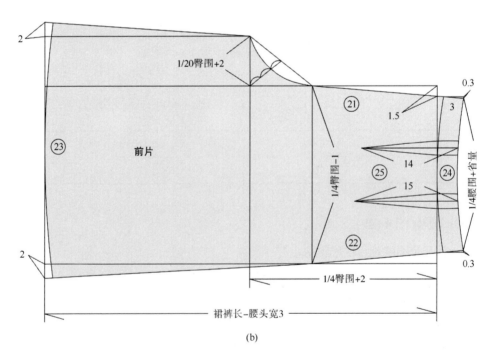

(b)

图 4-49

⑨前裆斜线,由③线和⑥线的交点,沿③线向下 1.5cm 定点,与⑤线和⑥线的交点直线连接。

⑩臀腰斜线,由①线和③线的交点,沿③线向上 1/20 臀腰差定点,与①线和⑤线的交点直线连接。

⑪前腰中点,在③线上取⑨线和⑩线间的 1/2 位置定点。

⑫腰口斜线,过⑪点作⑨线的垂线,交于⑫点。

⑬腰口斜线,过⑪点作⑩线的垂线,交于⑬点。

⑭腰宽线,与腰口斜线平行相距 3cm。

⑮腰宽线,与腰口斜线平行相距 3cm。

⑯下裆斜线,过②线和⑧线的交点,沿②线向上量 2cm 定点,与⑦点直线连接。

⑰侧缝斜线,过①线和②线的交点,沿②线向下量 2cm 定点,与①线和⑤线的交点直线连接。

⑱脚口中点,在②线上取⑯点至⑰点间的 1/2 位置定点。

⑲脚口斜线,过⑱点作⑯线的垂线,交于⑲点。

⑳脚口斜线,过⑱点作⑰线的垂线,交于⑳点。

㉑如图 4-49(b)所示,用弧线连接划顺前裆线。

㉒如图 4-49(b)所示,用弧线连接划顺侧缝线。

㉓如图 4-49(b)所示,用弧线连接划顺脚口线。

㉔如图 4-49(b)所示,用弧线连接划顺腰口及腰宽线。

㉕如图 4-49(b)所示,沿腰口弧线量 1/4 腰围,多余部分为省量。将腰口线 3 等分确定两个省位,前省长 14cm,侧省长 15cm,省中线垂直于腰口线。

四、后片制图(图 4-50)

①基本线,长度=裤长-腰头宽 3cm。

②脚口线,过①线的左端点作①线的垂线。

③腰围线,过①线的右端点作①线的垂线。

④横裆线,平行于③线,距离③线 1/4 臀围+2cm。

⑤臀围线,平行于③线,在③线至④线的 1/3 位置。

⑥后裆直线,平行于①线,距离①线 1/4 臀围+1cm。

⑦后裆宽,过④线和⑥线的交点,沿④线向上 1/10 臀围+3cm 定点。

⑧下裆直线,过⑦点作①线的平行线交于②线。

⑨后裆斜线,由③线和⑥线的交点,沿③线向下 2.5cm 定点,与⑤线和⑥线的交点直线连接。

⑩臀腰斜线,由①线和③线的交点,沿③线向上 1/20 臀腰差定点,与①线和⑤线的交点直线连接。

⑪后腰中点,在③线上取⑨线和⑩线间的 1/2 位置定点。

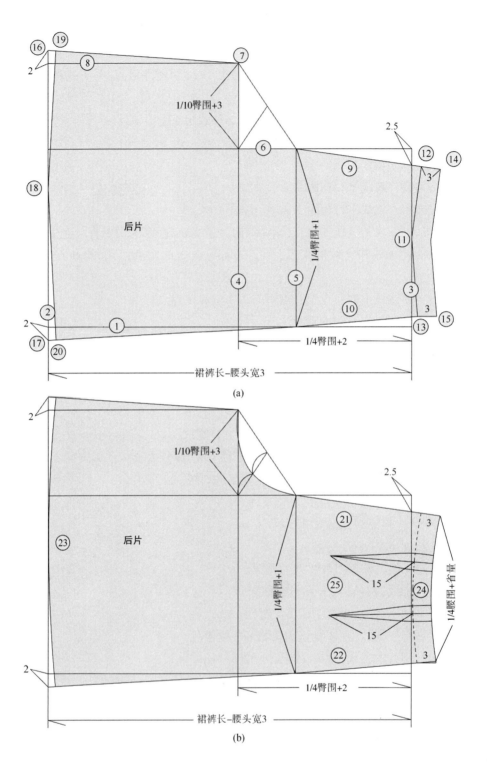

图 4-50

⑫⑬腰口斜线,过⑪点作⑨线的垂线交于⑫点,过⑪点作⑩线的垂线交于⑬点。

⑭⑮腰宽线,与腰口斜线平行相距 3cm。

⑯下裆斜线,过②线和⑧线的交点,沿②线向上 2cm 定点,与⑦点直线连接。

⑰侧缝斜线,过①线和②线的交点,沿②线向下 2cm 定点,与①线和⑤线的交点直线连接。

⑱脚口中点,在②线上⑯线至⑰线间的 1/2 位置定点。

⑲⑳脚口斜线,过⑱点作⑯线的垂线交于⑲点,过⑱点作⑰线的垂线交于⑳点。

㉑如图 4-50(b)所示,用弧线连接划顺后裆线。

㉒如图 4-50(b)所示,用弧线连接划顺侧缝线。

㉓如图 4-50(b)所示,用弧线连接划顺脚口线。

㉔如图 4-50(b)所示,用弧线连接划顺腰口及腰宽线。

㉕如图 4-50(b)所示,沿腰口弧线量 1/4 腰围,多余部分为省量。将腰口线 3 等分确定两个省位,省长 15cm,省中线垂直于腰口线。

五、部件制图(图 4-51)

①按照图 4-51 中所标注的数据绘制腰襻。

②按照图 4-51 所示,合并腰省,绘制前腰里。

③按照图 4-51 所示,合并腰省,绘制后腰里。

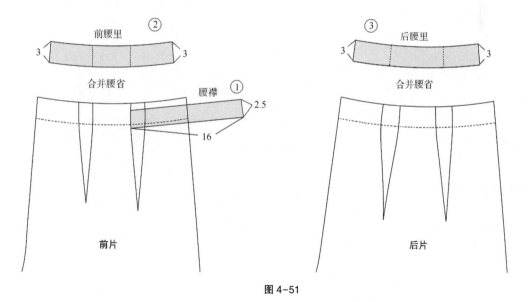

图 4-51

六、加放缝份(图 4-52)

按照图 4-52 中所标注的数据加放缝份、折边及剪口位置。

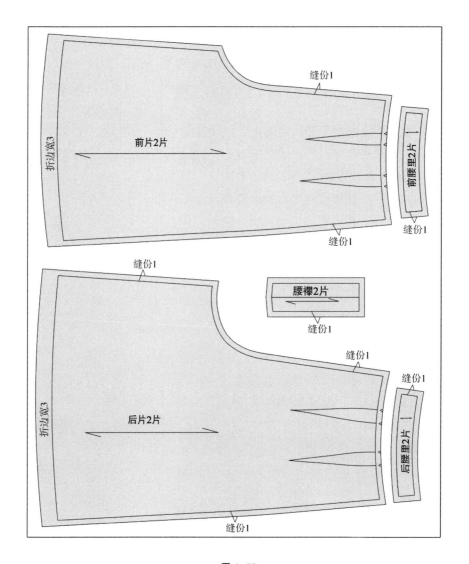

图 4-52

思考练习与实训

一、基础知识

1. 简述裤子的构成原理及造型特点。

2. 一般裤子有几个主要的控制部位？

3. 简述裤子造型与人体的关系。

4. 简述普通裤、牛仔裤、宽松裤在制图上的相同点和不同点。

5. 裤子在腰口线位置的侧缝线撇进量怎样计算，为什么？

6. 为什么短裤的落裆量要大于长裤的落裆量？

二、制图实践

1. 结合教学内容由教材中选择 3~5 款男、女长裤绘制 1∶5 制图。

2. 结合教学内容由教材中选择 2~4 款男、女短裤绘制 1∶5 制图。

3. 按照 1∶1 的比例绘制 3~5 种男、女长裤的制图。

4. 按照 1∶1 的比例绘制 2~4 种男、女短裤的制图。

5. 学生自行测体并设计规格,按照 1∶1 的比例绘制长、短裤各一款,并加放缝份完成纸样制作。

上衣的构成原理与计算

课题名称：上衣的构成原理与计算

课题内容：上衣的构成原理

上衣的结构类型

领圈的构成原理与计算

领的构成原理与计算

袖窿的构成原理与计算

袖的构成原理与计算

衣身结构原理与计算

省褶的概念及原理

省位的变化及应用

课题时间：12课时

教学目的：本章是教材中的核心理论部分，因而既是重点，也是难点。通过本章的理论讲授与制图实验，使学生理解上衣的构成原理，了解计算公式、修正值、调节值产生的依据，掌握上衣的相关计算与制图方法，并能够举一反三，灵活运用上衣结构原理解决制图中的实际问题。

教学要求：1. 通过对上衣构成原理的讲授，使学生理解立体造型与平面制图的关系。

2. 通过对一系列计算公式的求证，使学生理解制图中的计算原理与方法。

3. 通过分类讲授，使学生熟练掌握上衣各部件的构成原理与变化方法。

4. 通过对省褶概念及原理的讲授，使学生理解省褶的成因与处理方法。

5. 通过对本章的系统讲授，使学生为以后的制图实践奠定理论基础。

课前准备：阅读服装结构原理及相关方面的书籍，准备制图工具及多媒体课件。

第五章

上衣的构成原理与计算

上衣是指覆盖人体躯干部位的衣着用品。由于躯干分别连接颈部、双臂和骨盆,所以上衣结构制图所涉及的内容也相应复杂一些。学习上衣制图首先要学会对人体作归纳与概括,要将人体中复杂的起伏变化概括为近似的几何体,以便运用几何学理论来研究服装结构原理与制图技法。上衣的主要控制部位有:衣长、腰节长、胸围、腰围、领围、肩宽、下摆、袖长、袖口等。

第一节　上衣的构成原理

上衣是由不同形状与规格的衣片构成的,这些衣片在平面状态下的形状与规格,与人体相关部位的立体形态相关联。也就是说衣片的轮廓线是人体立体形态的平面反映。因此,对于衣片轮廓线的处理决定服装与人体之间的相适程度。构成衣片平面形状的轮廓线称为"结构线",结构线与人体立体形态间的转换关系,是本节所要研究的重要内容。为了便于理解,我们以简单的立方体为对象作模拟造型分析。

如图 5-1 所示,用方形布料包裹立方体时,由于二维面料与三维立方体之间形态上的差异,使外观产生大量的褶皱。这些褶皱会影响造型的平整与美观,所以要设法清理掉。消除褶皱的最佳方法是按照立方体的结构特征设计相应的结构线。

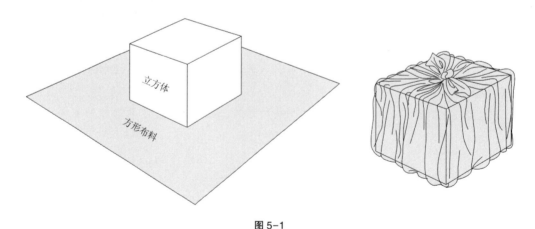

图 5-1

如图 5-2 所示,根据立方体的结构特征和实际规格,在平面的布料上面画出相应的结构线,将结构线以外多余的布料剪掉,形成体现立方体结构特点的平面制图。用它来重新包裹立方体时,原来的褶皱全部消失且外观平整、美观。这种原理,即是上装的构成原理。这种从平面到立体的转化方法,即是服装结构制图的基本方法。

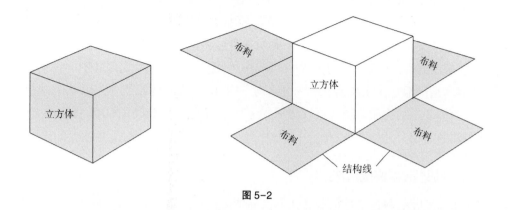

图 5-2

如图 5-3(a)所示,试将中西服装结构作比较,可进一步理解服装立体造型与平面展开的原理与技法。从图中可以看出,中式服装是一种平面而粗略的结构形式,它与人体的立体形态不相吻合,因而在穿着状态下会产生许多褶皱。

如图 5-3(b)所示,西式服装结构在中式结构的基础上,通过肩斜线、袖窿弧线、袖山弧线、省道线、撇胸线等一系列的造型手段,最大限度地消除了布料的多余部分,从整体到局部都作了相应的结构处理。尤其是通过对袖窿与袖山的处理,增加了袖管的倾斜角度,使腋下的褶皱大大减少。因而成形后的服装平整度高,适体性强。

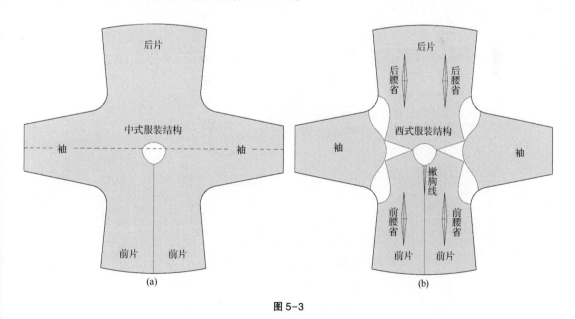

图 5-3

第二节　上衣的结构类型

上衣是由一定数量的衣片构成的,在通常情况下,这些衣片的围度(指衣片在胸围线上的宽度)大体上相等。可将衣片的围度与服装胸围的比值,作为区分服装结构类别的依据。例如，四开身结构是指每一衣片的围度占胸围总量的 1/4，三开身结构是指每一衣片的围度占胸围总量的 1/3。在实际设计中，超出三开身或四开身结构的形式很多，但由于这类结构属于分割所形成的，所以通常是归属于上述两种结构当中。四开身和三开身是服装中两种最基本的结构形式，其他的结构都是在此基础上演变出来的。因此，学习服装制图首先要熟练掌握四开身和三开身这两种基本结构的造型特点与制图方法，再灵活运用服装变化原理，就能够举一反三，掌握各类服装的制图。

一、三开身服装结构的造型特点

如图 5-4（a）所示，将成形后的服装按其空间形态归纳成八个面：两个正面、两个背面、左右两个侧面、肩平面和底平面。肩平面是受人体肩部的支撑作用而在服装相应部位自然形成的面，它是一种虚拟的平面，是随着人体肩部的厚度大小而变化的。底平面是指服装的下摆线所构成的圆周在穿着状态下形成的面。对于常规服装而言，在着装状态下所形成的下摆圆周应与地面平行，但因设计需要而刻意追求变化当属例外。

如图 5-4（b）所示，将三开身结构的衣身部分置于八面立体中作分析，会从中发现三开身结构的胁省线与侧缝线之间恰好构成服装的侧面，为处理服装正面与侧面、侧面与背面间的横向转折或纵向起伏提供了方便。这种结构在正面通过胸省来塑造胸腰间的起伏变化，在背面通过背缝线的形状塑造背部的立体形态。

如图 5-4（c）所示，在三开身服装的平面制图中，胁省与侧缝线的处理恰到好处地体现了人体正面与侧面、背面与侧面间的横向转折与纵向起伏的变化。运用撇胸线、胁省、侧缝线、背缝

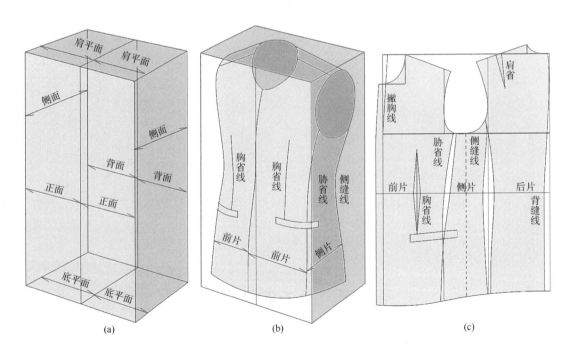

(a)	(b)	(c)

图 5-4

线等造型手法,从多方位进行造型处理。所以,三开身结构设计的服装造型严谨、线条流畅、适体性强。由于这些特点,使三开身结构成为多年以来流行不衰的结构形式,如西装、中山装、军便装、学生装以及各类制服都采用三开身结构。

二、四开身服装结构的造型特点

如图 5-5 所示,将四开身结构的衣身部分置于八面立体当中作分析,从中可以看出,由于四开身结构的侧缝线位于人体侧面的 1/2 位置,对处理服装侧面与正面、侧面与背面的转折增加了难度。四开身结构的造型手段一般是运用撇胸和胸省来塑造胸凸量,运用后衣片上的肩省塑造出肩胛骨的凸出量,利用腰省与侧缝线来处理胸腰差。由此可见,四开身结构是一种比较概括的结构形式,常用于一些宽松或休闲类的服装,如衬衣、夹克衫、外套等。

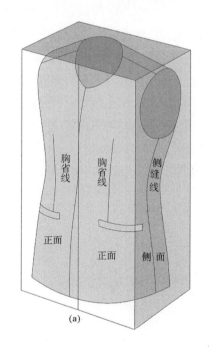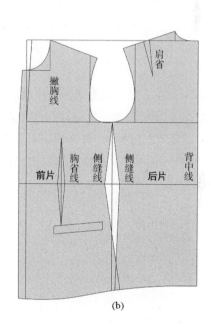

图 5-5

第三节　领窝的构成原理与计算

一、领窝的概念与形态

领窝又称"领口",是根据人体颈根部的截面形状,结合服装的造型特点,分别在前后衣片的上端设计的弧形结构线。领窝的形状一般与人体颈部的截面形状相近似,但有时也会因设计的需要而改变其形状与规格,尤其是在只有领窝而没有领子的无领结构中,领窝的变化范围会更大一些,所形成的外观变化也更加丰富。

领窝和领子是领型结构设计中的两项重要内容,两者之间有着相辅相成的变化关系。由于领子的造型必须以领窝为依据,所以在本节中我们首先来研究领窝的构成原理与计算方法。

二、领窝的计算方法

服装制图中的领窝有"横开领"和"直开领"两个控制部位,横开领是指领窝圆周的横向直径,直开领是指领窝圆周的纵向直径。横开领与直开领的长度是根据人体颈部规格,分别通过公式计算产生的。因而了解计算公式的原理,有利于灵活运用公式解决制图中的实际问题。在此需要指出的是,不同款式的领窝其造型也不相同,计算公式不可能完全替代领窝的设计,应结合人体特征及款式特点作灵活调整。为了了解领窝计算公式的推论过程及理论依据,可结合作图进行求证。

如图 5-6 所示,首先以平均领围 40cm 为周长画一正圆,再根据人体颈部的截面形状,将圆的纵向直径 CD 五等分,O 为圆心,取 $OC_1 = 1/5CD$ 确定 C_1 点,将 OC_1 定义为后直开领。取 $DD_1 = OC_1 = 1/5CD$ 确定 D_1 点,将 OD_1 定义为前直开领。调整后领窝的纵向距离 C_1D_1 比正圆的直径 CD 减少了 DD_1 的一半,为了使调整前后的圆周长度相等,须将领窝的横向直径 AB 相应的增加 DD_1 长度的一半,即增加 $AA_1 = 1/4DD_1$,$BB_1 = 1/4DD_1$,将 OB_1 或 OA_1 定义为横开领。过 A_1、C_1、B_1、D_1 四个控制点画出领窝的形状,利用服装 CAD 的测量功能测出:$AA_1 = BB_1 = 0.65$cm,调整后的圆周长仍为 40cm,说明将正圆调整成符合人体颈部截面形状的不规则椭圆后,其周长仍然保持原有的规格。

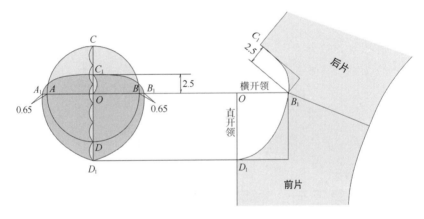

图 5-6

下面结合作图进一步求证:

正圆的直径 $AB = CD = 40$cm$\div\pi = 40$cm$\div 3.14 \approx 12.7$cm

后直开领 $OC_1 = 1/5CD = 12.7$cm$\div 5 \approx 2.5$cm

前横开领 $OB_1 = OB + BB_1 =$ 领围$\div 2\pi + 1/4DD_1 =$ 领围$\div 6.28 + 0.65$cm≈ 0.16 领围$+0.6$cm

前直开领 $OD_1 = OD + DD_1 = 0.16$ 领围$+2.5$cm

为了便于计算,将"0.16 领围"调整成"2/10 领围",调整前后两公式相差:

$$2/10 \text{ 领围} - 0.16 \text{ 领围} = 2/10 \text{ 领围} - 1.6/10 \text{ 领围} = 1/25 \text{ 领围}$$

按照男女平均领围 40cm 计算,调整前后的误差值为 40cm×1/25＝1.6cm。将这一误差作为修正值,对计算公式进行修正后得:

$$\text{前横开领} = 2/10 \text{ 领围} - 1\text{cm}$$
$$\text{后横开领} = 2/10 \text{ 领围} - 1\text{cm}$$
$$\text{前直开领} = 2/10 \text{ 领围} + 1\text{cm}$$

经过上面一系列的求证,可获取有关领窝计算的相关公式。这些公式虽然都是取近似值,但由于人体领围数值的变化范围较小,一般在 35～45cm,与选取的中间体领围 40cm 仅相差 5cm。按照公式本身的误差 1/25 来计算,其最大误差为 0.2cm。这种误差值低于国家所规定的服装公差标准,所以可以使用上面所求出的公式进行领窝的计算。

第四节 领的构成原理与计算

一、领的概念与类型

领是通过对人体颈部表面形态作平面分解所形成的服装部件。领是上装的视觉中心,对于服装的设计风格起着至关重要的作用。领子按结构形式可分为关门领和驳领两大类。每一种类型又根据造型不同分为若干种领型。其中,关门领是指领子的左右两端围绕颈部一周在前颈点位置相接,包括立领、折领、平领、波浪领四种领型。驳领是指领子的左右两端环绕颈部约2/3区域,其余部分由驳领续接,包括西装领以及由西装领演化生成的一系列变化领型。在实际设计中,每种领型又可以通过结构与工艺创新产生许许多多的外观式样,但是无论领的外观怎样复杂,其结构原理都是相同的。

二、领的构成原理

如图 5-7 所示,领的基本形状是一长方形,其中 AB 可看作领下口线,它的长度与领窝的长度相等,CD 可看作领上口线,它的长度变化决定领子成形后的锥度,AC 可看作后中线,BD 可看作前中线,分别代表领的前后高度。

图 5-7

如图 5-8 所示，在 AB 的 1/3 位置确定 E 点，过 E 点作 AB 的垂线 EF，用剪刀由 F 点向下剪开至 E 点，注意不要剪断下口线。在 F 点位置重叠一定的量，使上口线减少一定的长度。F 点重叠的量越大，成型后立领的锥度也将越大，反之则越小。

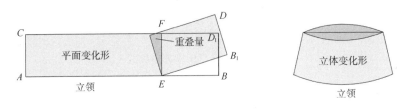

图 5-8

如图 5-9 所示，将 F 点打开一定的量，使领子向下弯曲。成形后的领子为上口大、下口小的倒锥形。这种领子能够将上口线向下翻折形成翻领。翻折线以下的部分叫做领座，翻折线以上的部分叫做翻领，图中 A_1、E_1、B_1 三点间的连线表示领座与翻领的分界线。

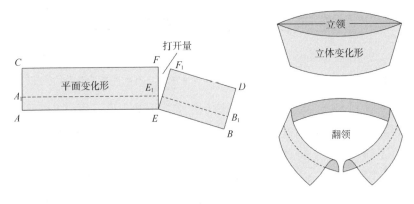

图 5-9

如图 5-10 所示，继续增大 F 点的打开量，领子向下弯曲的程度也将进一步增大，成型后的领子领座高度变小，当领座高度在 $0.5\sim1\text{cm}$ 范围内时，将这种领型叫做平领。图中虚线与领下口线之间的距离叫做领座高。

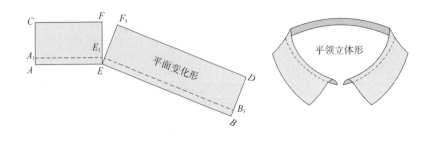

图 5-10

如图 5-11 所示,当领的弧度大于领窝的最大弧度时,领外口线的延长量会变成褶量。领子成型后外观呈现出许多波浪形的褶皱,把这种领子叫做波浪领。

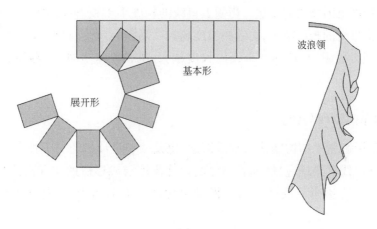

图 5-11

如图 5-12(a)所示,首先将前衣片的直开领长度加大,装上翻领。再按照图中虚线所示,将翻领的前半部分作分割,然后按照图 5-12(b)中深色部分所示,将翻领的前半部分与衣片连接成一片,最后将驳领部分对称向左侧翻转,便将折领结构转化成了如图 5-12(c)中深色部分所示的驳领结构。

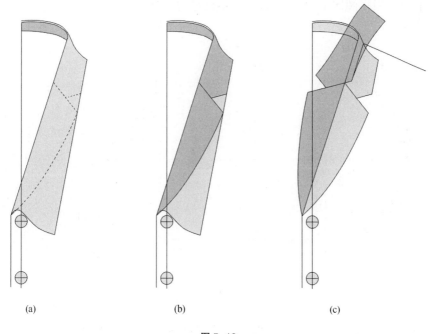

(a)　　　　　　　　(b)　　　　　　　　(c)

图 5-12

通过上面一系列的领型变化,可以得出这样的结论:所有领型的变化都基于长方形的基本制图。在变化过程中，领下口线只发生形状的变化，长度自始至终都保持不变。因为只有使领下口线与领窝线保持长度相等，才能使领窝和领之间构成严谨的配合关系。领上口线不仅形状有所变化，而且长度也因领型而变化。当领上口线的长度小于领下口线的长度时，所构成的领型为立领，并且上口线的长度越小，立领的锥度越大。当领上口线的长度大于领下口线的长度时，所构成的领型为翻领，并且领上口线的长度越大，翻领松量也越大，翻领成形后领座高度越小。

三、翻领松量的原理与计算

翻领松量是影响领子结构变化的重要因素，也是领型设计中的一个难点。在实际设计中经常会遇到领外口线过松或过紧，或者领座的设计高度与成形后的实际高度偏差较大，这都是由于翻领松量处理不当造成的。翻领松量包含两方面的内容，一是基本松量，二是变动松量。

1. 基本松量的原理与计算

所谓基本松量是指领成形后，领座处在内圆，而翻领处在外圆，因面料和衬料的厚度，使内外圆周之间产生一定的长度差。只有适量增加翻领的长度，才能使领座与翻领自然吻合，我们将外圆周长的延长量定义为基本松量。

如图 5-13 所示，内圆代表领座部分，半径为 r，它的周长用 y 来表示，外圆代表翻领部分，半径为 R，它的周长用 Y 来表示。内外圆周的半径之差（即是领座与翻领的总厚度）用 H 表示，基本松量用 S 表示。根据圆周定律，可以求出基本松量的计算公式：

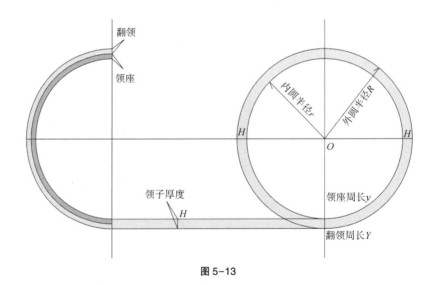

图 5-13

已知：内圆周长 $y=$ 内圆半径 $r×2π$，外圆半径 $R=$ 内圆半径 $r+$ 厚度 H

所以：外圆周长 $Y=(r+H)×2π$，基本松量 $S=Y-y=(r+H)×2π-r×2π=H×2π$

按照制图习惯绘制领子的 1/2 制图时得出：

基本松量 S = 领子厚度 × π

在测定领的厚度时,先将构成领座和翻领部分的里料、面料、衬料等,按照实际的层数铺好,用熨斗加热烫平,再用直尺垂直测量其厚度。试验表明:一般用薄料制成的领其厚约度为0.4cm,用中厚面料制成的领其厚度约为0.6cm,用毛呢类面料制成的领其厚度约为0.8cm。根据基本松量计算公式可以求出各自的基本松量值:

薄料的基本松量 = 0.4cm × 3.14 ≈ 1.3cm
中厚料基本松量 = 0.6cm × 3.14 ≈ 1.9cm
厚料的基本松量 = 0.8cm × 3.14 ≈ 2.5cm

如图5-14所示,基本松量在制图中的应用需要与领型的结构相适应。结构不同,基本松量的表现形式也不同。例如,男式衬衣领、中山装领、军便装领等,领座和翻领部分是各自独立的,因而这类领的制图可以通过增加翻领长度的方式加入基本松量,然后在制作时通过缩缝工艺将翻领与领座结合在一起,这种领型叫做分领座翻领。

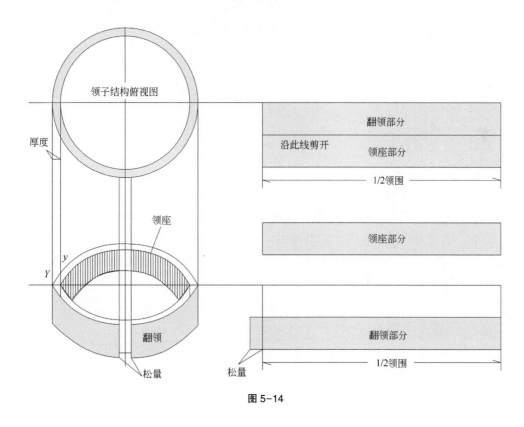

图 5-14

如图5-15所示,当领座与翻领不作分割时,要通过增加领上口线的长度来加入基本松量。具体方法是,将图中虚线 EF 从上向下剪开,不要剪断领下口线,顺时针旋转领右侧,使领上口线的展开量达到预定的基本松量,领由基本形变为展开形。这种领型叫做连领座翻领。在此需要强调一点,基本松量仅适用于翻领宽度大于领座高度在 0.5 ~ 1cm 范围以内的领型。当翻领宽度超过这一限定时,领外口线会受到肩部的制约,为了使领能够贴合人体肩部,须要进一步增加变动松量。

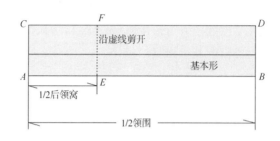

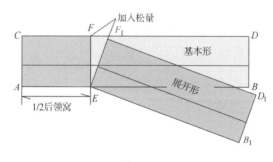

图 5-15

2. 变动松量的原理与计算

当翻领宽度大于领座宽 1cm 以上时,领外口线因受肩部的制约不能向下移动,迫使领座高度增大,翻领部分向上涌起。这种现象主要是由肩部和颈部的形态所决定的。实验证明,在领座高度不变的前提下,翻领宽度越大,领外口线沿肩斜线向下移动的距离越大,领座与翻领之间形成的夹角越大,领外口线需要的长度也越大。由于基本松量对领外口线的延长量有限,不能够适应肩斜线的扩张幅度,所以翻领部分不能按照预定的目标到达指定的位置,而是向相反的方向耸起,导致领座高度改变。要解决这一问题必须使领外口线的长度按照肩斜线的扩张幅度逐渐递增。这种对领外口线长度的增大值,我们将它定义为变动松量。变动松量对于领造型的作用,可通过下面的作图来进一步说明。

如图 5-16(a)所示,在人体肩颈部位示意图中,AB 与 A_1B_1 为领座的高度,BC 与 B_1C_1 为肩斜线,是按照人体前后肩斜度平均值 20°绘制的。BB_1 为领下口线的位置,AA_1 为领上口线的位置,CC_1 为领外口线的位置。

如图 5-16(b)所示,在领座高度 AB 与 A_1B_1 不变的前提下,随着翻领宽度 AC 的增大,领外口线 CC_1 的长度逐渐增大(图中 1、2、3 分别代表领外口线的位置)。领座线 AB 与翻领线 AC 的夹角 $\angle BAC$ 也相应增大,说明领的变动松量相应增大。反之,当翻领宽度 AC 与领座高度 AB 相等或相近时,翻领线 AC 与领座线 AB 间的夹角 $\angle BAC$ 缩小到几乎为零时,领的变动松量也减少到接近于零。在这种情况下领只需加入基本松量就能够满足外口线所需的长度。

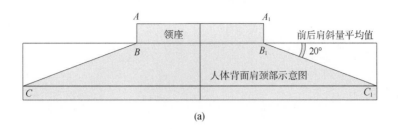

(a)

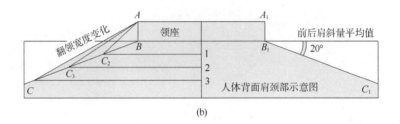

(b)

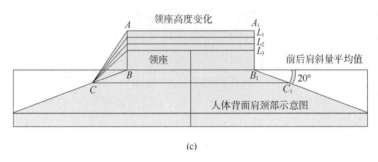

(c)

图 5-16

　　如图 5-16(c)所示,在领外口线 CC_1 长度不变的前提下,随着翻领宽度 AC 的增大,领座高度 AB 会相应增大。这是因为领外口线 CC_1 的长度已经被固定,它在肩斜线上的位置不可能再向下移动。翻领宽度增大后迫使领座线 AB 向上耸起,增加领座高度(图中 L_1、L_2、L_3 分别代表不同的领座高度)。这里试图从反面证明,变动松量与领宽不相适应时,领的设计就难以获得预期的效果。

　　通过上面的分析可知,领座高度、翻领宽度、变动松量是翻领结构设计的三大要素,它们之间的关系是:在翻领宽度不变的前提下,领座高度与翻领松量成反比;在翻领松量不变的前提下,领座的高度与翻领的宽度成正比;在领座高度不变的前提下,翻领宽度与翻领松量成正比。了解了翻领松量的构成原理之后,再结合下面的作图,求出翻领松量的计算公式。

　　如图 5-17 所示,将前后衣片的肩线对齐,衣片的前中线与后中线所构成的夹角为:

$$180° - 前后肩斜线夹角 40° = 140°$$

　　在衣片上面分别画出 A、B、C 三种领型,根据领的构成原理可知,A 种领型的弧度为零,它所构成的领为立领,领座高度等于领的总宽度,这种领型没有翻领部分。B 种领型的弧度为

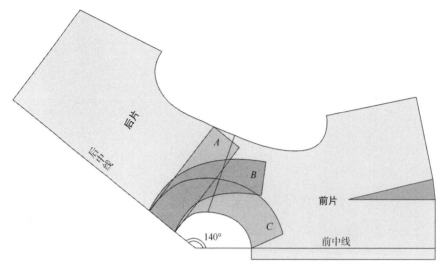

图 5-17

70°,正好等于领窝弧度的一半,它所构成的领座高度与翻领宽度也恰好相等,这种领型适用于基本松量。C 种领型的弧度为 140°,与领窝的弧度相等,它所构成的领座高度为零,翻领部分等于总领宽,这种领型反映了翻领松量的最大值。

根据上述原理,求证任意领座或领宽情况下变动松量的计算公式。设总领宽为 K,领座高为 G,翻领宽为 F,变动松量为 X。由图中可以看出,A 领的弧度 =0°,领座高 G = 总领宽 K,变动松量 $X=0$。B 领的弧度 =70°,领座高 G = 翻领宽 F,变动松量 $X=0$(因 $G=F$,所以适用基本松量)。C 领的弧度 =140°,领座高 $G=0$,翻领宽 F = 总领宽 K。

通过对图中 A、B、C 三种领型的分析可知,翻领宽度小于或等于领座高度时($F-G\leq 0$ 时),变动松量无意义,这种领型只需要增加基本松量。当翻领宽度大于领座高度时($F-G>0$ 时),变动松量才具有实际意义。也就是说由 A 领至 C 领 140° 的变化范围内,前一个 70° 构成了基本松量,后一个 70° 构成了变动松量。由此可以推断,作用于变动松量的领弧度每增加或减少 1°,翻领与领座的变化值为 $K/70°$。假如领子的弧度增减 $X°$ 时,翻领与领座的变化值为 $F-G$。据此作如下运算:

$1°:K/70°=X:(F-G),X=(F-G)/K\times 70°$,即:

变动松量 =(翻领宽-领座高)/总领宽×70°

用这一公式求出的变动松量是一种角度,使用起来不够方便。设法将这种角度转化成对角线的长度。方法是设定 10cm 为半径画圆,在圆周上取 1° 所对应的弧长来进行换算。已知:10cm 半径所构成的圆周长 = 10cm×2×3.14 = 62.8cm

所以:每 1° 所对应的弧长 = 62.8÷360° ≈ 0.17cm

再将换算值与角度值合并,即:70°×0.17cm = 11.9cm,据此可将变动松量的计算公式简化为:

变动松量 =(翻领宽-领座高)÷领总宽×12cm

3. 变动松量在制图中的应用

如图 5-18 所示,设领总宽 $K = 7$cm,领座高 $G = 2$cm,翻领宽 $F = 5$cm。变动松量 $X = (5-2) \div 7$cm $\times 12 \approx 5$cm。按照下面的步骤完成领的制图。

①作直线 $AB = 1/2$ 领窝,分别过 A、B 两点作 AB 的垂线 AC 和 BD。

②取 $AC = BD = $ 总领宽 7cm,直线连接 CD,画出领的基本形。

③取 $AC_1 = BD_1 = $ 领座高度 2cm,用直线连接 C_1D_1 确定领上口线。

④在 AB 线上取 $AE = 1/2$ 后领窝,确定 E 点,过 E 点作 AB 的垂线 EF。

⑤在 EF 的延长线上取 10cm 确定 G 点,取 $EG = EG_1$,$GG_1 = $ 变动松量 5cm,直线连接 EG_1。

⑥取 $EF_1 = EF = $ 总领宽 7cm 确定 F_1 点,过 F_1 点作 EF_1 的垂线 F_1D_2。

⑦取 $F_1D_2 = FD$ 确定 D_2 点,过 D_2 点作 F_1D_2 的垂线 D_2B_1,取 $D_2B_1 = DB$ 确定 B_1 点。

⑧直线连接 EB_1,分别用弧线划顺领上口线和领下口线。

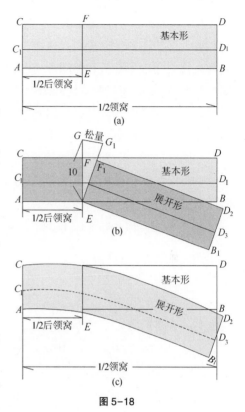

图 5-18

第五节　袖窿的构成原理与计算

袖窿是根据人体腋窝的截面形状而设计的。通过人体抽样测量与数据分析得知,人体中的腋窝围、腋窝深、腋窝宽是构成袖窿的要素,它们随着人体胸围的数值而变化。它们所占胸围的比例如图 5-19 所示:腋窝围 $= 44.3\%$ 胸围;腋窝深 $= 13.7\%$ 胸围;腋窝宽 $= 14\%$ 胸围;1/2 前胸

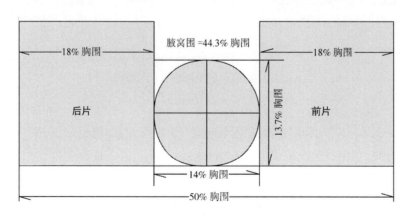

图 5-19

宽 = 18% 胸围；1/2 后背宽 = 18% 胸围。

以上这些比值仅仅表明人体胸围与袖窿要素之间的关系，不能直接用于服装制图。因为服装与人体之间应当有一定的间隙，在着装状态下袖窿宽的间隙量可以由人体肩部及胸部的厚度来自行调节，但前胸与后背的间隙量，除了面料纬向弹性因素之外，必须增加一定的放松量，这是因为人体双臂前后运动必然引起胸背宽度的变化。为了使服装满足人体运动的需要，可将上面的比例作如下调整。

如图 5-20 所示，将袖窿宽缩小 1% 胸围，同时将前胸宽和后背宽各增加 0.5% 胸围，为了保证调整前后袖窿围的周长不变，将袖窿深增加 1% 胸围，图中浅色部分为调整后的袖窿形状。调整后各部位所占服装胸围的比例为：腋窝围 = 44.3% 胸围；腋窝深 = 14.7% 胸围；腋窝宽 = 13% 胸围；1/2 前胸宽 = 18.5% 胸围；1/2 后背宽 = 18.5% 胸围。

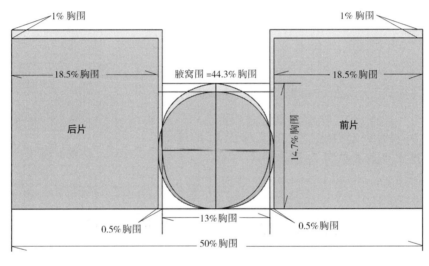

图 5-20

由于上述百分比计算起来比较烦琐，可按照下面的方法将它们进行简化。将前胸宽和后背宽的比例由原来的 18.5% 胸围，调整成 2/10 胸围，两比例相差 1.5% 胸围。按照男女平均胸围 100cm 计算，调整所造成的误差为 100cm×1.5% = 1.5cm，将 1.5cm 作为修正值，对计算公式进行修正后得：

$$1/2\ 前胸宽 = 2/10\ 胸围 - 1.5cm$$
$$1/2\ 后背宽 = 2/10\ 胸围 - 1.5cm$$

将袖窿宽的比例由原来的 13% 胸围，调整成 1/10 胸围，两比例相差 3% 胸围。按照男女平均胸围 100cm 计算，调整所造成的误差为 100cm×3% = 3cm，将 3cm 作为修正值，对计算公式进行修正后得：

$$袖窿宽 = 1/10\ 胸围 + 3cm$$

将袖窿深由原来的 14.7%胸围,调整成 1.5/10 胸围,两比例相差 0.3%胸围。按照男女平均胸围 100cm 计算,调整所造成的误差为 100cm×0.3%＝0.3cm,将 0.3cm 作为修正值,对计算公式进行修正后得:

$$袖窿深=1.5/10 胸围-0.3cm$$

在此需要指出的是,这里所求出的袖窿深是服装成形后的袖窿深,它与制图中的袖窿深不是一个概念。对于制图上的袖窿深,可通过下面的作图来求证。

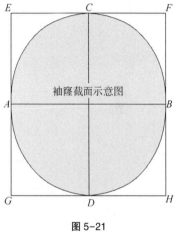

如图 5-21 所示,首先以平均胸围 100cm×44.3%求出袖窿周长,再按照袖窿深和袖窿宽的纵横比画一个椭圆,然后作该圆的外切四边形,框线是绘制袖窿所必备的辅助线。其中,GH 为袖窿宽,CD 为成形后的袖窿深,CF 和 CE 分别为前后衣片上面的冲肩量(制图上是指前后肩端点超出胸宽线或背宽线的量)。

如图 5-22 所示,将袖窿圆周在 C 点位置分开,AC 弧向 C_1 点移动,BC 弧向 C_2 点移动,随着冲肩量的减少,袖窿弧线的形状也同步发生变化,但在形状变化的过程中袖窿弧线的长度保持不变。为了适应人体臂部向前上方运动频率高的特点,可将袖窿底部的弧线作一些适当的调整。将后片上的袖窿弧线 AD 向外放出 1~1.5cm 的放松量,同时将前片上的袖窿弧线 BD 向里凹进 1~1.5cm。调整后袖窿底部的弧线形状,前侧弧度略大,后侧弧度略小。

图 5-21

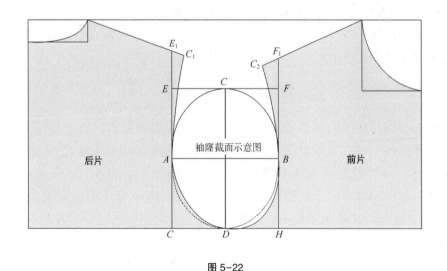

图 5-22

如图 5-23 所示,随着冲肩量 FC 的减少,反映在平面制图上的袖窿深逐渐增大。当 C 点移至

F_1 点时,制图上的袖窿深达到最大值,根据几何学原理,求出制图上袖窿深 F_1H 的计算公式。

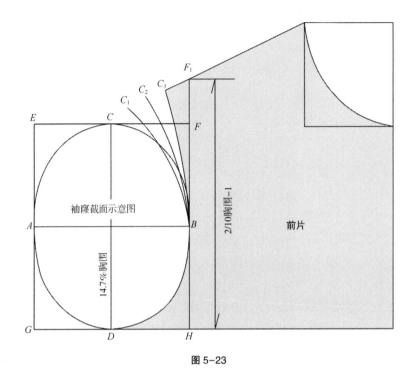

图 5-23

已知: $BF_1 = \overset{\frown}{BC} = 44.3\%$ 胸围 $\times 1/4 \approx 0.11$ 胸围, $HB = 14.7\%$ 胸围 $\times 1/2 = 0.074$ 胸围

所以: $F_1H = BF_1 + BH = 0.11$ 胸围 $+ 0.074$ 胸围 $= 0.184$ 胸围

为了便于应用,可将 0.184 胸围调整成 2/10 胸围。调整前后两比例相差为 2/10 胸围－1.84/10 胸围 = 1.6% 胸围,按照平均胸围 100cm 计算,实际误差为 1.6cm。用 1.6cm 作为修正值,对计算公式进行修正后得 $F_1H = 2/10$ 胸围 － 1.6cm。在袖窿下端与腋窝围之间增加 0.6cm 的间隙量,确定袖窿深的计算公式为:

$$袖窿深 = 2/10\ 胸围 - 1cm$$

如图 5-24 所示,利用上面所求出的计算公式进行服装制图。图中腰节长 = 40cm,前袖窿深 = 2/10 胸围－1cm,后袖窿深 = 2/10 胸围。后袖窿深大于前袖窿深 1cm,这是因为后肩斜度为 18°,前肩斜度为 22°,后肩端点比前肩端点高出 1cm。袖窿宽 = 1/10 胸围 + 3cm,前胸宽 = 2/10 胸围－1.5cm,后背宽 = 2/10 胸围－0.5cm,在此将后背宽增加了 1cm 的活动松量。前片胸围 = 1/4 胸围 + 1cm,后片胸围 = 1/4 胸围－1cm,前后片胸围之差量是为了调整侧缝线的位置,使其接近于人体腋面的中轴线。前片落肩量 = 5cm,后片落肩量 = 4cm。前片直开领 = 2/10 领围 + 1cm,后片直开领 = 2.5cm。前、后衣片的横开领 = 2/10 领围 － 1cm。

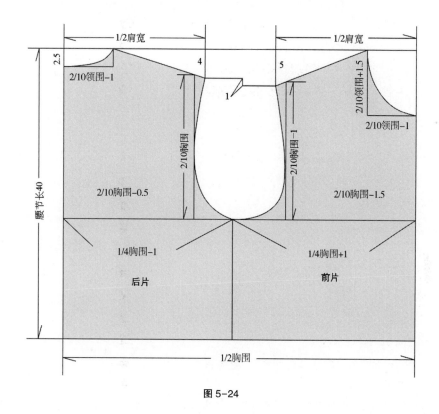

图 5-24

第六节　袖的构成原理与计算

一、袖的构成原理

如图 5-25（a）所示，袖由袖山、袖管和袖口三部分构成。袖的基本形状是含有一定锥度的筒形，上口围度与人体臂根部的围度相适应，下口围度与人体腕部的围度相适应。我们把构成筒形上口围度的线称为袖山线，把构成筒形下口围度的线称为袖口线，把袖山线与袖口线之间的一段筒形称为袖管。

如图 5-25（b）所示，用斜面将筒形的上端切掉一部分，斜面的倾斜角度越大，形成的袖山高度越大，袖的活动松量越小。反之，斜面的倾斜角度越小，形成的袖山高度越小，袖的活动松量越大。

如图 5-25（c）所示，将去掉斜角的筒形作平面展开。为了满足人体臂部向前上方运动的需求，将前袖窿弧线向内凹进一定的量，同时将后袖窿弧线的弧度减少相同的量。这样处理既可以减少服装前胸部位的褶皱，又能够增加袖的活动松量。

图 5-25 有助于我们了解袖的构成原理，通过分解袖的立体形态形成袖片的基础图形。这一基础图形是所有袖型结构设计的母型，无论是单片袖、双片袖，还是多片袖，都是在此基础上变化产生的。

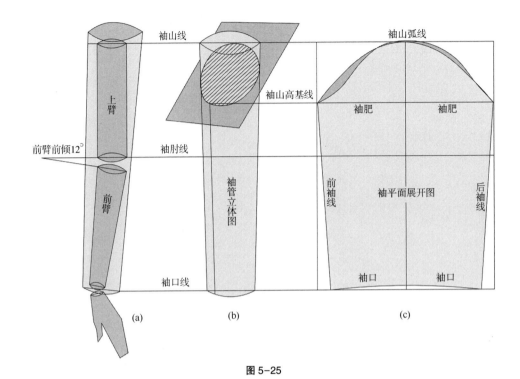

图 5-25

如图 5-26 所示，OC 为袖山高，OF 和 OF_1 为袖肥，GG_1 为肘位线，CC_1 为袖中线，BB_1 为前

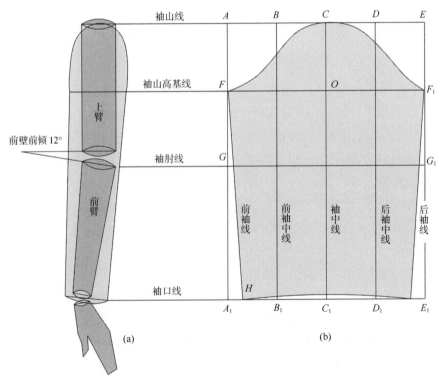

图 5-26

袖中线,DD_1 为后袖中线,C_1H 和 C_1I 分别为前后袖口大。这种制图是一种比较简略的袖型结构图。从图中可以看出,袖管的形状与人体臂部的形态不相适应,所以只能作为一种宽松式的袖型,被用于衬衫、夹克衫等宽松型服装。

　　如图 5-27 所示,将袖中线与袖口线的交点 C_1 向左移动 2cm 确定 C_2 点。以 C_2 点为中点分别量出前袖口大 C_2H,后袖口大 C_2I。将后肘线 KG_1 和后袖中线 KD_1 分别剪开,再以 K 点为圆心,顺时针旋转使 E_1 点与 I 点重合,使 KG_1 转化成肘省。这种变化使后袖线的形态更加接近人体臂部的形态,但前袖线仍然与人体臂部的形态不相吻合,因而还要作进一步改进。

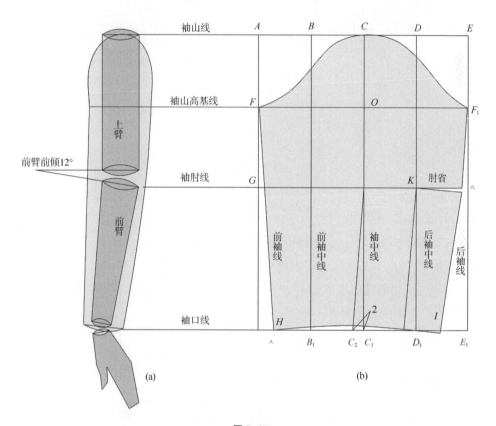

图 5-27

　　如图 5-28 所示,分别以前中袖线 BB_1 和后袖中线 DD_1 为分界线,将单片袖变化成双片袖。为了使袖的外观完整,利用增加偏袖的方法隐藏前袖线和后袖线。即将前袖中线向外平行移位 3cm 增加前偏袖,将后袖中线向外平移 2cm 增加后偏袖。然后将剩余的部分合并成小袖片。在双片袖结构中,大小袖的前后偏袖线都可处理成弧线,因而成形后的袖管弯势平滑而圆顺,造型美观。这种袖型通常被用于男女西装、职业装等正装类造型。

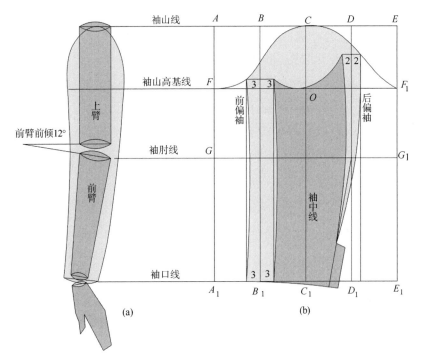

图 5-28

二、袖的计算公式

袖窿与袖山的配合关系是袖型结构设计中的关键因素。在第五节中已经对袖窿的构成原理与计算方法作了论证，下面依据袖窿圆周来求证袖山的计算公式。

如图 5-29 所示，将袖窿圆周下面的 O 点切开，分别将两个端点沿袖窿深线向左右两侧拉

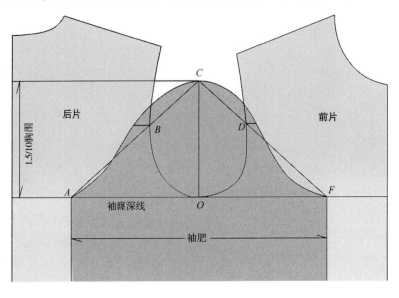

图 5-29

开至 A、F 两点,使 $\overset{\frown}{OB}$ 弧变为 $\overset{\frown}{AB}$ 弧,$\overset{\frown}{OD}$ 弧变为 $\overset{\frown}{FD}$ 弧,图中 OA、OF 分别构成前后袖肥。在袖窿原理与计算一节中,我们求出了成形后的袖窿深 $OC=1.5/10$ 胸围 -0.3cm,从图中可以看出,OC 是袖山的高度,在实际缝制中处于外圆,袖窿处于内圆,内外圆周之间因面料的厚度而产生一定的长度差,为了使袖与袖窿配合好,我们将袖山高度增加 0.3cm 的调节值。调整后袖山高的计算公式由原来 $1.5/10$ 胸围 -0.3cm 变成 $1.5/10$ 胸围。

如图 5-30 所示,图中椭圆表示袖窿圆周,周长为 44.3% 胸围。在直角三角形 AOC 中,袖山高 $OC=1.5/10$ 胸围,$AC=\overset{\frown}{OC}=44.3\%$ 胸围 $\div 2\approx 0.22$ 胸围。根据直角三角形勾股定理,$OA^2=AC^2-OC^2=(0.22$ 胸围 $)^2-(0.15$ 胸围 $)^2=0.05$ 胸围 -0.02 胸围 ≈ 0.03 胸围,$OA\approx 0.17$ 胸围。

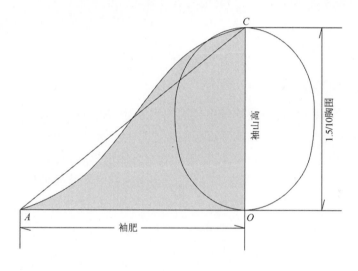

图 5-30

为了统一计算公式,将 0.17 胸围调整为 $1.5/10$ 胸围,调整前后相差 $1.7/10$ 胸围 $-1.5/10$ 胸围 $=2\%$ 胸围。按照男女平均胸围 100cm 计算,实际误差为 2cm。将 2cm 作为修正值,对公式进行修正后得 $OA=1.5/10$ 胸围 $+2$cm。在此需要说明一点,在半合身型服装制图中,通常会将部分省量转移到袖窿当中,导致袖窿弧线的长度在原有基础上增加 $1\sim 2$cm,为了使袖山弧线与袖窿弧线的长度相吻合,需要在原有袖肥的基础上追加 1cm 的放松量。即将袖肥计算公式后面的修正值调整为 3cm。经过上面的论证,最终得出有关袖山和袖肥的计算公式:

$$袖山高=1.5/10 \text{胸围}$$

$$袖肥=1.5/10 \text{胸围}+3\text{cm}$$

第七节　衣身结构原理与计算

衣身所覆盖的躯干是人体中最复杂的部位,因而衣身部分的制图一直是服装结构设计中的难点。过去由于受技术条件的制约无法对人体作科学而全面的分析,只能凭经验来推测服装制图中的相关计算。随着科学技术的进步,尤其是近些年来服装 CAD 技术的应用,为服装制图原理与技法的研究,提供了极大的方便。本节中采用了制图与测量相结合的研究方法,分别对男女人体躯干部位的立体形态作平面展开实验。首先运用服装 CAD 软件中的制图与测量功能,根据人体相关部位的数据与结构特征,绘制出人体数学模型。然后在人体数学模型上沿人体表面分别测出前后衣片模拟线的长度。再将前后衣片模拟线的长度与腰节长度之差量分别作为前后衣片省量的依据。最后运用实验所获得的相关数据,绘制出服装基本制图及两种应用模板。

一、女装结构原理与计算

人体形态是服装结构的依据,要理解服装的构成原理,首先要掌握人体的形态特征。由于人体的结构变化非常复杂,服装的结构不可能体现人体的全部细节,所以必须对人体进行归纳与整合,使其由自然形态转化为几何形态,以便绘制出人体数学模型。

在绘制人体数学模型之前首先要选择制图参数,根据国家服装号型标准,女装 5·4 系列,中间体 160/84A 中的相关数据,设定后背长＝颈椎点高 136cm−腰节高 98cm＝38cm;胸围＝净胸围 84cm＋松量 10cm＝94cm;腰围＝净腰围 68cm＋松量 10cm ＝78cm;总肩宽＝净肩宽39.4cm＋松量 0.6cm＝40cm;领围＝净颈围 33.6cm＋松量 6cm ＝39.6cm。其他数据参照平面制图中的相关公式计算。

如图 5−31(a)(b)(c)所示,是根据日本中泽愈先生的著作《人体与服装》(袁观洛译,中国纺织出版社出版)中的相关研究绘制的人体主要部位截面俯视图。借助此图主要想说明以下四点:其一,图 5−31(a)中的胸围截面轮廓线与腰围截面轮廓线之间,因位置不同其半径差也有所差异,这种差异决定了服装制图中腰省的位置与省量变化;其二,图 5−31(a)中还显示了肩端点 S 相对于侧颈点 N 向前偏移约1cm,由此形成了服装制图中后落肩量小于前落肩量1cm的基本模式;其三,图 5−31(b)中显示的胸围、腰围截面为横径大于矢径的长方形,而颈围截面则近似于正圆形,利用投影法对人体做实际测量所获得的数据表明,人体胸围部位前后间的矢径平均值为 20.5 cm,左右间的横径平均值为 30.8cm,矢径与横径之比约为 1∶1.5,这一比值将作为绘制人体侧面数学模型的基本依据;其四,图 5−31(c)中所描述的是人体腰、颈截面示意图,图中显示颈围截面的后凸点与腰围截面的后凸点在同一水平线上,说明人体在自然直立状态下,后颈点与后腰节点处于同一垂直线上,肩胛点凸出量是决定人体背部曲线变化的主要因素。为了明确显示人体胸、腰、颈之间的几何关系,可将胸、腰、颈三部位的截面形状进一步归纳成圆形和椭圆形。

如图 5−31(d)所示,首先以净胸围 84cm、净腰围 68cm 为周长作两个同心圆,再以净颈围

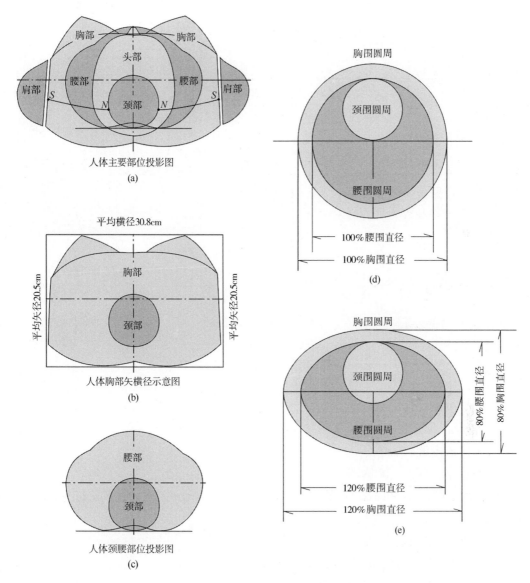

图 5-31

33.6cm 为周长在腰围圆周纵向直径的上端作一个内切圆。然后按照图 5-31（e）所示，根据人体胸围与腰围的截面特征，按照矢径、横径 1∶1.5 的比值，将正圆调整成椭圆，即横向直径分别取胸围直径的 120% 和腰围直径的 120%，纵向直径分别取胸围直径的 80% 和腰围直径的 80%，经测量调整后的胸围和腰围周长与原数值基本相等，说明调整后的椭圆符合人体胸围及腰围截面的基本特征。

　　在完成上述实验准备工作之后，接下来开始绘制人体数学模型。首先按照图 5-32（a）（b）所示，将以上所归纳的人体截面椭圆示意图，分别转化成包含人体颈、胸、腰主要部位的正面、侧面立体几何图，然后按照图 5-32（c）所示，绘制人体侧面几何图，制图步骤如下。

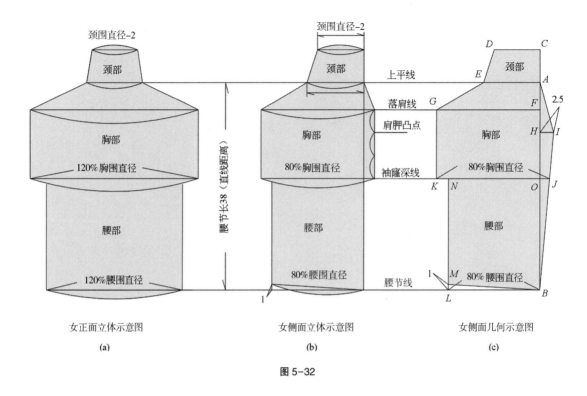

女正面立体示意图　(a)　　　女侧面立体示意图　(b)　　　女侧面几何示意图　(c)

图 5-32

①作垂线 AB＝后背长＝38cm。

②作 AB 反向延长线 AC＝颈部高度＝6cm。

③取 AF＝落肩量＝5cm。

④取 FO＝袖窿深＝2/10 胸围。

⑤肩胛骨凸点 HI 在袖窿深 FO 的 1/3 位置，按照胸围半径 80%－腰围半径 80% 求凸出量约为 2.5cm。

⑥过 C 点作 BC 的垂线 CD，取 CD＝颈围直径－2cm。

⑦过 A 点作 BC 的垂线 AE，取 AE＝颈围直径。

⑧直线连接 AI 和 IB 确定背部轮廓线。

⑨过 O 点作 BC 的垂线与 IB 线相交于 J 点，取 JK＝80% 胸围确定 K 点。

⑩过 K 点作 OK 的垂线，过 F 点作 BC 的垂线，两线相交于 G 点，直线连接 DE 和 EG。

⑪过 B 点作 BC 的垂线 BL，取 BL＝80% 腰围，确定 L 点。

⑫过 L 点作 BL 的垂线与 JK 线相交于 N 点。

⑬取 LM＝1cm 确定 M 点，直线连接 MB 确定腰节斜线。

⑭如图 5-33（a）所示，将颈部四边形 ACDE 逆时针旋转 19° 至 $AC_1D_1E_1$，直线连接 E_1K 和 KM 确定前胸轮廓线。

⑮如图 5-33（a）所示，取 OP＝RQ＝袖窿宽＝1/10 胸围+3cm，直线连接 PQ，确定袖窿框线。

⑯如图 5-33（a）所示，过 OP 的中点作 OP 线的垂线与 AE_1 线相交于 S 点。

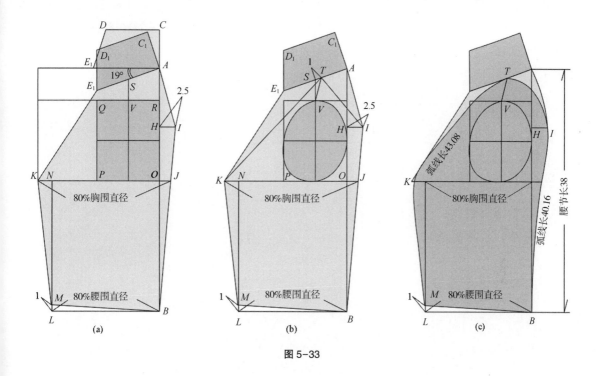

图 5-33

⑰如图 5-33（b）所示，在框线内画出椭圆形袖窿，过 S 点沿 E_1A 线向后 1cm 确定 T 点。

⑱如图 5-33（b）所示，直线连接 T 点与袖窿圆周的顶点 V，确定肩斜线 TV。

⑲如图 5-33（b）所示，直线连接 TK 和 TI。

⑳如图 5-33（c）所示，分别将 T、K、M 三点和 T、I、B 三点用弧线连接，调整弧线与人体的侧面形状相近似。

㉑如图 5-33（c）所示，测量 T、K、M 三点间弧线长度为 43.08cm，大于腰节垂直长度 5.08cm。

㉒如图 5-33（c）所示，测量 T、I、B 三点间弧线长度为 40.16cm，大于腰节垂直长度 2.2cm。

以上完成了人体数学模型的绘制，并在人体数学模型上分别测量前后模拟衣片的长度，将前后模拟衣片的长度值与腰节线的直线距离作比较，从中计算出前后模拟衣片与腰节线之间的长度差。通过测量与比较得出：人体数学模型中 T 点至 M 点的弧线长度大于腰节垂直长度 5.08cm，但服装加放松量后，胸高点 K 与前腰围 M 点之间的相对高度会变小，T、K、M 间的弧线长度也会相应减小，所以在服装制图中前衣片的胸省量取 4cm。而 T 点至 B 点间的表面长度大于腰节垂直长度 2.2cm，服装加放松量后这一差量本应减少，但考虑到人体在日常工作或学习中会因胸部前屈而导致背长增大，所以在服装制图中将后片的肩胛省量确定为 2.5cm，其中有 1cm 作为后背活动松量。在此需要说明一点，以上数据仅是针对一般人体而设定的，对于特殊体型需要灵活掌握。

按图 5-34 所示绘制人体平面展开图，由于图中尚未包含省量，前后衣片的长度等于腰节垂直长度，制图规格：后背长 = 38cm、胸围 = 94cm、腰围 = 78cm、肩宽 = 40cm、领围 = 39.6cm。图中

前落肩量＝5cm、后落肩量＝4cm、前袖窿深＝2/10胸围－1cm、后袖窿深＝2/10胸围、袖窿宽＝
1/10胸围＋3cm、前后横开领大＝2/10领围－1cm、前直开领大＝2/10领围＋1.5cm，后直开领大＝
2.5cm、前后落肩差＝1cm。

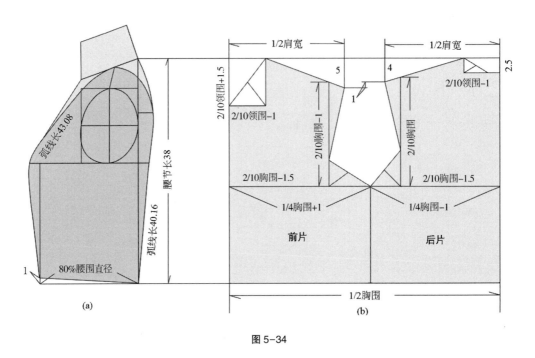

图 5-34

如图5-35所示，在人体平面展开图的基础上，分别确定前后衣片上的省位分割线。首先过

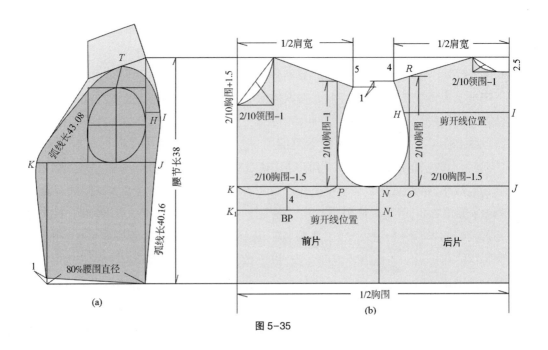

图 5-35

前胸宽 KP 的中点垂直向下 4cm 确定 BP 点位置，过 BP 点作袖窿深线 KN 的平行线 K_1N_1，确定前片分割线位置。然后在后袖窿深 OR 的 1/3 位置确定 H 点，过 H 点作 NJ 的平行线 HI，确定后片分割线位置。

如图 5-36 所示，分别剪开前后衣片上的分割线，根据衣片弧线长度与腰节垂直长度间的差量，在分割线中加入相应的展开量。具体方法：将后衣片上的 HI 线剪开，向上打开 2.5cm 至 H_1I_1 线。其中 1.5cm 为肩胛点凸出量，1cm 为背部活动松量。再将前衣片上的 K_1N_1 线剪开，向下打开 4cm 至 K_2N_2 线。加入展开量之后，后袖窿深比原来增加了 2.5cm，计算公式由 2/10 胸围变为 2/10 胸围+2.5cm。由于前衣片的分割线在袖窿深线以下，所以前袖窿深计算公式仍为 2/10 胸围-1cm。

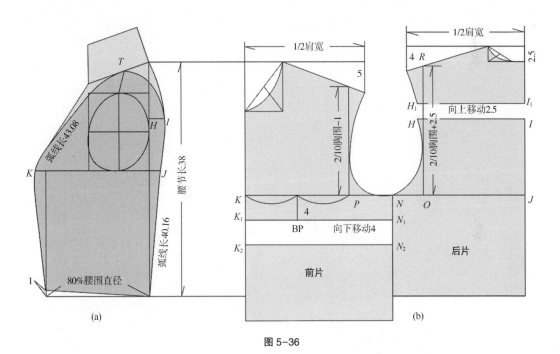

图 5-36

如图 5-37(a) 所示，在前衣片上用直线连接 N_2 与 BP 点，将打开的 4cm 省量转化成腋下省。将后片打开量 2.5cm 中的 1.5cm 处理成袖窿省，省尖位于 H_1I_1 线的 1/3 位置。其余 1cm 作为袖窿弧线的延长量。经过处理后前后衣片侧缝线的长度相等。

如图 5-37(b) 所示，通过省位转移生成服装基础模板。在前片过 BP 点作腰围线的垂线，剪开垂线合并腋下省，在腰线上形成 4cm 的省量。过后袖窿省尖作 H_1I_1 线的垂线交于肩斜线，沿线剪开将袖窿省中的 1cm 转化成肩省，其余 0.5cm 作为袖窿弧线的延长量。这一变化使肩端点下降了 1cm，落肩量由原来的 4cm 变为 5cm。袖窿深减少了 0.5cm，由原来的 2/10 胸围+2.5cm 变为 2/10 胸围+2cm。肩宽增加了 0.5cm，由原来 1/2 肩宽变成 1/2 肩宽+0.5cm。

如图 5-38(a) 所示，将后片肩端点提高 0.5cm 划顺后肩斜线，落肩量由原来的 5cm 变成 4.5cm。袖窿长度因肩端点提高增加了 0.5cm，加上袖窿省 0.5cm、背部放松量 1cm 共计 2cm，这

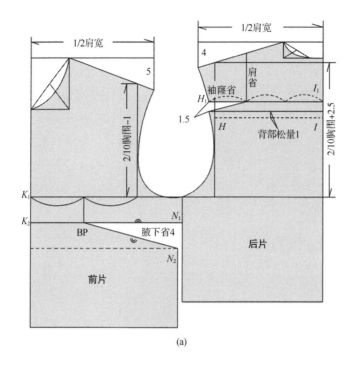

(a)

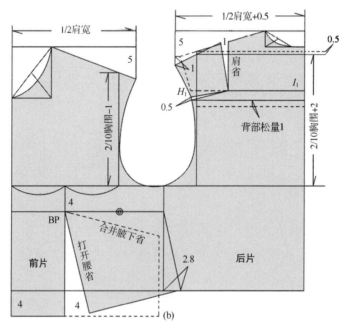

(b)

图 5-37

2cm 的袖窿弧线延长量作为垫肩填充量。为了使服装肩部和袖窿部位不出现省道线,将后肩宽与前肩宽 1cm 的差量,在缝合肩线时作缩缝处理。经过以上调整形成如图 5-38(b)所示的女装基本制图模板。图中前片的下端低于后片 4cm,后片的上端高于前片 2.5cm,前片的长度大于后片长度 1.5cm,前腰省 4cm,前后落肩差 0.5cm。

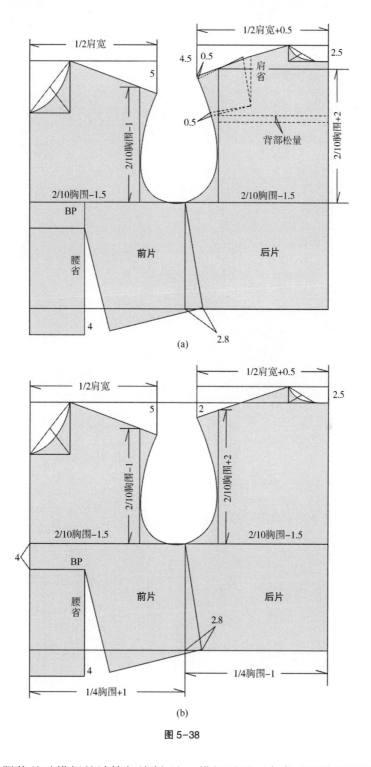

图 5-38

　　以上完成了服装基础模板的计算与绘制,这一模板适用于合身型服装的制图。为了适应其他类型服装的制图,我们对基础模板作进一步变化,生成应用Ⅰ型和应用Ⅱ型两种模板。其中应用Ⅰ型模板适用于衬衫、夹克衫等四开身结构的服装制图,应用Ⅱ型模板适用于西装、职业装等三开身结构的服装制图。

如图5-39(a)所示，在前袖窿弧线的1/3位置定点，与腰省的省尖直线连接，沿线剪开，合并腰省1cm，形成0.7cm的袖窿省。这一变化使前袖窿深在垂直距离上增加了1cm，计算公式

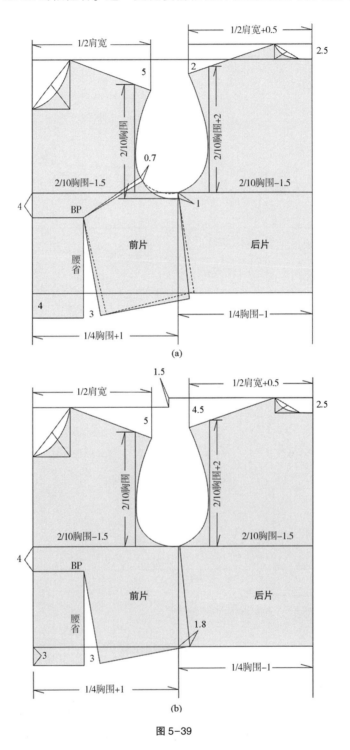

图 5-39

由原来的 2/10 胸围-1cm 变成 2/10 胸围,前腰省量由原来的 4cm 变成 3cm。将前后衣片的侧缝线对齐,产生如图 4-39(b)所示的应用 I 型模板。图中前片下端低于后片下端 3cm,后片上端高于前片上端 1.5cm,前片长度大于后片长度 1.5cm。

如图 5-40(a)所示,过前腰省的省尖作前中线的垂线,沿线剪开,再次合并腰省 1cm,在前

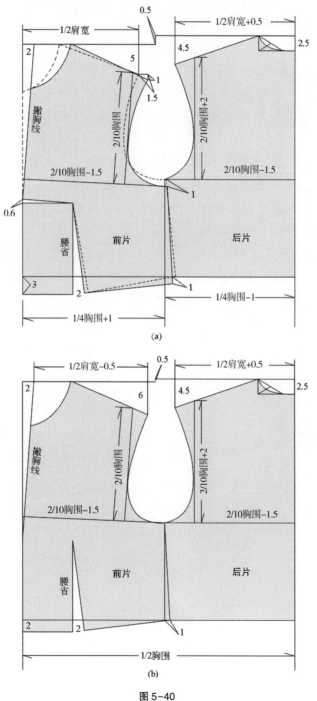

图 5-40

中线形成 0.6cm 的省量及 2cm 的撇胸量。这一变化使前片落肩量增加了 1cm，肩宽量增加了 1.5cm，袖窿深线向下移位 1cm，落肩量取 6cm，经过调整形成如图 4-40（b）所示的应用Ⅱ型模板。图中前片下端低于后片下端 2cm，后片上端高于前片上端 0.5cm，前片长度大于后片长度 1.5cm。前肩宽由撇胸线计算取 1/2 肩宽-0.5cm，前胸省量为 2cm。

二、男装结构原理与计算

男装的构成原理与计算方法和女装相比较，其差异主要表现在三个方面：一是男体的胸凸量小于女体的胸凸量，由此决定男装的省量相对女装来说要小一些；二是男体的后背宽度比女体的后背宽度大且肩胛点凸出量也比女体大，因此男装的后袖窿深尺寸比女装大；三是男体的肩斜度比女体的肩斜度小，正常男体的后肩斜度为 16°，前肩斜度为 20°，平均肩斜度为 18°，比女体小 2°。

根据国家服装号型标准，男装 5·4 系列，中间体 170/88A 中的相关数据，经计算或加放松量后产生如下数据：后背长＝颈椎点高 145cm-腰节高 102.5cm＝42.5cm；胸围＝净胸围88cm+松量 10cm＝98cm；腰围＝净腰围 74cm+松量 10cm ＝84cm；总宽＝净肩宽 43.6cm+松量 0.4cm ＝44cm；领围＝净颈围 36.8cm+6 松量 cm ＝42.8cm。

如图 5-41（a）所示，分别以胸围88cm、腰围74cm 为周长作两个同心圆，再以净颈围36.8cm为周长在纵向直径的上端作一个内切圆。

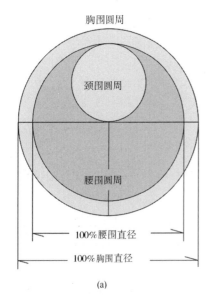

(a)

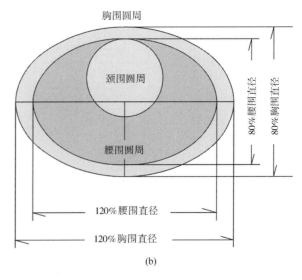

(b)

图 5-41

如图 5-41（b）所示，根据人体胸围与腰围截面的矢径、横径比例，将正圆调整成椭圆。方法是将横向直径分别取胸围直径的 120% 和腰围直径的 120%，纵向直径分别取胸围直径的 80% 和腰围直径的 80%。经测量调整后的胸围及腰围周长与原数值相等。

如图 5-42(a)(b)所示，按上述椭圆的矢径、横径之比，分别画出人体正面和侧面的几何示意图。

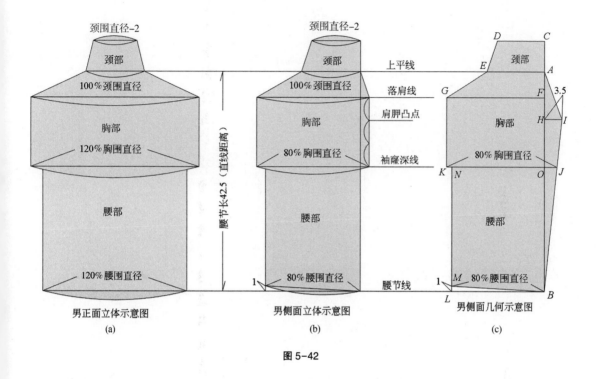

图 5-42

如图 5-42(c)所示，按以上比例绘制人体侧面平面图，制图步骤如下。

①作垂线 AB =后背长 =42.5cm。

②作 AB 反线延长线 AC =颈部高度 =6cm。

③取 AF =落肩量 =5cm。

④取 FO =袖窿深 =2/10 胸围。

⑤肩胛骨凸点 HI 在袖窿深 FO 的 1/3 位置，凸出量设定为 3.5cm。

⑥过 C 点作 BC 的垂线 CD，取 CD =颈围直径 -2cm。

⑦过 A 点作 BC 的垂线 AE，取 AE =颈围直径。

⑧直线连接 AI 和 IB 确定背部轮廓线。

⑨过 O 点作 BC 的垂线与 IB 线相交于 J 点，取 JK =80% 胸围，确定 K 点。

⑩过 K 点作 BC 的平行线，过 F 点作 BC 的垂线，两线相交于 G 点，直线连 DE 和 EG。

⑪过 B 点作 BC 的垂线 BL，取 BL =80% 腰围，确定 L 点。

⑫过 L 点作 BC 的平行线与 JK 相交于 N 点。

⑬取 LM =1cm 确定 M 点，直线连接 MB 确定腰节斜线。

⑭如图 5-43(a)所示，以 A 点为圆心将颈部四边形 $ACDE$ 逆时针旋转 19° 至 $AC_1D_1E_1$，直线连接 E_1K 和 KM。

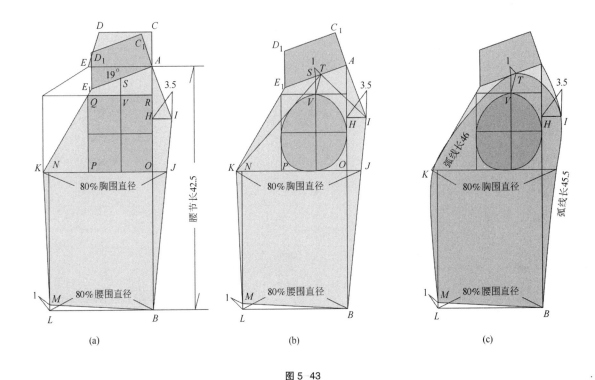

图 5-43

⑮如图 5-43（a）所示，取 $OP=RQ=$ 袖窿宽 $=1/10$ 胸围 $+3cm$，直线连接 PQ 确定袖窿框线。

⑯如图 5-43（a）所示，过 OP 的中点作 OP 线的垂线，与 AE_1 线相交于 S 点。

⑰如图 5-43（b）所示，在框线内画出椭圆形袖窿，过 S 点沿 E_1A 线向后 $1cm$ 确定 T 点。

⑱如图 5-43（b）所示，直线连接 T 点与袖窿圆周的顶点 V 确定肩斜线。

⑲如图 5-43（b）所示，直线连接 TK 和 TI。

⑳如图 5-43（c）所示，分别将 T、K、M 三点和 T、I、B 三点用弧线连接，调整弧线与人体的侧面形状相近似。

㉑如图 5-43（c）所示，测量前片模拟线 T、K、M 三点间弧线长度为 $46cm$，大于腰节垂直长度 $3.5cm$。

㉒如图 5-43（c）所示，测量后片模拟线 T、I、B 三点间弧线长度为 $45.5cm$，大于腰节垂直长度 $3cm$。

通过上面的测量与分析得出：男体中 T 点至 M 点的表面长度大于腰节垂直长度 $3.5cm$，服装加放松量后胸高点 K 与前腰围 M 点之间的相对高度会变小，T、K、M 间的弧线长度也会相应减少，所以在服装制图中前片的省量取 $2.5cm$。T 点至 B 点间的表面长度大于后背垂直长度 $3cm$，服装加放松量后这一差量本应减少，但人体在日常工作或学习中会因背部向前倾斜而导致背长增大，所以在男装制图中将后片的肩胛省量确定为 $3.5cm$，其中有 $2cm$ 作为后背活动松量。以上数据仅是针对一般人体而设定的，对于特殊体型需要灵活掌握。

如图 5-44 所示，按照后背长 = 42.5cm、胸围 = 98cm、腰围 = 84cm、肩宽 = 44cm、领围 = 42.8cm作服装结构图。图中前落肩量=5cm、后落肩量=4cm；前胸宽 = 2/10 胸围−2cm，比女装减少 0.5cm，胸宽线位置的变化导致前袖窿深增大 0.2cm，由原来 2/10 胸围−1cm 变为 2/10 胸围−0.8cm；后背宽为 2/10 胸围−0.5cm 比女装大 1cm，导致后袖窿深减少 0.3cm，由原来 2/10 胸围变为 2/10 胸围−0.3cm；袖窿宽为 1/10 胸围+2.5cm 比女装小 0.5cm；前后横开领大为 2/10 领围−1cm；前直开领大为 2/10 领围+1cm；后直开领大为 2.5cm；前后落肩差为 1cm 与女装相同。

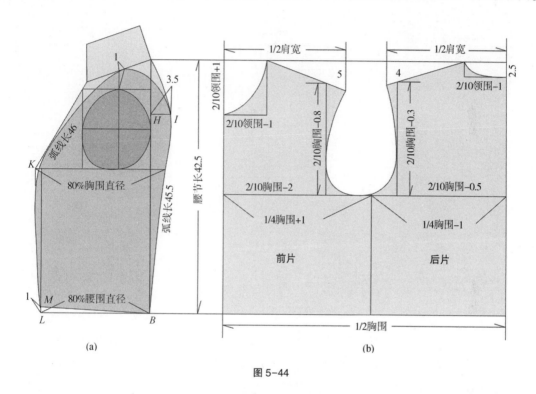

图 5-44

如图 5-45 所示，过前胸宽 KP 的中点垂直向下 4cm 确定 BP 点位置，过 BP 点作袖窿深线 KN 的平行线 K_1N_1，确定前片剪开线位置。在后袖窿深 OR 的 1/3 位置确定 H 点，过 H 点作 NJ 的平行线 HI，确定后片剪开线位置。

如图 5-46 所示，将后片上的 HI 线剪开，向上打开 3.5cm 至 H_1I_1 线。其中 1.5cm 为肩胛省量，2cm 为背部活动松量。将前片上的 K_1N_1 线剪开，向下打开 2.5cm 至 K_2N_2 线。经过调整之后，后袖窿深增加了 3.5cm，计算公式为：

$$2/10 \text{ 胸围}+3.2\text{cm}$$

由于前片的分割线在袖窿深线以下，所以前袖窿深计算公式为：

$$2/10 \text{ 胸围}-0.8\text{cm}$$

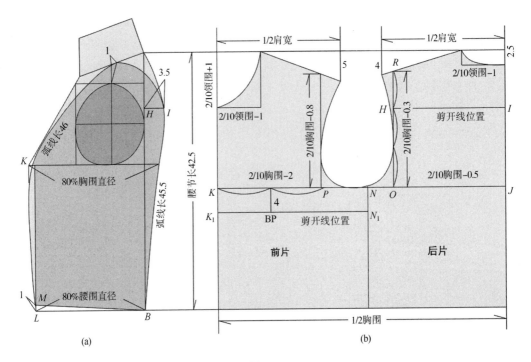

(a)

(b)

图 5-45

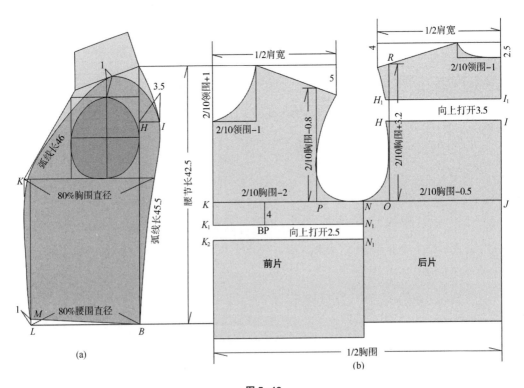

(a)

(b)

图 5-46

　　如图5-47(a)所示,在前片上用直线连接 N_2 与 BP 点,将打开的量处理成腋下省,再将后片打开量中的1.5cm 处理成袖窿省,省尖位于 $H_1 I_1$ 线的1/3 位置,经过处理后前后侧缝线的长度相等。

　　如图5-47(b)所示,在前片上过 BP 点作腰围线的垂线,剪开垂线合并腋下省,形成2.5cm 的腰省。过后袖窿省省尖作 $H_1 I_1$ 线的垂线交于肩斜线,沿线剪开将袖窿省中的1cm 转化成肩省,其余0.5cm 作为袖窿弧线的延长量。这一变化使肩端点下降1cm,落肩量由原来4cm 变为5cm,袖窿深减少了0.6cm,由原来的 2/10 胸围+3.2cm 变为 2/10 胸围+2.6cm,肩宽增加了

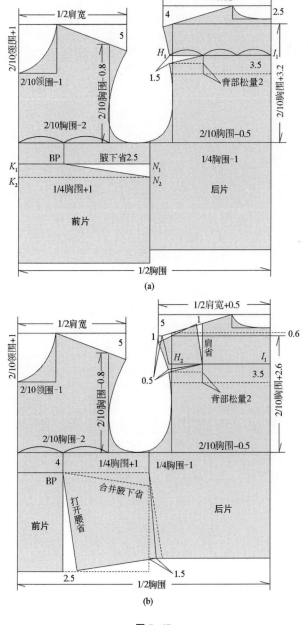

图 5-47

0.5cm,由原来的 1/2 肩宽变成 1/2 肩宽+0.5cm。

如图 5-48(a)所示,过前袖窿弧线的 1/3 位置与 BP 点直线连接,沿线剪开合并腰省 1cm,形成 0.7cm 的袖窿省;这一变化使前袖窿深增加了 0.6cm,由原来的 2/10 胸围-0.8cm 变成 2/10 胸围+0.2cm,前腰省量由原来 2.5cm 变成 1.5cm。将后片肩端点提高 0.5cm 划顺后肩斜线,落肩量由原来的 5cm 变成 4.5cm,后袖窿深增大了 0.1cm,由原来的 2/10 胸围+2.6cm 变为 2/10 胸围+2.7cm。经过以上变化后袖窿长度比原来增大了 3cm,其中,肩端点提高量 0.5cm,袖窿省

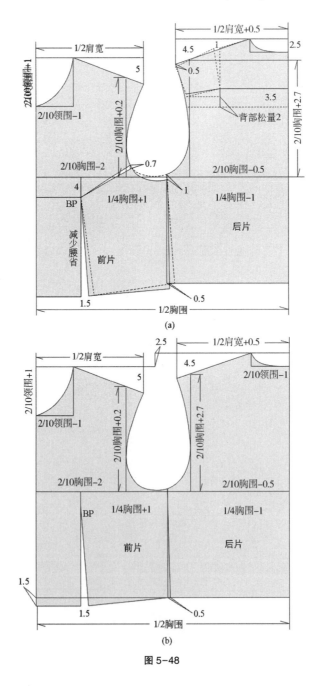

图 5-48

0.5cm,背部放松量 2cm,将 2cm 作为垫肩填充量,1cm 在制作时用袖窿牵条缩掉。后肩宽大于前肩宽 1cm,在缝合肩线时作缩缝处理。经过以上调整形成如图 4-48(b)所示的男装应用 I 型模板,图中前片的下端低于后片下端 1.5cm,后片的上端高于前片上端2.5cm,后片的长度大于前片长度 1cm。

如图 5-49(a)所示,过前腰省省尖作前中线的垂线,沿线剪开,将袖窿省由原来的 0.7cm 缩

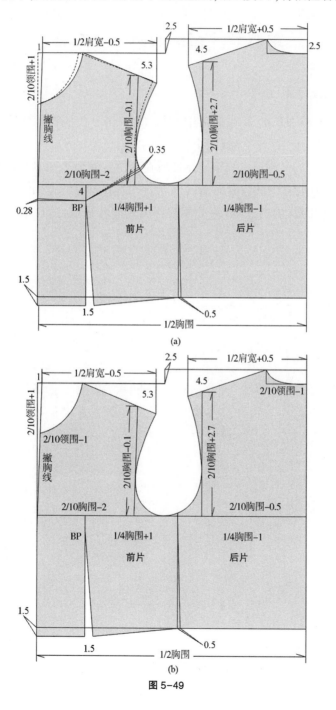

图 5-49

小至 0.35cm，在前中线形成约 0.28cm 的省量及 1cm 的撤胸量。这一变化使前片落肩量增加 0.3cm，落肩量取 5.3cm。肩宽量增加 0.5cm，袖窿深减少 0.3cm，由原来的 2/10 胸围+0.2cm 变成 2/10 胸围−0.1cm。经过调整形成如图 4-49(b)所示的男装应用Ⅱ型模板。图中前片下端低于后片下端 1.5cm，后片上端高于前片上端 2.5cm，前片长度小于后片长度 1cm。前肩宽由撤胸线计算取 1/2 肩宽−0.5cm，前胸省量为 1.5cm。

第八节　省褶的概念及原理

一、省褶的概念及作用

"省"顾名思义，是将布料的多余部分省略掉。为了将平面的布料塑造成适应人体立体形态的服装，可以在衣片上面设计一个或多个省。

如图 5-50 所示，省的名称通常根据省尾部所在的位置而命名，如肩省、领窝省、袖窿省、腋下省、腰省等，有时也针对省尖的位置而命名，如胸省、肩胛省等。无论省的位置和形状怎样变化，省尖总是指向人体的凸出点，即前片上面的省尖对准乳凸点，后片上面的省尖对准肩胛骨凸点。

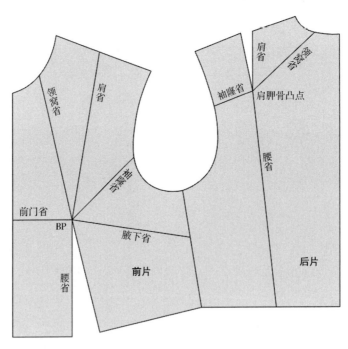

图 5-50

"褶"是为了增加服装的层次感或体积感，结合造型需要，在衣片上面人为制造的褶皱，自由流畅的褶线能增添服装的美感。常见的褶有阴褶、阳褶、叠褶、抽褶等。

省和褶是服装设计中两种不同的造型手段。省的两条边完全缝合，在服装的表面形成一条"短缝"。褶仅缝合一端或两端,中间部位不缝合。因此,用省塑造出的形体外观平整,起伏变化明显,但不够活泼。用褶塑造出的形体结构松动,变化丰富,但不够严谨。在实际设计中,要结合服装的造型特点及面料特点,选择用省或用褶。一般紧身型的服装宜用省,宽松型的服装宜用褶;质地厚而密的面料宜用省,轻薄飘逸的面料宜用褶;有时也可以将省与褶并用。

二、省的作用及变化范围

省的作用点在省尖位置,省尖指向人体的凸点位置(前片上的乳凸点或后片上的肩胛骨凸点),省的尾部可以设在同一衣片上的任意位置。省量的大小是由构成省的两条直线或曲线之间的夹角大小所决定的。夹角与省尖位置的凸起量成正比关系。

如图5-51所示,以BP点为圆心,以能覆盖衣片之长度为半径作圆。在圆周线上取任意点向圆心引直线或曲线,都可以构成省道。图中W_1至W_2两点间的距离与省线夹角相对应,因此我们平时将W_1与W_2之间的距离叫做省大,其实这种叫法并不准确,因为即使省的夹角相同,由于省线的长度不同,W_1、W_2两点间的距离也会发生变化,所以在制图中要将两省线间的夹角大小作为衡量省量大小的依据。

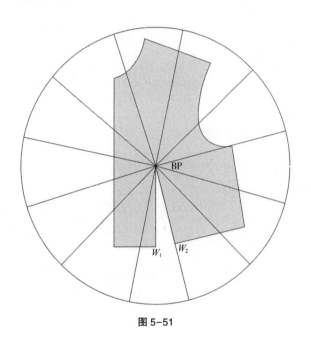

图 5-51

三、省位的变化方法

1. 纸样折叠法

纸样折叠法又称纸样剪开法。制作方法:剪开预定的省线,折叠原省量,使剪开的省线形成一定的角度,从而将省转移到指定的位置。

如图5-52所示,在领窝线上任意选择一点,用直线或弧线连接BP点确定剪开线,将纸样前部用重物压牢,剪开细实线,折叠腰省,便可将腰省转化为领窝省。利用这种方法能够将省转移到想要的位置。

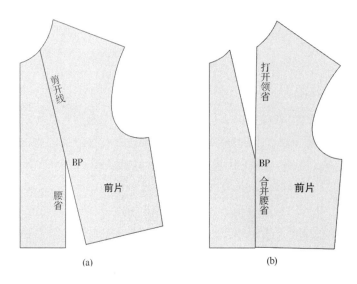

图 5-52

2. 纸样旋转法

纸样旋转法与纸样折叠法的原理基本相同,但方法有所区别。纸样折叠法要将纸样剪开,使用一次后便无法再用。而纸样旋转法是通过旋转纸样达到合并原省,改变省位的目的,所以不需要剪开纸样,可以反复使用。

如图 5-53 所示,在肩斜线上距离肩颈点 5cm 处确定 A 点,用直线与 BP 点连接,画出 A

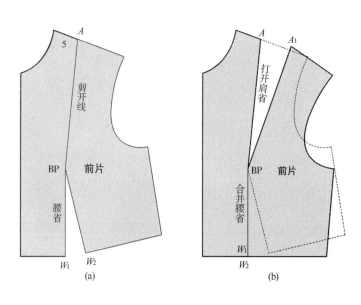

图 5-53

点左侧的肩线、领窝线、前中线、部分腰节线(图中粗实线部分)。用锥子扎住 BP 点,以此为圆心顺时针旋转纸样,使 W_2 与 W_1 重合,A 点随着纸样的旋转而转移到 A_1 点位置。画出 A_1 点右侧的肩线、袖窿弧线、侧缝线、腰节线。分别过 A、A_1 两点向 BP 点引直线,原有的腰省转化为肩省。

如图 5-54(a)所示,在前中线上距离前颈点 10cm 处确定 A 点,过 A 点作前中线的垂线,过 BP 点向上作垂线,两线相交于 C 点。画出 A 点以下的前中线和部分腰节线(图中粗实线部分),然后按照图 5-54(b)所示的方法,用锥子扎住 BP 点顺时针旋转纸样,使 W_2 与 W_1 重合,A 点转移到 A_1 点,C 点转移到 C_1 点位置。沿 A_1 点依次画出前中线、领窝线、肩线、袖窿弧线、侧缝线、腰节线。再用直线连接 AC、A_1C_1,并分别过 C、C_1 点与 BP 点直线连接,从而使原来的腰省转化为门襟省。

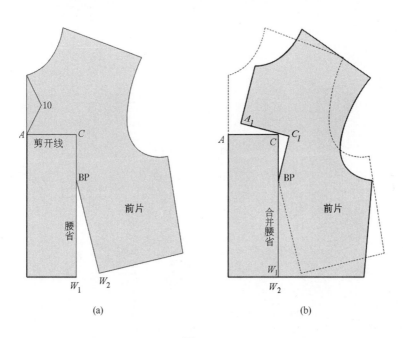

图 5-54

3. 直角定位法

无论是纸样折叠法还是纸样旋转法,都需要先制作出基础纸样,然后才能进行省位转移。为了简化制图步骤,现介绍直角定位法。

如图 5-55 所示,分别作直角三角形 AOB 和 A_1OB_1,取 $OA = OA_1$,$OB = OB_1$,$AB = A_1B_1$。根据几何原理可知,这两个三角形为全等三角形。如果以 O 点为圆心,顺时针旋转三角形 A_1OB_1 使 A_1 点与 A 点重合,则 B_1 点也同时与 B 点重合。假如将 $\angle AOA_1$ 看作是一个省,那么随着省量 AA_1 的增大,与之相关的控制点 B_1 也会相应移位。将两条省线缝合后,控制点 B_1 会自动回归至 B 点。利用这种原理产生了如下省位转移法。

如图 5-56(a)所示,如果要将腰省转化为肩省,可以按照下面的步骤制图。

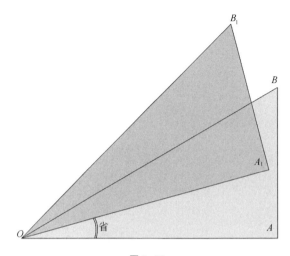

图 5-55

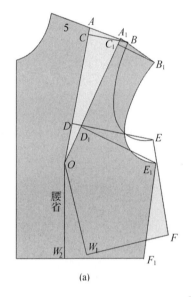

(a)

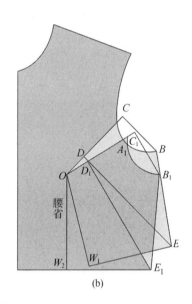

(b)

图 5-56

①在肩线上距离肩颈点 5cm 处确定 A 点，直线连接 AO 确定省线位置。

②依据腰省两省线间的夹角画出 OA_1 线。

③取 $OA = OA_1$ 确定肩线上的移动点。

④过肩端点 B 作 OA 的垂线交于 C 点，过袖窿宽点 E 作 OA 的垂线交于 D 点。

⑤在 OA_1 线上取 $OC_1 = OC$ 确定 C_1 点，取 $OD_1 = OD$ 确定 D_1 点。

⑥过 C_1 点作 OA_1 的垂线 C_1B_1，取 $C_1B_1 = CB$ 确定肩端点的移动位置 B_1 点。

⑦过 D_1 点作 OA_1 的垂线 D_1E_1，取 $D_1E_1 = DE$ 确定袖窿宽点的移动位置 E_1 点。

⑧在腰节线上缩进原省大 $W_1 W_2$，确定 F_1 点，直线连接 $E_1 F_1$。

⑨直线连接 $W_2 F_1$，弧线划顺袖窿弧线 $B_1 E_1$。

如图 5-56(b)所示，如果要将腰省转移到袖窿线上，可以按照下面的步骤制图。

①在袖窿线上任意确定 A 点，直线连接 OA 并延长。

②取 $\angle AOA_1 = \angle W_1 OW_2$ 确定省大，直线连接 OA_1 并延长。

③分别过 B 点和 E 点(或更多的控制点)作 OA 的垂线 BC 和 ED，确定 B、E 两控制点相对于 OA 线的坐标位置。

④在 OA_1 线上取 $OC = OC_1$，$OD = OD_1$，分别确定 C_1、D_1 两点。

⑤分别过 C_1、D_1 作 OA_1 的垂线，取 $C_1 B_1 = CB$，$D_1 E_1 = DE$，确定 B_1、E_1 两移动点。

⑥取 $OA = OA_1$ 确定袖窿弧线的移动点 A_1。

⑦弧线连接 $\overset{\frown}{A_1 B_1}$，直线连接 $B_1 E_1$ 和 $E_1 W_2$，完成省位转移。

第九节　省位的变化及应用

一、省的展开与变形

省位的转移只是省缝位置的变化，对于服装外观所起到的作用并不大。因为成形后的省道仅是一条缝合线，它对服装的外观影响很小。从设计审美的角度出发将省的形状作变形与展开，能够增加服装的层次感或体积感。通过变形与展开，使原本等长的两条省线产生差量，将差量通过叠褶或抽褶的工艺手段进行处理后，会在服装的表面人为制造一些褶皱，优美的褶线对服装的外观产生装饰作用。下面列举几种省道变形与展开的方法，大家可以按照这些方法做出更多的变化。

1. 省在前中线上的变形与展开

①如图 5-57(a)所示，由前颈点向下 10cm 确定 A 点，过 A 点作前中线的垂线，过 BP 点作前中线的平行线，两线相交于 O 点，确定分割线的形状与位置。

②如图 5-57(b)所示，剪开分割线，合并腰省，将腰省转化成前门襟省。

③如图 5-57(c)所示，水平展开原省线 AO 长度的 2~3 倍，将展开量处理成若干个褶。

④如图 5-57(d)所示，折叠展开量，缝合省道，服装的外观产生许多纵向装饰褶线。

2. 省在领窝线上的变形与展开

①如图 5-58(a)所示，在领窝线上任意选择 L_1、L_2 两点，分别与 BP 点直线连接，确定剪开线。

②如图 5-58(b)所示，合并腰省，将腰省转化成领窝省。

③如图 5-58(c)所示，用弧线划顺领窝线，将展开量处理成若干个褶。

④如图 5-58(d)所示，折叠展开量，在领窝周围形成放射状的装饰褶线。

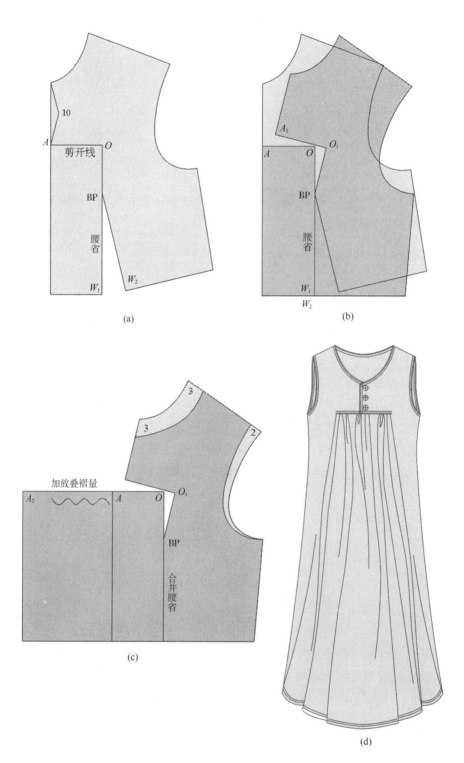

图 5-57

图 5-58

思考练习与实训

一、基础知识

1. 简述上装的构成原理及造型特点。

2. 一般上装有几个主要的控制部位?

3. 简述上装造型与人体的关系。

4. 简述领及领窝的构成原理及计算方法。

5. 领有几种常见的结构形式,它们之间的相互关系是什么?

6. 简述袖及袖窿的构成原理及计算方法。

7. 袖有几种常见的结构形式,它们各自的造型特点是什么?

8. 三开身结构与四开身结构在制图上的相同点和不同点是什么?

9. 上衣省量产生的依据是什么,省量大小与衣片长度有什么关系?

10. 为什么要作省位转移,转移的方法有几种?

11. 简述省的概念及作用。

12. 省尖的位置怎样确定,为什么?

13. 省与褶在服装造型中的相同点和不同点是什么?

14. 省位转移的方法有几种,各自的特点是什么?

15. 在省位转移方法中直角定位法产生的依据是什么?

二、制图实践

1. 在教师指导下画出 2~3 种立领变化的结构示意图。

2. 在教师指导下画出 2~3 种翻领变化的结构示意图。

3. 在教师指导下画出 2~3 种驳领变化的结构示意图。

4. 利用纸样折叠的方法将省转移到指定的位置。

5. 利用纸样旋转的方法将省转移到指定的位置。

6. 利用直角定位的方法将省转移到指定的位置。

7. 做 2~3 种省位转移及展开的练习。

制图实训——

上衣通用制图模板

课题名称：上衣通用制图模板

课题内容：四开身女装制图模板

四开身男装制图模板

三开身服装制图模板

制图模板的应用说明

课题时间：8课时

教学目的：本章内容是对第五章理论的具体应用与制图规范,通过本章的讲授使学生进一步加深对上衣构成原理的理解,熟练掌握上衣制图模板的绘制方法,为以后对具体款式的制图奠定基础。

教学要求：1. 通过对男女四开身制图模板的教学示范,使学生熟练掌握制图步骤与方法。

2. 通过对男女三开身制图模板的教学示范,使学生熟练掌握制图步骤与方法。

3. 通过对制图模板的应用说明,提高学生灵活运用模板解决实际问题的能力。

课前准备：阅读服装制图及相关方面的书籍,准备制图工具及多媒体课件。

第六章

上衣通用制图模板

在第五章中将上衣结构分为基础模板和应用模板两大类。其中基础模板是所有上衣结构制图的母型。应用模板是针对不同的服装结构类别,即三开身结构、四开身结构所归纳出的制图模式。基础模板强调上衣结构中的共性因素,而应用模板则着眼于具体服装类型中的个性因素。这些模板总体看来似乎雷同,但在局部造型与计算方面却各有特点,要在相互比较中区分它们之间的细微变化,并在把握模板特征的基础上举一反三,掌握各种服装款式的制图技术。

本章所述的基础模板主要包括女装四开身模板(基础型、应用Ⅰ型、应用Ⅱ型),男装四开身模板(应用Ⅰ型、应用Ⅱ型),女装三开身模板(应用型)、男装三开身模板(应用型),共计七种。对于具体款式的制图方法,将在后面的章节中分别介绍。

第一节 四开身女装制图模板

四开身女装模板分为基本型、应用Ⅰ型、应用Ⅱ型三种。其中,基本型是女装结构变化的母型,应用Ⅰ型、应用Ⅱ型都是由此演化而成的。我们之所以将其分为三种类型,目的是在今后的实际制图中,能够根据不同的款式特点直接套用相应的模板,一次性完成制图。基础模板属于全合身结构,一般用于胸腰差较大的服装制图,如礼服、连衣裙、高级成衣等。应用Ⅰ型模板是将前腰省中的1cm省量转化成前袖窿深的增加量,使前腰省减少1cm,袖窿深增加1cm,形成一种半合身结构,一般用于比较宽松的服装制图,如衬衫、夹克衫、罩衣等。应用Ⅱ型模板是在应用结构Ⅰ型模板的基础上,再一次将前腰省中的1cm省量转化成撇胸量或领省量,目的是将腰省分散处理以适应工艺需要,这种模板一般用于半合身服装中三开身结构的制图,如西装、职业装等。

一、四开身女装模板(基础型)制图

1. 制图规格

单位:cm

制图部位	腰节长	胸 围	肩 宽	领 围
成品规格	40	94	40	38

2. 制图步骤(图6-1)

①前中线,作垂线,长度=腰节长40。

②腰节线,垂直于①线,长度=1/2胸围。

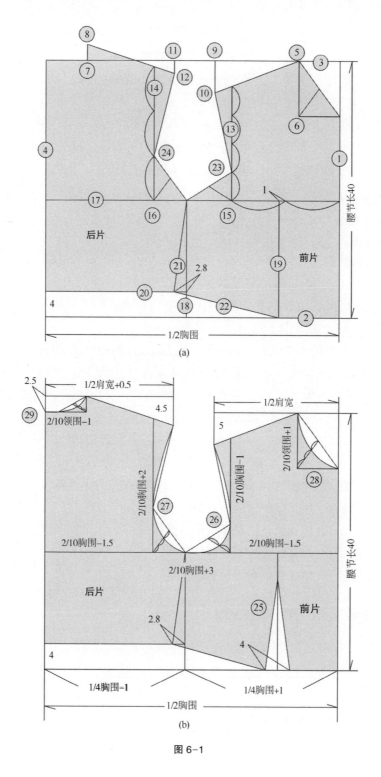

图 6-1

③衣长线，垂直于①线，长度 = 1/2 胸围。

④后中线，直线连接②线和③线的左端点，平行于①线。

⑤前横开领，过①线和③线的交点，沿③线向左 2/10 领围−1cm。

⑥前直开领，过⑤点作③线的垂线，长度＝2/10 领围+1cm。

⑦后横开领，过③线和④线的交点，沿③线向右 2/10 领围−1cm。

⑧后直开领，过⑦点作③线的垂线，长度＝2.5cm。

⑨前肩宽，过①线和③线的交点，沿③线向左 1/2 肩宽定点。

⑩前落肩量，过⑨点作③线的垂线向下 5cm 确定⑩点，直线连接⑩⑤两点确定前肩斜线。

⑪后肩宽，过③线和④线的交点，沿③线向右 1/2 肩宽+0.5cm 定点。

⑫后落肩量，过⑪点作③线的垂线向下 2cm 确定⑫点，直线连接⑫⑧两点确定后肩斜线。

⑬胸宽线，与①线平行，两线相距 2/10 胸围−1.5cm。

⑭背宽线，与④线平行，两线相距 2/10 胸围−1.5cm。

⑮前袖窿深，由胸宽线与肩斜线的交点沿胸宽线向下 2/10 胸围−1cm。

⑯后袖窿深，2/10 胸围+2cm，在前后片同幅制图中仅作参考点。

⑰袖窿深线，过⑯点作①线的垂线，两端分别与①线、④线相交。

⑱侧缝直线，平行于①线，距离①线 1/4 胸围+1cm。

⑲省位线，由前胸宽的 1/2 点向左 1cm 定点，过此点作前中线的平行线。

⑳后腰节线，过②线和⑱线的交点，沿⑱线向上 4cm 定点，过此点作②线的平行线与④线相交。

㉑侧缝斜线，过⑱线和⑳线的交点，沿⑳线向左 2.8cm 定点，与⑱线和⑳线的交点直线连接。

㉒腰节斜线，过⑲线的下端点与⑳线和㉑线的交点直线连接。

㉓前袖窿切点，在前袖窿深的 1/4 位置定点，与⑩点及⑰线和⑱线的交点直线连接。

㉔后袖窿切点，在后袖窿深的 1/3 位置定点，分别与⑫点及⑰线和⑱线的交点直线连接。

㉕前胸省，省尖距离袖窿深线 4cm，省大 4cm，以省位线⑲为中线两边均分。

㉖如图 6−1（b）所示，用弧线连接划顺前袖窿弧线。

㉗如图 6−1（b）所示，用弧线连接划顺后袖窿弧线。

㉘如图 6−1（b）所示，用弧线连接划顺前领弧线。

㉙如图 6−1（b）所示，用弧线连接划顺后领弧线。

二、四开身女装模板（应用Ⅰ型）制图

1. 制图规格

单位：cm

制图部位	腰节长	胸　围	肩　宽	领　围
成品规格	40	94	40	38

2. 制图步骤（图 6−2）

①前中线，作垂线，长度＝腰节长。

②腰节线，垂直于①线，长度＝1/2 胸围。

③衣长线，垂直于①线，长度＝1/2 胸围。

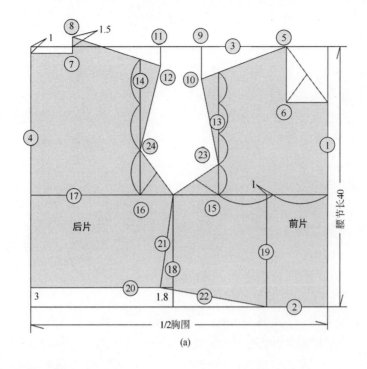

(a)

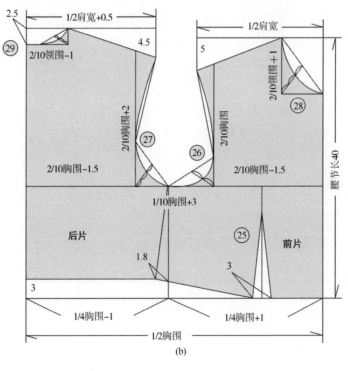

(b)

图 6-2

④后中线,直线连接②线和③线的左端点,平行于①线。

⑤前横开领,过①线和③线的交点,沿③线向左 2/10 领围−1cm。

⑥前直开领,过⑤点作③线的垂线,长度＝2/10 领围+1cm。

⑦后横开领,过③线和④线的交点,沿③线向右 2/10 领围−1cm。

⑧后直开领,过⑦点作③线的垂线,长度＝2.5cm,后片上端高于③线 1.5cm。

⑨前肩宽,过①线和③线的交点,沿③线向左 1/2 肩宽定点。

⑩前落肩量,过⑨点作③线的垂线,长度＝5cm,直线连接⑩⑤两点确定前肩斜线。

⑪后肩宽,过③线和④线的交点,沿③线向右 1/2 肩宽+0.5cm 定点。

⑫后落肩量,过⑪点作③线的垂线,长度＝3cm,直线连接⑫⑧两点确定后肩斜线。

⑬胸宽线,与①线平行,两线相距 2/10 胸围−1.5cm。

⑭背宽线,与④线平行,两线相距 2/10 胸围−1.5cm。

⑮前袖窿深,由胸宽线与肩斜线的交点沿胸宽线向下 2/10 胸围。

⑯后袖窿深,2/10 胸围+2cm,在前后片同幅制图中仅作参考点。

⑰袖窿深线,过⑯点作①线的垂线,两端分别与①线、④线相交。

⑱侧缝直线,平行于①线,距离①线 1/4 胸围+1cm。

⑲省位线,由胸宽的 1/2 点向左 1cm 定点,过此点作①线的平行线。

⑳后腰节线,过②线和⑱线的交点,沿⑱线向上 3cm 定点,过此点作②线的平行线与④线相交。

㉑侧缝斜线,过⑱线和⑳线的交点,沿⑳线向左 1.8cm 定点,与⑱线和⑰线交点直线连接。

㉒腰节斜线,过省位线⑲的下端点与⑳线和㉑线的交点直线连接。

㉓前袖窿切点,在前袖窿深的 1/4 位置定点,分别与⑩点及⑰线和⑱线的交点直线连接。

㉔后袖窿切点,在后袖窿深的 1/3 位置定点,分别与⑫点及⑰线和⑱线的交点直线连接。

㉕前胸省,省尖距离袖窿深线 4cm,省大 3cm,以省位线⑲为中线两边均分。

㉖如图 6-2(b)所示,用弧线连接划顺前袖窿弧线。

㉗如图 6-2(b)所示,用弧线连接划顺后袖窿弧线。

㉘如图 6-2(b)所示,用弧线连接划顺前领弧线。

㉙如图 6-2(b)所示,用弧线连接划顺后领弧线。

三、四开身女装模板(应用 II 型)制图

1. 制图规格

单位:cm

制图部位	腰节长	胸　围	肩　宽	领　围
成品规格	40	94	40	38

2. 制图步骤(图 6-3)

①前中线,作垂线,长度＝腰节长。

②腰节线,垂直于①线,长度＝1/2 胸围。

③衣长线,垂直于①线,长度＝1/2 胸围。

④后中线,直线连接②线和③线的左端点,平行于①线。

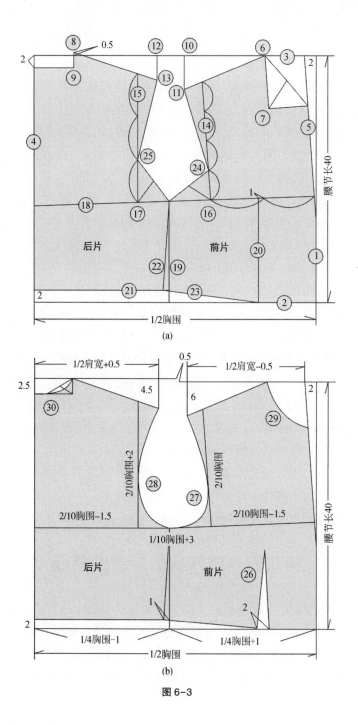

图 6-3

⑤撇胸线,过①线和③线的交点,沿③线向左 2cm 定点,过此点向下作斜线交于①线的 2/3 位置。

⑥前横开领,过⑤线和③线的交点,沿③线向左 2/10 领围-1cm。

⑦前直开领,过⑥点作③线的垂线,长度=2/10 领围+1cm。

⑧后横开领,过③线和④线的交点,沿③线向右 2/10 领围-1cm。

⑨后直开领,过⑧点作③线的垂线,长度＝2.5cm,后片上端高于③线 0.5cm。

⑩前肩宽,过⑤线和③线的交点,沿③线向左 1/2 肩宽−0.5cm 定点。

⑪前落肩量,过⑩点作③线的垂线,长度＝6cm,直线连接⑪⑥两点确定前肩斜线。

⑫后肩宽,过③线和④线的交点,沿③线向右 1/2 肩宽+0.5cm 定点。

⑬后落肩量,过⑫点作③线的垂线,长度＝4cm,直线连接⑬⑧两点确定后肩斜线。

⑭胸宽线,与撇胸线平行,两线相距 2/10 胸围−1.5cm。

⑮背宽线,与④线平行,两线相距 2/10 胸围−1.5cm。

⑯前袖窿深,由胸宽线与肩斜线的交点沿胸宽线向下量 2/10 胸围。

⑰后袖窿深,2/10 胸围+2cm,在前后片同幅制图中仅作参考点。

⑱袖窿深线,过⑯点作①线的垂线,两端分别交于①线、④线相交。

⑲侧缝直线,平行于①线,距离①线 1/4 胸围+1cm。

⑳省位线,由前胸宽的 1/2 点向左 1cm 定点,过此点作①线的平行线。

㉑后腰节线,过②线和⑲线的交点,沿⑲线向上 2cm 定点,过此点作②线的平行线与④线相交。

㉒侧缝斜线,过⑲线和㉑线的交点沿㉑线向左 1cm 定点,与⑱线和⑲线交点直线连接。

㉓腰节斜线,过省位线⑳的下端点与㉑线和㉒线的交点直线连接。

㉔前袖窿切点,在前袖窿深的 1/4 位置定点,分别与点⑪及⑲线和⑱线的交点直线连接。

㉕后袖窿切点,在后袖窿深的 1/3 位置定点,分别与点⑬及⑲线和⑱线的交点直线连接。

㉖前胸省,省尖距离袖窿深线 4cm,省大 2cm,以省位线为中线两边均分。

㉗如图 6−3(b)所示,用弧线连接划顺前袖窿弧线。

㉘如图 6−3(b)所示,用弧线连接划顺后袖窿弧线。

㉙如图 6−3(b)所示,用弧线连接划顺前领弧线。

㉚如图 6−3(b)所示,用弧线连接划顺后领弧线。

第二节　四开身男装制图模板

四开身男装模板分为应用Ⅰ型和应用Ⅱ型两种类型,均属于半合身结构。应用Ⅰ型一般用于比较宽松的服装制图,如衬衫、夹克衫、运动装等。应用Ⅱ型一般用于造型要求较高的服装制图,如西装、大衣、职业装等。这两种模板所形成的制图基本相同,区别在于应用Ⅱ型采用"撇胸"处理手法增加了省量,因而在塑造服装胸部立体形态方面优于应用Ⅰ型。

一、四开身男装模板(应用Ⅰ型)制图

1. 制图规格

单位:cm

制图部位	腰节长	胸　围	肩　宽	领　围
成品规格	44	98	44	43

2. 制图步骤（图 6-4）

①前中线，作垂线，长度=腰节长。

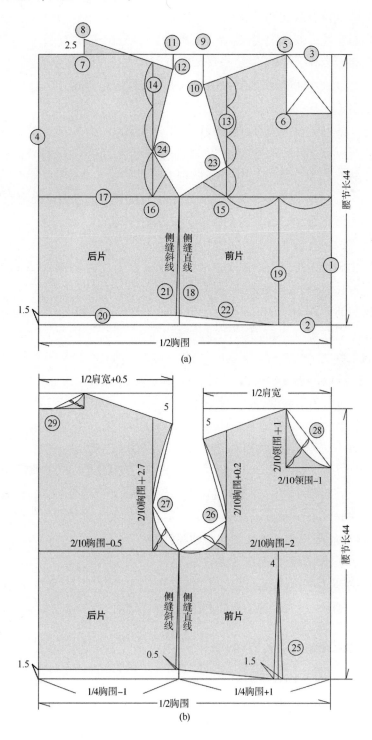

图 6-4

②腰节线，垂直于①线，长度=1/2 胸围。

③衣长线，垂直于①线，长度=1/2 胸围。

④后中线，直线连接②线和③线的左端点，平行于①线。

⑤前横开领，过①线和③线的交点，沿③线向左 2/10 领围−1cm。

⑥前直开领，过⑤点作③线的垂线，长度=2/10 领围+1cm。

⑦后横开领，过③线和④线的交点，沿③线向右 2/10 领围−1cm。

⑧后直开领，过⑦点作③线的垂线，长度=2.5cm。

⑨前肩宽，过①线和③线的交点，沿③线向左 1/2 肩宽定点。

⑩前落肩量，过⑨点作③线的垂线，长度=5cm，直线连接⑩⑤两点确定前肩斜线。

⑪后肩宽，过③线和④线的交点，沿③线向右 1/2 肩宽+0.5cm 定点。

⑫后落肩量，过⑪点作③线的垂线，长度=2.5cm，直线连接⑫⑧两点确定后肩斜线。

⑬胸宽线，与①线平行，两线相距 2/10 胸围−2cm。

⑭背宽线，与④线平行，两线相距 2/10 胸围−0.5cm。

⑮前袖窿深，由胸宽线与肩斜线的交点沿胸宽线向下量 2/10 胸围+0.2cm。

⑯后袖窿深，2/10 胸围+2.7cm，在前后片同幅制图中仅作参考点。

⑰袖窿深线，过⑮点作①线的垂直线，两端分别与①线、④线相交。

⑱侧缝直线，平行于①线，距离①线 1/4 胸围+1cm。

⑲省位线，过前胸宽的 1/2 点作①线的平行线，分别与袖窿深线和腰节线相交。

⑳后腰节线，过②线和⑱线的交点，沿⑱线向上 1.5cm 定点，过此点作②线的平行线与④线相交。

㉑侧缝斜线，过⑱线和⑳线的交点，沿⑳线的向左 0.5cm 定点，与⑱线和⑰线的交点直线连接。

㉒腰节斜线，过省位线下端点与⑳线和㉑线的交点直线连接。

㉓前袖窿切点，在前袖窿深的 1/4 位置定点，分别与点⑩及⑰线和⑱线的交点直线连接。

㉔后袖窿切点，在后袖窿深的 1/3 位置定点，分别与点⑫及⑰线和⑱线的交点直线连接。

㉕前胸省，省尖距离袖窿深线 4cm，省大 1.5cm，以省位线为中线两边均分。

㉖如图 6−4(b)所示，用弧线连接划顺前袖窿弧线。

㉗如图 6−4(b)所示，用弧线连接划顺后袖窿弧线。

㉘如图 6−4(b)所示，用弧线连接划顺前领弧线。

㉙如图 6−4(b)所示，用弧线连接划顺后领弧线。

二、四开身男装模板（应用Ⅱ型）制图

1. 制图规格

单位:cm

制图部位	腰节长	胸　围	肩　宽	领　围
成品规格	44	98	44	43

2. 制图步骤(图6-5)

①前中线,作垂线,长度=腰节长。

②腰节线,垂直于①线,长度=1/2胸围。

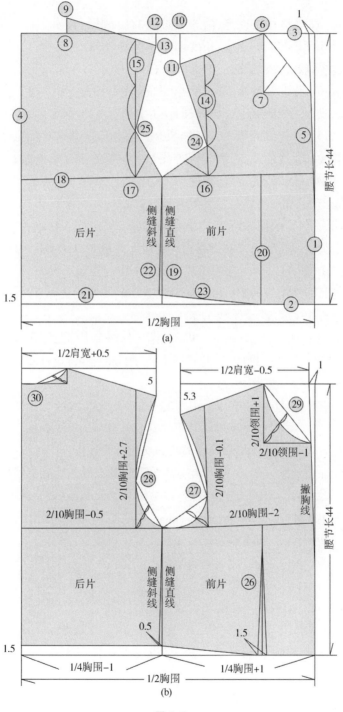

图 6-5

③衣长线，垂直于①线，长度=1/2 胸围。

④后中线，直线连接②线和③线的左端点，平行于①线。

⑤撇胸线，过①线和③线的交点，沿③线向左 1cm 定点，过此点向下作斜线交于① 线的 2/3 位置。

⑥前横开领，过⑤线和③线的交点，沿③线向左 2/10 领围−1cm。

⑦前直开领，过⑥点作③线的垂线，长度=2/10 领围+1cm。

⑧后横开领，过③线和④线的交点，沿③线向右 2/10 领围−1cm。

⑨后直开领，过⑧点作③线的垂线，长度=2.5cm，后片上端高于③线 2.5cm。

⑩前肩宽，过⑤线和③线的交点，沿③线向左 1/2 肩宽−0.5cm 定点。

⑪前落肩量，过⑩点作③线的垂线，长度=5.3cm，直线连接⑪⑥两点确定前肩斜线。

⑫后肩宽，过③线和④线的交点，沿③线向右 1/2 肩宽+0.5cm 定点。

⑬后落肩量，过⑫点作③线的垂线，长度=2cm，直线连接⑬⑨两点确定后肩斜线。

⑭胸宽线，与撇胸线平行，两线相距 2/10 胸围−2cm。

⑮背宽线，与④线平行，两线相距 2/10 胸围−0.5cm。

⑯前袖窿深，由胸宽线与肩斜线的交点沿胸宽线向下量 2/10 胸围−0.1cm。

⑰后袖窿深，2/10 胸围+2.7cm，在前后片同幅制图中仅作参考点。

⑱袖窿深线，过⑯线作①线的垂线，两端分别与①线、④线相交 。

⑲侧缝直线，平行于①线，距离①线 1/4 胸围+1cm。

⑳省位线，过前胸宽的 1/2 点作前中线的平行线，分别交于袖窿深线和腰节线。

㉑后腰节线，过②线和⑲线的交点，沿⑲线向上 1.5cm 定点，过此点作②线的平行线交于④线。

㉒侧缝斜线，过⑲线和㉑线的交点，沿㉑线向左 0.5cm 定点，与⑱线和⑲线的交点直线连接。

㉓腰节斜线，过省位线下端点与㉑线和㉒线的交点直线连接。

㉔前袖窿切点，在前袖窿深的 1/4 位置定点，分别与⑪点及⑲线和⑱线的交点直线连接。

㉕后袖窿切点，在后袖窿深的 1/3 位置定点，分别与⑬点及19线和⑱线的交点直线连接。

㉖前胸省，省尖距离袖窿深线 4cm，省大 1.5cm，以省位线为中线两边均分。

㉗如图 6-5(b)所示，用弧线连接划顺前袖窿弧线。

㉘如图 6-5(b)所示，用弧线连接划顺后袖窿弧线。

㉙如图 6-5(b)所示，用弧线连接划顺前领弧线。

㉚如图 6-5(b)所示，用弧线连接划顺后领弧线。

第三节　三开身服装制图模板

三开身模板是在四开身模板基础上生成的，它与四开身模板相比较有两大优点：一是通过侧缝线向后移位，在背宽线与胁省线之间构成独立的"腋面"，从而为服装的立体造型提供了便利;二是将四开身结构中全省量的1/2,分别转化为袖窿省和撇胸量,在保证衣片完整的前提下,最大限度地提高了服装的塑形效果。三开身结构通常被用于西服等正装类服装的制图。

一、三开身女装模板制图

1. 制图规格

单位:cm

制图部位	衣 长	腰节长	胸 围	肩 宽	袖 长	袖 口	领 围
成品规格	66	40	94	40	55	15	38

2. 制图步骤(图6-6)

①前中线,作水平线,长度=衣长。

②底边线,垂直于①线,长度=1/2胸围+2.5cm。

③衣长线,垂直于①线,长度=1/2胸围+2.5cm。

④后中线,直线连接②线和③线的上端点,平行于①线。

⑤腰节线,平行于③线,与③线的距离为腰节长。

⑥撇胸线,过①线和③线的交点,沿③线向上2cm定点,在①线上取⑤线至③线间的1/3位置定点,直线连接两点。

⑦前横开领,过⑥线和③线的交点,沿③线向上2/10领围-1cm确定⑦点。

⑧前直开领,过⑦点作③线的垂线,长度=2/10领围+1cm。

⑨后横开领,过③线和④线的交点,沿③线向下2/10领围-1cm确定⑨点。

⑩后直开领,过⑨点作③线的垂线,长度=2.5cm,后片上端高于③线0.5cm。

⑪前肩宽,过⑥线和③线的交点,沿③线向上1/2肩宽-0.5cm确定⑪点。

⑫前落肩量,过⑪点作③线的垂线,长度=6cm,直线连接⑫⑦两点,确定前肩斜线。

⑬后肩宽,过③线和④线的交点,沿③线向下1/2肩宽+0.5cm确定⑬点。

⑭后落肩量,过⑬点作③线的垂线,长度=4.5cm,直线连接⑭⑩两点确定后肩斜线。

⑮胸宽线,与撇胸线平行,两线相距2/10胸围-1.5cm。

⑯背宽线,与④线平行,两线相距2/10胸围-0.5cm。

⑰前袖窿深,由胸宽线与肩斜线的交点沿胸宽线向左2/10胸围+0.5cm。

⑱后袖窿深,2/10胸围+2cm,在前后片同幅制图中仅作参考点。

⑲袖窿深线,过前袖窿深⑰点作①线的垂线,两端分别与①线、④线相交。

⑳侧缝直线,将背宽线向左延长交于底边线。

㉑袋位线,在①线至⑳线之间作⑤线的平行线,距离⑤线8cm。

㉒后腰节线,过⑳线和⑤线的交点,沿⑳线向右2cm定点,过此点作⑤线的平行线交于④线。

㉓腰节斜线,在⑤线上取①线至⑳线之间的1/2位置定点,与⑳线和㉒线的交点直线连接。

㉔后底边线,在④线与⑳线之间作②线的平行线,距离②线2cm。

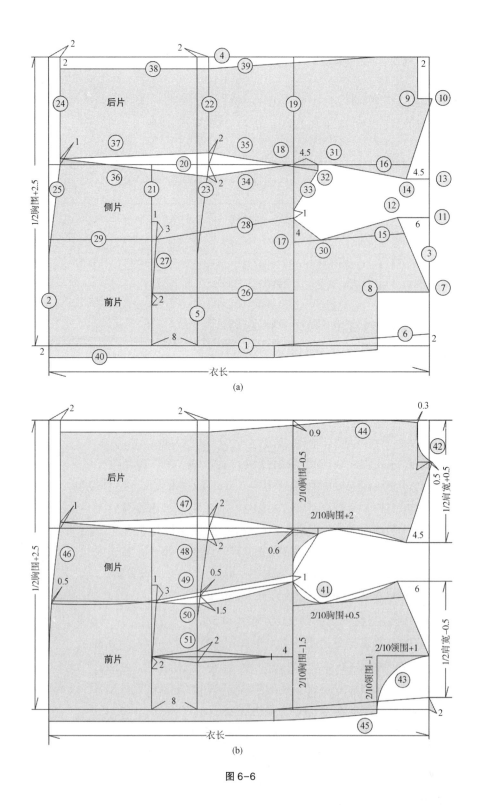

(a)

(b)

图 6-6

㉕前底边斜线,在②线上取①线至⑳线之间的 1/2 位置定点,与㉔线和⑳线的交点直线

连接。

㉖省位线，过前胸宽的 1/2 点作①线的平行线，交于袋位线。

㉗大袋口线，过㉑线和㉖线的交点，沿㉑线向下 2cm 定点，过此点向上量袋口大，袋口线上端点向右倾斜 1cm。

㉘侧省线，在袖窿深⑲线上距离⑰点 4cm 处定点，在袋口线上距离上端点 3cm 处定点，直线连接两点。

㉙分割线，过㉘线的左端点作①线的平行线，交于②线。

㉚前袖窿切点，在前袖窿深的 1/4 位置定点，分别与⑫点及㉘线的右端点直线连接。

㉛后袖窿切点，在后袖窿深的 1/3 位置定点，与⑭点直线连接。

㉜袖窿起翘点，过⑲线和⑳线的交点，沿⑳线向右 4.5cm 定点，过此点向下 1cm 确定㉜点。

㉝袖窿起翘线，过⑲线和㉘线的交点，沿⑲线向上 1cm 定点，与㉜点直线连接。

㉞前胸腰斜线，过⑳线和㉓线的交点，沿㉓线向下 2cm 定点，与⑳线和⑲线的交点直线连接。

㉟后胸腰斜线，过⑳线和㉒线的交点，沿㉒线向上 2cm 定点，与㉜点直线连接。

㊱前臀腰斜线，过⑳线和㉔线的交点，沿㉔线向上 1cm 定点，与㉓线和㉞线的交点直线连接。

㊲后臀腰斜线，过前臀腰斜线㊱的左端点与㉒线和㉟线的交点直线连接。

㊳背缝直线，在㉔与㉒线之间作④线的平行线，距离④线 2cm。

㊴背缝斜线，过㊳线的右端点向④线作斜线，交于后袖窿深 1/3 位置。

㊵叠门线，左侧平行于①线，右侧平行于撇胸线，距离①线 2cm。

㊶～㊿如图 6-1(b)所示，分别用弧线连接划顺前、后袖窿弧线㊶、后领弧线㊷、前领弧线㊸、背缝线㊹、前止口线㊺、底边线㊻、后侧缝线㊼、前侧缝线㊽、侧片分割线㊾、前片分割线㊿。

(51)如图 6-1(b)所示，前省大 2cm，上端省尖距离袖窿深线 4cm。

二、三开身男装模板制图

男装三开身结构制图模板是在男装应用Ⅱ型模板的基础上，将袖窿深增加 1cm，计算公式由原来的 2/10 胸围-0.1cm 变成 2/10 胸围+0.9cm，后袖窿深由原来的 2/10 胸围+2.7cm 变成 2/10 胸围+3.7cm。这种调整是为了增加袖山高度，改善袖的造型。

1. 制图规格

单位：cm

制图部位	衣　长	胸　围	肩　宽	袖　长	领　围	袖　口
成品规格	77	108	45	59	44	16

2. 制图步骤（图 6-7）

①前中线，作水平线，长度=衣长。

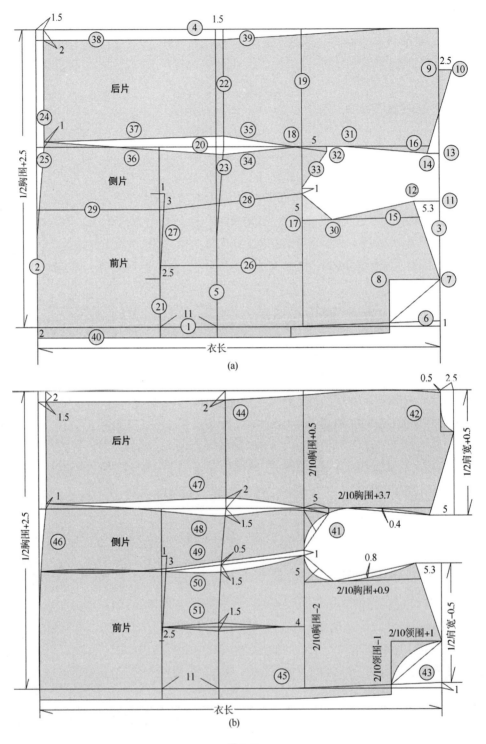

图 6-7

②底边线，垂直于①线，长度 = 1/2 胸围 +2.5cm。

③衣长线，垂直于①线，长度 = 1/2 胸围 +2.5cm。

④后中线,直线连接②线和③线的上端点,平行于①线。

⑤腰节线,平行于③线,与③线的距离为 1/2 衣长+4cm。

⑥撇胸线,过①线和③线的交点,沿③线向上 1cm 定点,在①线上取⑤至③线间的 1/3 位置定点,直线连接两点。

⑦前横开领,过⑥线和③线的交点,沿③线向上 2/10 领围−1cm 确定⑦点。

⑧前直开领,过⑦点作③线的垂线,长度=2/10 领围+1cm。

⑨后横开领,过③线和④线的交点,沿③线向下 2/10 领围−1cm 确定⑨点。

⑩后直开领,过⑨点作③线的垂线,长度=2.5cm。

⑪前肩宽,过⑥线和③线的交点,沿③线向上 1/2 肩宽−0.5cm 确定⑪点。

⑫前落肩量,过⑪点作③线的垂线,长度=5.3cm,直线连接⑫⑦两点确定前肩斜线。

⑬后肩宽,过③线和④线的交点,沿③线向下 1/2 肩宽+0.5cm 确定⑬点。

⑭后落肩量,过⑬点作③线的垂线,长度=2.5cm,直线连接⑭⑩两点确定后肩斜线。

⑮胸宽线,与撇胸线平行,两线相距 2/10 胸围−2cm。

⑯背宽线,与④线平行,两线相距 2/10 胸围+0.5cm。

⑰前袖窿深,由胸宽线与肩斜线的交点沿胸宽线向左量 2/10 胸围+0.9cm。

⑱后袖窿深,2/10 胸围+3.7cm,在前后片同幅制图中仅作参考点。

⑲袖窿深线,过前袖窿深⑰点作①线的垂线,并向两端延长分别与①线、④线相交。

⑳侧缝直线,将背宽线向左延长交于底边线②。

㉑袋位线,在①线至⑳线之间作⑤线的平行线,距离⑤线 11cm。

㉒后腰节线,过⑳线和⑤线的交点,沿⑳线向右 1.5cm 定点,过此点作④线的垂线。

㉓腰节斜线,在⑤线上取①线至⑳线之间的 1/2 位置定点,与⑳线和㉒线的交点直线连接。

㉔后底边线,在④线与⑳线之间作②线的平行线,距离②线 1.5cm。

㉕前底边斜线,在②线上取①线至⑳线之间的 1/2 位置定点,与㉔线和⑳线的交点直线连接。

㉖省位线,过前胸宽的 1/2 点作①线的平行线,交于袋位线。

㉗大袋口线,过㉑线和㉖线的交点,沿㉑线向下 2.5cm 定点,再过此点向上测量袋口大 16cm,袋口线的上端点向右起翘 1cm。

㉘侧省线,在⑲线上过⑰点向上 5cm 定点,再由袋口线㉗的上端点向下 3cm 定点,直线连接两点。

㉙分割线,过㉘线的左端点作①线的平行线,交与②线。

㉚前袖窿切点,在前袖窿深的 1/4 位置定点,分别与⑫点及㉘线的右端点直线连接。

㉛后袖窿切点,在后袖窿深的 1/3 位置定点,与⑭点直线连接。

㉜袖窿起翘点,过⑲线和⑳线的交点,沿⑳线向右 5cm 定点,过此点垂直向下 1cm 确定㉜点。

㉝袖窿起翘线,过⑲线和㉘线的交点,沿⑲线向上 1cm 定点,与㉜点直线连接。

㉞前胸腰斜线,过⑳线和㉓线的交点,沿㉓线向下 1.5cm 定点,与⑳线和⑲线的交点直线

连接。

㉟后胸腰斜线，过⑳线和㉒线的交点，沿㉒线向上 2cm 定点，与㉜点直线连接。

㊱前臀腰斜线，过⑳线和㉔线的交点，沿㉔线向上 1cm 定点，与㉓线和㉞线交点直线连接。

㊲后臀腰斜线，过前臀腰斜线㊱的左端点与㉒线和㉟线的交点直线连接。

㊳背缝直线，在㉔与㉒线之间作④线的平行线，距离④线 2cm。

㊴背缝斜线，在④线上取后袖窿深的 1/3 位置定点，与㊳线的右端点直线连接。

㊵叠门线，左侧平行于①线，右侧平行于撇胸线，距离①线 2cm。

㊶～㊿如图 6-7（b）所示，分别用弧线连接划顺前、后袖窿弧线㊶、后领窝线㊷、前领窝线㊸、背缝线㊹、前止口线㊺、底边线㊻、后侧缝线㊼、前侧缝线㊽、侧片分割线㊾、前片分割线㊿。

(51)如图 6-7（b）所示，前省大 1.5cm，上端省尖距离袖窿深线 4cm。

第四节　制图模板的应用说明

在前面的章节中，我们分别介绍了七种类型的服装模板及制图方法，这些模板的结构原理都是共通的，区别仅仅在于某些细节处理手法上的差异。我们之所以将这些共性的结构原理分解并转化成不同的制图模板，主要目的是方便学习和应用。模板概念的提出是为了强调制图的通用性。从服装教学方法论的角度分析，将复杂的服装款式制图概括成简单的制图模板，有利于教学的条理性和系统性，有助于学生循序渐进，举一反三，提高学习效率。因此，对于这些模板的学习，不仅要明白原理，而且要熟练掌握绘制的程序与方法。要将制图模板的学习过程当作专业基本功训练的一项重要任务来完成。

制图模板仅仅是一种制图的参照和规范，并非是一成不变的死套路。因为模板是对理想化人体形态作平面分解后产生的制图，它与实际当中的人体形态并不完全适应。另外，服装的款式造型历来是随着流行而不断变化的，这种变化必然导致服装制图的改变。因此，不但要熟练掌握模板的绘制，更重要的是要学会灵活应用模板来进行具体服装的制图，所以在实际制图中，对于模板的应用要注意以下几个方面。

一、树立整体造型与结构平衡优先地位的制图观念

所谓整体造型，是指服装成品通过外观形态所呈现出的综合视觉印象，是服装设计和生产中追求的最重要的评价指标。结构平衡有两方面的含义，一是指构成服装整体的各个部位之间的规格数据科学、合理，即肩宽与胸宽、胸围与腰围、腰围与臀围等制图控制部位的设计参数避免极端化；二是指服装制图中整体与局部之间的配合关系能够满足服装造型、材料及生产技术的需求。我们之所以强调整体造型与结构平衡的优先地位，是因为整体造型是服装审美的主要对象，而结构平衡是服装整体造型完美的基础与保证。

前面所介绍的服装制图模板，是基于理想化的人体形态与常规服装规格产生的，但在具体款式的制图当中，人体及服装规格却不一定完全符合理想化要求。原因之一是服装的设计形态与理想人体形态之间，因流行或某种特定需要而有较大的差异，这种差异导致了制图模板的相

对性。设计人员不能机械地套用制图模板,而应当根据实际情况灵活应用。原因之二是服装设计形态的改变必然带来服装规格的变化,设计中经常采用夸张与变形手法,使服装造型超越人体自然形态,导致服装各部位之间数理关系发生变化。这就要求设计人员必须科学地处理相关数据之间的平衡问题。

二、加强对计算公式原理及修正值的研究与应用

服装制图中需要借助公式计算来获取相关部位的数值。这些计算公式源于人体数学模型,同时又兼顾服装的设计形态与机能性要求。计算公式是以服装主要部位的规格为参数,按照一定的比率关系求出制图所需的相关数值。计算公式由比率和修正值两部分构成,如袖窿深= $2/10$ 胸围 $-1cm$,袖山高 $=1.5/10$ 胸围 $-0.3cm$ 等,其中 $2/10$ 胸围或 $1.5/10$ 胸围是比率,$1cm$ 和 $0.3cm$ 是修正值。修正值中也包含了两种成分:一是在原始比率简化的过程中产生的误差值,二是在实际制图中因款式造型需要而增加的调节值。例如,袖窿深计算公式的原始比率为 $1.84/10$ 胸围,调整成 $2/10$ 胸围后产生了 $1.6/10$ 胸围的误差,按照平均胸围 $100cm$ 计算得出 $1.6cm$ 的误差值。用这一误差值对计算公式进行修正后得出 $2/10$ 胸围 $-1.6cm$。如果将袖窿深增加 $0.6cm$ 的间隙量,则计算公式变成了 $2/10$ 胸围 $-1cm$,其中的 $0.6cm$ 属于调节值。

在实际制图中,调节值关系到服装的结构变化,也关系到服装局部的造型,因而在教学中引导学生分清修正值中哪些属于误差值,哪些属于调节值是十分必要的。由于修正值的隐蔽性给初学制图者带来了一定的混乱,认为服装制图中有繁杂的计算公式,其实不过是一套公式的不同应用。

三、灵活处理服装省量与款式造型特征间的关系

"省"是处理服装表面起伏的造型手法,省量大小决定服装表面起伏量的大小。服装中的起伏量除了受人体胸腰差、臀腰差原始数据的影响之外,还要考虑具体款式造型的特点。一般而言,紧身型服装(如晚礼服)的最大省量等于或近似于人体胸腰差,服装的造型越宽松,制图中设计的省量越小。大于人体胸腰差的省量从理论上讲是行不通的,因为那样会使凸出的部位因悬空而出现很多褶皱,特殊要求的服装(如表演装)另当别论。

对于成衣设计来说,腰部的间隙量往往要大于胸部的间隙量,以满足人体运动的需要。因此,成衣中的腰省量一般取人体胸腰差的 $2/3$ 左右。

四、把握制图中弧线的形状与塑型效果的对应关系

服装制图中的弧线既是制图的重点,也是制图的难点。之所以为重点是因为服装制图中的弧线是对应人体的起伏量而设计的,对制图的精确程度有着至关重要的意义。之所以为难点是因为人体表面的起伏形态复杂而无规则,导致制图中弧线的形状难以形成规范。为了在制图中限定弧线的凹凸量,加进了许多"定数"。值得注意的是,制图中的所有"定数"都是相对的,是在特定款式与特定规格前提条件下的"经验数值"。定数的作用仅仅是帮助初学者学习制图的手段,切不可将其作为固定的模式。教学实践表明,长期囿于制图定数只能成为制图模板的复

制者,缺乏应对实际问题的能力。在服装制图的教学与学习过程中,应当引起教师和学生的足够重视。

既然制图中的弧线难以用理性的方法来控制,那就需要充分发挥感性思维的作用。选择人体中起伏变化突出的部位,分别用立体裁剪和平面制图的方法提取裁片,再将通过立裁获取的裁片与平面制图产生的衣片图形作比较,分析两者之间的差异。通过对人体整体与局部的形态作平面分解试验,从感性上把握人体表面形态与制图弧线的对应关系,从中发现弧线的变化规律。

五、明确特定材料与特定工艺对于制图的具体要求

服装造型是由款式、工艺、材料等因素构成的,这些因素都不同程度地对制图产生影响。其一,服装的款式造型因流行或穿着对象不同而有所差异,要求制图中的结构处理必须与特定的款式造型相适应。其二,服装是由特定的材料包括面料、里料、辅料构成的,由于不同材料的塑性特点有所差异,要求制图必须考虑材料的厚薄、疏密、软硬、伸缩等可加工因素。其三,服装必须经过一定的生产工艺才能成形,因工艺不同而对裁片的缝份、吃势以及部件之间的吻合关系等要求也不相同,要求制图必须满足特定工艺的技术要求。

思考练习与实训

一、基础知识

1. 简述男装制图模板的类型及应用范围。
2. 简述女装制图模板的类型及应用范围。
3. 在实际制图中如何应用制图模板?
4. 计算公式中修正值与调节值有何区别?

二、制图实践

1. 女装三种制图模板的绘制。
2. 男装两种制图模板的绘制。
3. 女装三开身制图模板的绘制。
4. 男装三开身制图模板的绘制。

应用理论　制图实训——

四开身结构应用制图

课题名称：四开身结构应用制图

课题内容：普通女衬衫制图

短袖立领女衬衫制图

普通男衬衫制图

短袖男衬衫制图

女式休闲卫衣制图

男式棒球服制图

课题时间：20 课时

教学目的：通过本章的制图示范,使学生掌握四开身服装的计算与制图方法,并在教师的指导下完成教材中规定款式的制图实践。

教学要求：1. 使学生在理解四开身结构原理的前提下熟练掌握制图步骤与方法。

2. 使学生能够针对具体款式的造型特点灵活运用计算公式及调节值。

3. 使学生能够根据人体结构特征准确地处理制图中的弧线。

4. 使学生能够根据款式造型特征合理计算放松量及省量。

课前准备：阅读服装制图及相关方面的书籍,准备制图工具及多媒体课件。

第七章

四开身结构应用制图

第一节　普通女衬衫制图

一、造型概述

如图 7-1 所示,普通女衬衫采用女装应用Ⅰ型模板。在前后片上各设计一个省,连贴边,单片袖,翻领。由于这种衬衫属于宽松型结构,所以前片的腰省量由原来的 3cm 减少为 2.5cm,前后袖窿深同时增加 1cm。为了便于运动,将后背宽度增加 0.5cm,由原来的 2/10 胸围-1.5cm 变成 2/10 胸围-1cm,袖山的高度适量减小,袖肥相应增大。

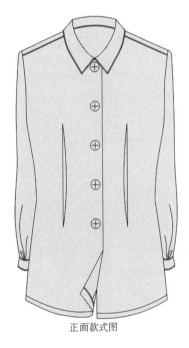 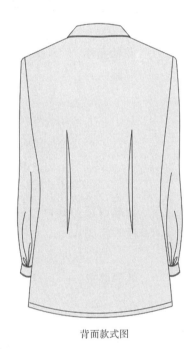

正面款式图　　　　　　　　背面款式图

图 7-1

二、制图规格

单位:cm

制图部位	衣 长	腰节长	胸 围	肩 宽	袖 长	袖口围	领 围
成品规格	65	40	94	41	55	30	40

三、衣身制图（图7-2）

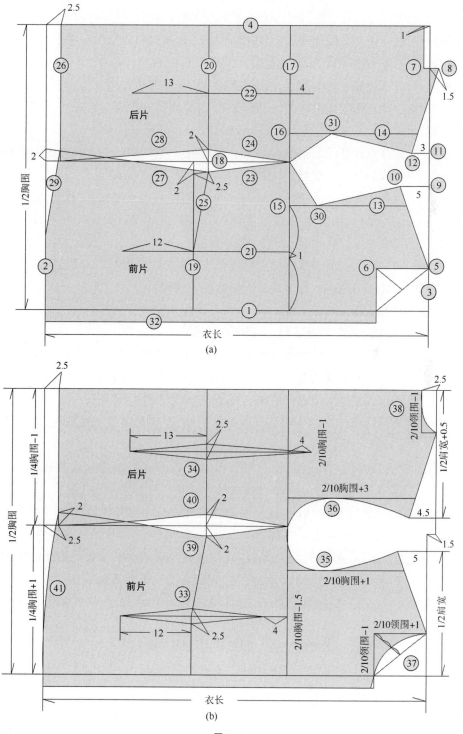

图 7-2

①前中线,作水平线,长度＝衣长。

②底边线,垂直于①线,长度＝1/2 胸围。

③衣长线,垂直于①线,长度＝1/2 胸围。

④后中线,直线连接②线、③线的上端点,平行于①线。

⑤前横开领,过①线和③线的交点,沿③线向上 2/10 领围−1cm 定点。

⑥前直开领,过⑤点作③线的垂线,长度＝2/10 领围+1cm。

⑦后横开领,过③线和④线的交点,沿③线向下 2/10 领围−1cm 定点。

⑧后直开领,过⑦点作③线的垂线,长度＝2.5cm,右端超出③线 1.5cm。

⑨前肩宽,过①线和③线的交点,沿③线向上 1/2 肩宽定点。

⑩前落肩量,过⑨点作③线的垂线向左 5cm 确定⑩点,直线连接⑩⑤两点确定前肩斜线。

⑪后肩宽,过③线和④线的交点,沿③线向下 1/2 肩宽+0.5cm 定点。

⑫后落肩量,过⑪点作③线的垂线向左 3cm 确定⑫点,直线连接⑫⑧两点确定后肩斜线。

⑬胸宽线,与①线平行,两线相距 2/10 胸围−1.5cm。

⑭背宽线,与④线平行,两线相距 2/10 胸围−1cm。

⑮前袖窿深,由胸宽线与肩斜线的交点沿胸宽线向左 2/10 胸围+1cm 确定⑮点。

⑯后袖窿深,2/10 胸围+3cm,在前后片同幅制图中仅作参考点。

⑰袖窿深线,过⑮点作①线的垂线,两端分别与①线、④两线相交。

⑱侧缝直线,平行于①线,距离①线 1/4 胸围+1cm。

⑲前腰节线,在①线与⑱线之间作③线的平行线,距离③线的距离等于腰节长规格。

⑳后腰节线,过⑱线和⑲线的交点,沿⑱线向右 2.5cm 定点,过此点作④线的垂线。

㉑前腰省线,由前胸宽的 1/2 点向上 1cm 定点,过此点作①线的平行线。

㉒后腰省线,过后腰节线⑳的中点作④线的平行线,左端超出腰节线 13cm,右端超出袖窿深线 4cm。

㉓前胸腰斜线,过⑱线和⑲线的交点,沿⑲线向下 2cm 定点。与⑰线和⑱线的交点直线连接。

㉔后胸腰斜线,过⑱线和⑳线的交点,沿⑳线向上 2cm 定点,与⑰线和⑱线的交点直线连接。

㉕腰节斜线,过⑲线和㉓线的交点,沿㉓线向右 2.5cm 定点,与⑲线和㉑线的交点直线连接。

㉖后底边线,在④线与⑱线之间作②线的平行线,与②线相距 2.5cm。

㉗前臀腰斜线,过②线和⑱线的交点,沿②线向上 2cm 定点,与㉓线和㉕线的交点直线连接。

㉘后臀腰斜线,过⑱线和㉖线的交点与⑳线和㉔线的交点直线连接。

㉙底边斜线,在②线上取①线与⑱线间的 1/2 位置定点,与㉖线和㉗线的交点直线连接。

㉚前袖窿切点,在前袖窿深的 1/4 位置定点,分别与⑩点及⑰线和⑱线的交点直线连接。

㉛后袖窿切点,在后袖窿深的 1/3 位置定点,分别与⑫点及⑰线和⑱线的交点直线连接。

㉜叠门线,在②线与⑥线之间作①线的平行线,两线相距 2cm。

㉝前腰省大,如图 7-2(b)所示,右端省尖距离袖窿深线 4cm,左端省尖距离腰节线 12cm,省大 2.5cm。

㉞后腰省大,如图 7-2(b)所示,右端省尖超过袖窿深线 4cm,左端省尖距离腰节线 13cm,省大 2.5cm。

㉟~㊶如图 7-2(b)所示,用弧线连接划顺前袖窿弧线㉟、后袖窿弧线㊱、前领窝线㊲、后领窝线㊳、前片侧缝线㊴、后片侧缝线㊵、底边线㊶。

四、袖子制图(图 7-3)

在进行袖子制图之前,先用软尺在制图上测量袖窿弧线的长度,确定袖窿围,然后按照下面的步骤进行制图。

①袖中线,作垂线,长度=袖长-袖头宽 3cm。

②袖山高基线,过①线的上端点向下 1.5/10 胸围-2cm 定点,过此点作①线的垂线。

③袖山斜线,过①线上端点向②线作斜线,长度为 1/2 袖窿围。

④袖口线,过①线下端点作①线的垂线,长度为 1/2 袖口围。

⑤袖肥斜线,直线连接②线与④线的右端点。

⑥以①线为中线作②线的对称线。

⑦以①线为中线作③线的对称线。

⑧以①线为中线作④线的对称线。

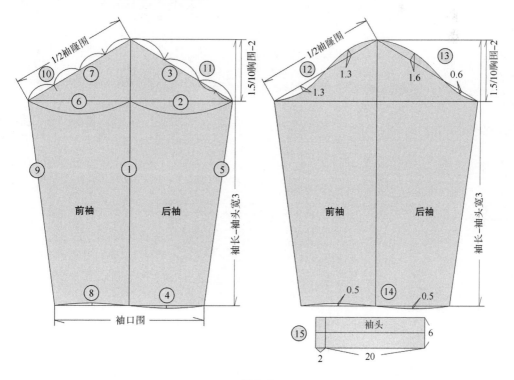

图 7-3

⑨以①线为中线作⑤线的对称线。

⑩将前袖山斜线 4 等分,确定 4 个等分点。

⑪将后袖山斜线 3 等分,确定 3 个等分点。

⑫~⑭如图 7-3(b)所示,分别用弧线划顺前袖山弧线⑫、后袖山弧线⑬、袖口线⑭。

⑮按照图 7-3(b)中所标注的数据绘制袖头。

五、领子制图(图 7-4)

①领下口线,作水平线,长度 = 1/2 领窝。

②后领中线,过①线的左端点作①线的垂线,长度 = 7cm。

③前领中线,过①线的右端点作①线的垂线,长度 = 7cm。

④领上口线,直线连接②线和③线的上端点,平行于①线。

⑤松量基线,过①线和②线的交点,沿①线向右量取 1/2 后领窝定点,过此点作①线的垂线,长度 = 10cm。

⑥变动松量,由⑤线的上端点向右斜量,长度公式:(翻领宽-领座宽)÷领总宽×12(总领宽 7cm、领座宽 2cm、翻领宽 5cm、变动松度 5.1cm)计算。

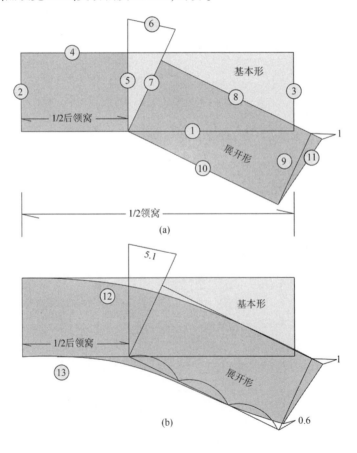

图 7-4

⑦松量夹角线,过①线和⑤线的交点,直线连接⑥线的右端点,长度与⑤线相等。

⑧上口斜线,过①线和⑦线的交点,沿⑦线向上 7cm 定点,过此点作⑦线的垂线,长度为⑤至③线间的水平距离。

⑨前领斜线,过⑧线的右端点作⑧线的垂线,长度与③线相等。

⑩下口斜线,直线连接⑦线与⑨线的下端点。

⑪领角斜线,过⑧线和⑨线的交点,沿⑧线向右延长 1cm 定点,与⑨线和⑩线的交点直线连接。

⑫如图 7-4(b)所示,用弧线连接划顺领上口线。

⑬如图 7-4(b)所示,用弧线连接划顺领下口线,领角起翘 0.6cm。

六、加放缝份(图 7-5)

按照图 7-5 中所标注的数据加放缝份并标明剪口位置。

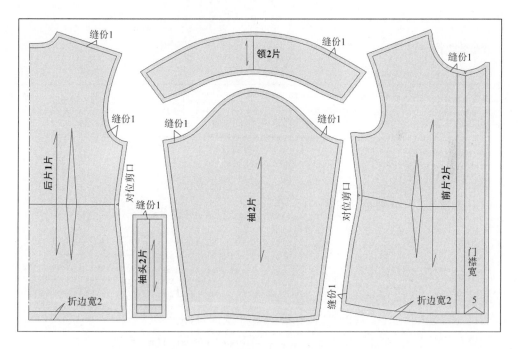

图 7-5

第二节　休闲女衬衫制图*

一、造型概述

如图 7-6 所示,这款休闲衬衫属于宽松型。在前后衣身上有侧褶的设计,袖型为泡泡袖,翻领。由于这种衬衫属于宽松结构,所以无腰省量。为了符合款式要求,后背宽度增加 0.5cm,

由原来的 2/10 胸围-1.5cm 变成 2/10 胸围-1cm。

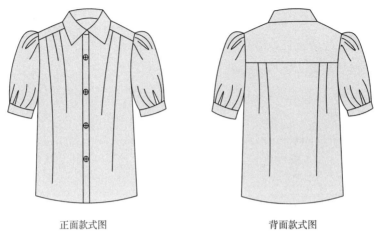

正面款式图　　　　　　　　　背面款式图

图 7-6

二、制图规格

单位:cm

制图部位	衣 长	腰节长	胸 围	肩 宽	袖 长	袖门围	领 围
成品规格	58	39	94	40	24	30	38

三、衣身制图(图7-7)

①前中线,作水平线,长度=衣长。

②底边线,垂直于①线,长度=1/2 胸围。

③衣长线,垂直于①线,长度=1/2 胸围。

④后中线,直线连接②线、③线的上端点,平行于①线。

⑤前横开领,过①线和③线的交点,沿③线向上 2/10 领围-1cm 定点。

⑥前直开领,过⑤点作③线的垂线,长度=2/10 领围+1cm。

⑦后横开领,过③线和④线的交点,沿③线向下 2/10 领围-1cm 定点。

⑧后直开领,过⑦点作③线的垂线,长度=2.5cm,右端超出③线 1.5cm。

⑨前肩宽,过①线和③线的交点,沿③线向上 1/2 肩宽定点。

⑩前落肩量,过⑨点作③线的垂线向左 5cm 确定⑩点,直线连接⑩⑤两点确定前肩斜线。

⑪后肩宽,过③线和④线的交点,沿③线向下 1/2 肩宽+0.5cm 定点。

⑫后落肩量,过⑪点作③线的垂线向左 3cm 确定⑫点,直线连接⑫⑧两点确定后肩斜线。

⑬胸宽线,与①线平行,两线相距 2/10 胸围-1.5cm。

⑭背宽线,与④线平行,两线相距 2/10 胸围-1cm。

⑮前袖窿深,由胸宽线与肩斜线的交点沿胸宽线向左 2/10 胸围确定⑮点。

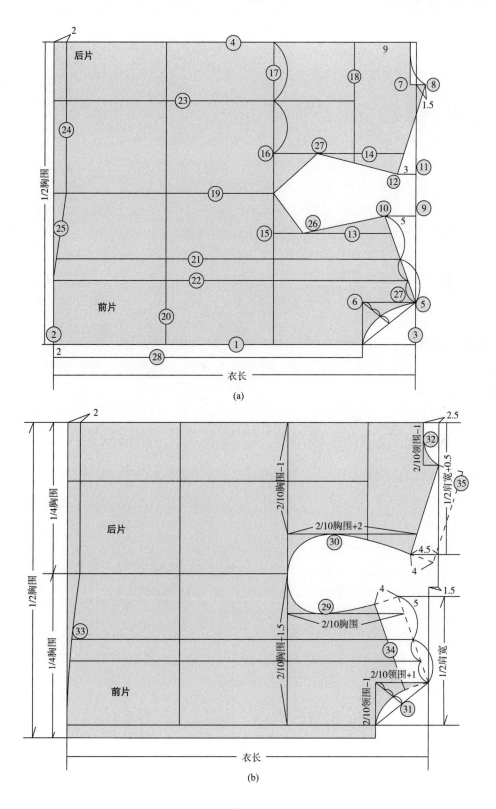

图 7-7

239

⑯后袖窿深,由背宽线与肩斜线的交点沿背宽线向左 2/10 胸围+2cm 确定⑯点。

⑰袖窿深线,直线连接⑮⑯两点并向两端延长分别与①线、④线相交。

⑱育克线,过后领窝与后中线的交点向左 9cm 定点,过此线作后中线的垂线并交于后袖窿,确定育克线。

⑲侧缝直线,平行于①线,距离①线 1/4 胸围。

⑳腰节线,在①线与④线之间作③线的平行线,距离③线等于腰节长规格。

㉑前褶展开线,将前肩斜平分,在前肩斜 1/2 处作②线的垂线。

㉒前褶展开线,平行于㉑线,在前肩斜的 1/4 处作②线的垂线。

㉓后褶展开线,平分背宽线,沿背宽线 1/2 处分别向②线和⑱线作垂线。

㉔后底边线,在②线与⑱线之间作②线的平行线,与②线相距 2cm。

㉕底边斜线,在②线上取①线与⑲线间的 1/2 位置定点,与⑲线和㉔线的交点直线连接。

㉖前袖窿切点,在前袖窿深的 1/4 位置定点,分别与⑩及与⑰线和⑲线的交点直线连接。

㉗后袖窿切点,在后袖窿深的 1/3 位置定点,分别与⑫点及与⑰线和⑲线的交点直线连接。

㉘叠门线,在②线与⑥线之间作①线的平行线,两线相距 2cm。

㉙~㉝如图 7-7(b)所示,用弧线划顺前袖窿弧线㉙、后袖窿弧线㉚、前领窝线㉛、后领窝线㉜、底边线㉝。

㉞如图 7-7(b)所示,在前衣片制图上将肩斜线平行向左移位 4cm,确定前育克线。

㉟如图 7-7(b)所示,将前肩部位减少的量移植在后肩部位。

四、袖子制图(图 7-8)

在进行袖子制图之前,先用软尺在制图上测量袖窿弧线的长度,确定袖窿围,然后按照下面的步骤进行制图。

①袖中线,作垂直线,长度=袖长-袖头宽 3cm。

②袖山高基线,过①线的上端点向下 1.5/10 胸围+0.5cm 定点,过此点作①线的垂线。

③后袖山斜线,过①线上端点向②线作斜线,长度为 1/2 后袖窿围。

④后袖肥线,沿②线与③线的交点作②线的垂线。

⑤后袖口线,直接连接①线与④线的下端点。

⑥前袖山斜线,过①线上端点向②线作斜线,长度为 1/2 前袖窿围。

⑦后袖肥线,沿②线与⑥线的交点作②线的垂线。

⑧后袖口线,直接连接①线与⑦线的下端点。

⑨将⑥线四等分,确定四个等分点。

⑩将③线三等分,确定三个等分点。

⑪如图 7-13(b)所示,用弧线画顺前袖山弧线。

⑫如图 7-13(b)所示,用弧线画顺后袖山弧线。

⑬⑭如图 7-13(c)所示,将袖口线及袖山线四等分,每份加入 4cm 褶量。

⑮按照图 7-13(d)中所标注的数据绘制袖头。

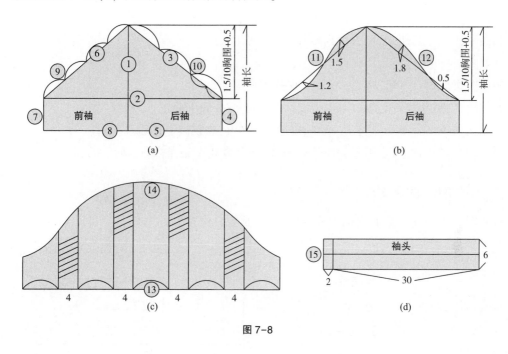

图 7-8

五、领子制图(图 7-9)

①作水平线 AB = 1/2 领窝。

②分别过 A、B 两点作 AB 的垂线 AC 和 BD。

③取 AC = BD = 领高 2.5cm,直线连接 CD。

④在 CD 线上取 DE = 1cm 确定 E 点,直线连接 BE 确定前领座斜线。

⑤在 AB 线的 2/3 位置确定 F 点,过 F 点作 DE 的垂线交于 G 点。

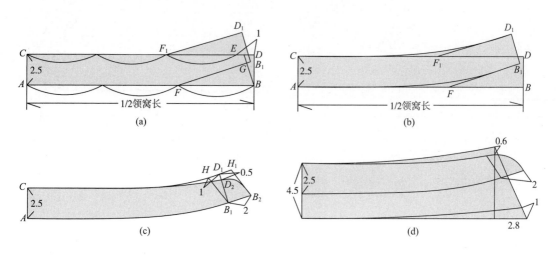

图 7-9

⑥延长 FG 线使 $FB_1 = FB$ 确定 B_1 点，过 B_1 点作 BE 的平行线 B_1D_1，取 $B_1D_1 = BE$ 确定 D_1 点。

⑦在 CE 的 1/3 位置确定 F_1 点，直线连接 F_1D_1。

⑧如图 7-20(b)所示，用弧线划顺领上口线。

⑨如图 7-20(b)所示，用弧线划顺领下口线。

⑩如图 7-20(c)所示，取 $D_1H = 1\text{cm}$ 直线连接 HB_1。

⑪如图 7-20(c)所示，取 $B_1B_2 = 2\text{cm}$，$D_1D_2 = 0.5\text{cm}$ 分别确定 B_2 和 D_2 点。

⑫如图 7-20(c)所示，用弧线画顺 B_2、D_2、C 三点，确定领上口线及领角。

⑬如图 7-20(d)所示，根据领座绘制翻领，翻领宽 4.5cm，前端起翘 0.6cm。

六、加放缝份（图 7-10）

按照图 7-5 中所标注的数据加放缝份、折边及剪口位置。

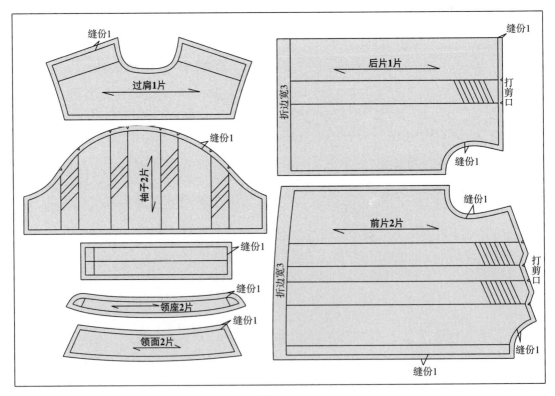

图 7-10

第三节　短袖立领女衬衫制图

一、造型概述

如图 7-11 所示，这是一款在女装应用 Ⅰ 型模板基础上产生的合身型女衬衫，立领、单片袖。

为了处理胸腰差量,制图时分别在前片、后片上各设计两个省。

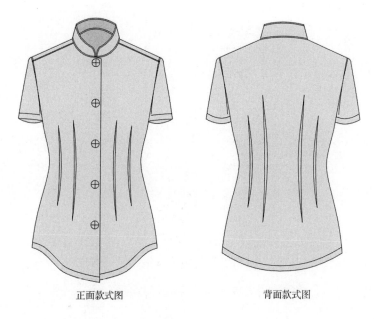

正面款式图　　　　　　　　背面款式图

图 7-11

二、制图规格

单位:cm

制图部位	衣　长	腰节长	胸　围	腰　围	肩　宽	袖　长	领　围
成品规格	60	40	94	72	40	19	40

三、衣身制图(图 7-12)

①前中线,作水平线,长度=衣长。

②底边线,垂直于①线,长度=1/2 胸围。

③衣长线,垂直于①线,长度=1/2 胸围。

④后中线,直线连接②线和③线的上端点,平行于①线。

⑤前横开领,过①线和③线的交点,沿③线向上 2/10 领围-1cm 定点。

⑥前直开领,过⑤点作③线的垂线,长度=2/10 领围+1cm。

⑦后横开领,过③线和④线的交点,沿③线向下 2/10 领围-1cm 定点。

⑧后直开领,过⑦点作③线的垂线,长度=2.5cm,右端超出③线 1.5cm。

⑨前肩宽,过①线和③线的交点,沿③线向上 1/2 肩宽定点。

⑩前落肩量,过⑨点作③线的垂线向左 5cm 确定⑩点,直线连接⑩⑤两点确定前肩斜线。

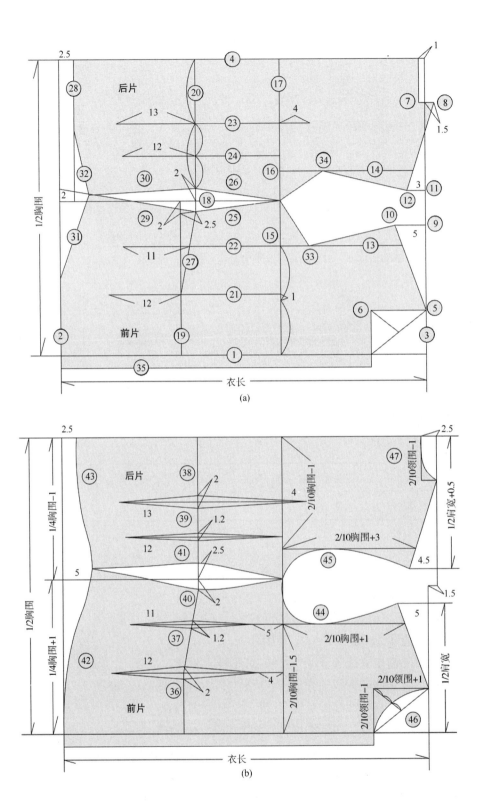

图 7-12

⑪后肩宽,过③线和④线的交点,沿③线向下 1/2 肩宽+0.5cm 定点。

⑫后落肩量,过⑪点作③线的垂线向左 3cm 确定⑫点,直线连接⑫⑧两点确定后肩斜线。

⑬胸宽线,与①线平行,两线相距 2/10 胸围-1.5cm。

⑭背宽线,与④线平行,两线相距 2/10 胸围-1cm。

⑮前袖窿深,由胸宽线与肩斜线的交点沿胸宽线向左 2/10 胸围+1cm 确定⑮点。

⑯后袖窿深,2/10 胸围+3cm,在前后片同幅制图中仅作参考点。

⑰袖窿深线,过⑮点作①线的垂线,两端分别与①线、④线两线相交。

⑱侧缝直线,平行于①线,距离①线 1/4 胸围+1cm。

⑲前腰节线,在①线与⑱线之间作③线的平行线,距离③线的距离等于腰节长。

⑳后腰节线,过⑱线和⑲线的交点,沿⑱线向右 2.5cm 定点,过此点作④线的垂线。

㉑前腰省线,由前胸宽的 1/2 点向上 1cm 定点,过此点作①线的平行线。

㉒前侧省线,过胸宽线⑬的左端点作①线的平行线。

㉓后腰省线,过后腰节线⑳的中点作④线的平行线。

㉔后侧省线,过后腰节线⑳的 1/4 点作④线的平行线。

㉕前胸腰斜线,过⑱线和⑲线的交点,沿⑲线向下 2cm 定点,与⑰线和⑱线的交点直线连接。

㉖后胸腰斜线,过⑱线和⑳线的交点,沿⑳线向上 2cm 定点,与⑰线和⑱线的交点直线连接。

㉗腰节斜线,过⑲线和㉕线的交点,沿㉕线向右 2.5cm 定点,与⑲线和㉑线的交点直线连接。

㉘后底边线,在④线与⑱线之间作②线的平行线,与②线相距 2.5cm。

㉙前臀腰斜线,过②线和⑱线的交点,沿②线向上 2cm 定点,与㉗线和㉕线的交点直线连接。

㉚后臀腰斜线,过②线和㉙线的交点,沿㉙线向右 5cm 定点,与⑳线和㉖线的交点直线连接。

㉛前底边斜线,在②线上取①线至⑱线之间的 1/2 位置定点,与㉚线的左端点直线连接。

㉜后底边斜线,在②线上取④线至⑱线之间的 1/2 位置定点,与㉚线的左端点直线连接。

㉝前袖窿切点,在前袖窿深的 1/4 位置定点,分别与⑩点及⑰线和⑱线的交点直线连接。

㉞后袖窿切点,在后袖窿深的 1/3 位置定点,分别与⑫点及⑰线和⑱线的交点直线连接。

㉟叠门线,在②线与⑥线之间作①线的平行线,两线相距 2cm。

㊱前腰省大,如图 7-12(b)所示,右端省尖距离袖窿深线 4cm,左端省尖距离腰节线 12cm,省大 2cm。

㊲前侧省大,如图7-12(b)所示,右端省尖距离袖窿深线5cm,左端省尖距离腰节线11cm,省大1.2cm。

㊳后腰省大,如图7-12(b)所示,右端省尖超过袖窿深线4cm,左端省尖距离腰节线13cm,省大2cm。

㊴后侧省大,如图7-12(b)所示,右端省尖与袖窿深线相交,左端省尖距离腰节线12cm,省大1.2cm。

㊵~㊼如图7-12(b)所示,用弧线连接划顺前片侧缝线㊵、后片侧缝线㊶、前底边线㊷、后底边线㊸、前袖窿弧线㊹、后袖窿弧线㊺、前领窝线㊻、后领窝线㊼。

四、袖子制图(图7-13)

在作袖子制图之前,先用软尺在衣身制图上测量袖窿弧线的长度,确定袖窿围,然后按照下面的步骤进行制图。

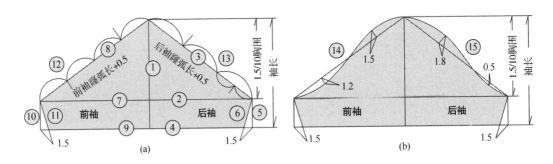

图7-13

①袖中线,作垂线,长度＝袖长。

②袖高基线,过①线的上端点向下1.5/10胸围定点,过此点作①线的垂线。

③袖山斜线,过①线的上端点向②线作斜切线,长度取1/2袖窿围+0.5cm确定袖肥。

④袖口线,过①线的下端点作①线的垂线,长度与②线相等。

⑤袖肥线,过②线和③线的交点作④线的垂线。

⑥袖肥斜线,由④线和⑤线的交点,沿④线向左1.5cm定点,与③线和⑤线的交点直线连接。

⑦以①线为中线作②线的对称线。

⑧以①线为中线作③线的对称线。

⑨以①线为中线作④线的对称线。

⑩以①线为中线作⑤线的对称线。

⑪以①线为中线作⑥线的对称线。

⑫将前袖山斜线四等分,确定4个等分点。

⑬将后袖山斜线三等分,确定3个等分点。

⑭如图 7-13(b)所示用弧线连接划顺前袖山弧线。

⑮如图 7-13(b)所示用弧线连接划顺后袖山弧线。

五、领子制图(图 7-14)

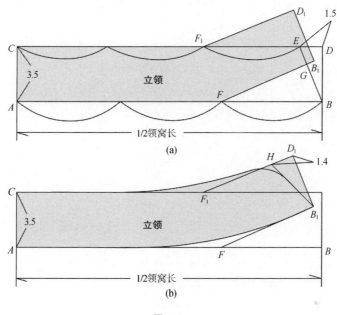

图 7-14

①作水平线 AB = 1/2 领窝。

②分别过 A、B 两点作 AB 的垂线 AC 和 BD。

③取 AC = BD = 领高 3.5cm,直线连接 CD。

④在 CD 线上取 DE = 1.5cm 确定 E 点,直线连接 BE 确定前领斜线。

⑤在 AB 线的 2/3 位置确定 F 点,过 F 点作 BE 的垂线交于 G 点。

⑥延长 FG 线使 FB_1 = FB 确定 B_1 点,过 B_1 点作 BE 的平行线 B_1D_1,取 B_1D_1 = BE 确定 D_1 点。

⑦在 CE 的 1/3 位置确定 F_1 点,直线连接 F_1D_1。

⑧如图 7-14(b)所示,用弧线连接划顺领上口线。

⑨如图 7-14(b)所示,用弧线连接划顺领下口线。

⑩如图 7-14(b)所示,取 D_1H = 1.4cm 确定 H 点,直线连接 HB_1,用弧线连接划顺领角。

六、加放缝份(图 7-15)

按照图 7-15 中所标注的数据加放缝份并标明剪口位置。

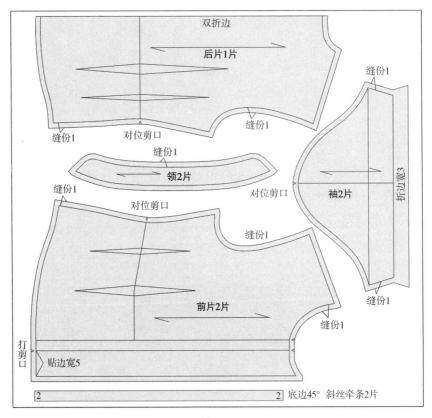

图 7-15

第四节　普通男衬衫制图

一、造型概述

如图 7-16 所示,男衬衫属于四开身结构,宽松式造型,是应用男装基础模板形成的款式。首先将前片肩线平行向下移位 3cm 作一条分割线,再在后片上由衣长线向下 6cm 作一条水平分割线,最后将前后片分割下来的部分合并成单独的育克。单片袖,低袖山型,袖口设计三个褶,分领座式翻领,六粒扣,左胸一个贴袋。

二、制图规格

单位:cm

制图部位	衣 长	胸 围	肩 宽	袖 长	袖口围	领 围
成品规格	72	110	46.6	58.5	24	39

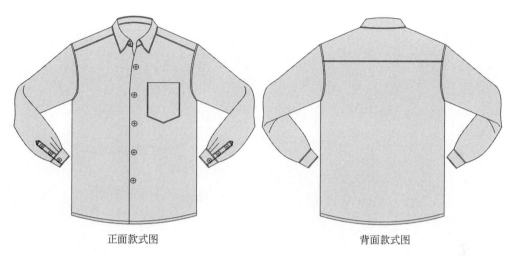

正面款式图　　　　　　　　　　背面款式图

图 7-16

三、衣身制图 (图 7-17)

①前中线,作水平线,长度＝衣长。

②底边线,垂直于①线,长度＝1/2 胸围。

③衣长线,垂直于①线,长度＝1/2 胸围。

④后中线,直线连接②线和③线的上端点,平行于①线。

⑤前横开领,过①线和③线的交点,沿③线向上 2/10 领围-1cm 定点。

⑥前直开领,过⑤点作③线的垂线,长度＝2/10 领围-1cm。

⑦后横开领,过③线和④线的交点,沿③线向下 2/10 领围-1cm 定点。

⑧后直开领,过⑦点作③线的垂线,长度＝2.5cm。

⑨前肩宽,过①线和③线的交点,沿③线向上 1/2 肩宽定点。

⑩前落肩量,过⑨点作③线的垂线向左 5cm 确定⑩点,直线连接⑩⑤两点确定前肩斜线。

⑪后肩宽,过③线和④线的交点,沿③线向下 1/2 肩宽定点。

⑫后落肩量,过⑪点作③线的垂线向左 2cm 确定⑫点,直线连接⑫⑧两点确定后肩斜线。

⑬胸宽线,过⑩点沿前肩斜线向里缩进 3cm 定点,过此点作①线的平行线。

⑭背宽线,过⑫点沿后肩斜线向里缩进 2cm 定点,过此点作④线的平行线。

⑮前袖窿深,由胸宽线与肩斜线的交点沿胸宽线向左 2/10 胸围确定⑮点。

⑯后袖窿深,2/10 胸围+2.7cm,在前后片同幅制图中仅作参考点。

⑰袖窿深线,直线连接⑮⑯两点并向两端延长分别与①线、④线两线相交。

⑱侧缝直线,平行于①线,距离①线 1/4 胸围。

⑲叠门线,在②线与⑥线之间作①线的平行线,两线相距 2cm。

⑳后底边线,在⑱线与④线之间作②线的平行线,两线相距 1.5cm。

㉑前底边斜线,过⑳线和⑱线的交点与前片底边线的中点直线连接。

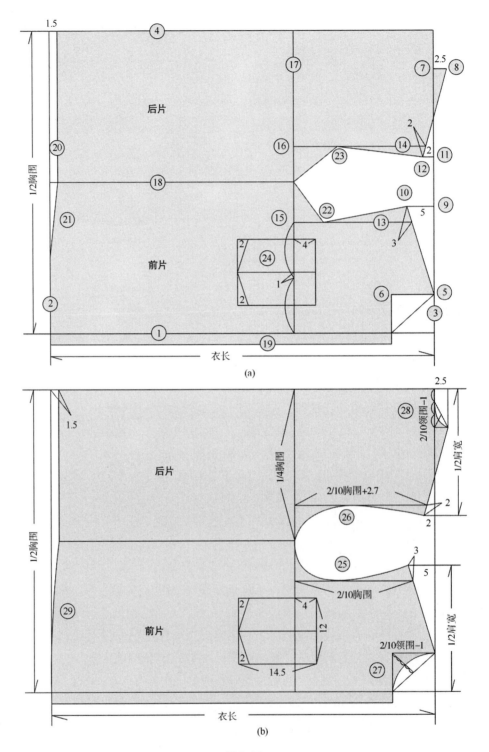

图 7–17

㉒前袖窿切点,在前袖窿深的1/4位置定点,分别与⑩点及⑰线和⑱线的交点直线连接。

㉓后袖窿切点,在后袖窿深的1/3位置定点,分别与⑫点及⑰线和⑱线的交点直线连接。

㉔贴带位置,过前胸宽的1/2位置向上1cm作水平线,确定袋中线,袋口线与⑰线平行相距4cm,袋口大12cm,袋高14.5cm,底边起翘2cm。

㉕~㉙如图7-17(b)所示,用弧线连接划顺前袖窿弧线㉕、后袖窿弧线㉖、前领窝线㉗、后领窝线㉘、底边线㉙。

四、育克制图(图7-18)

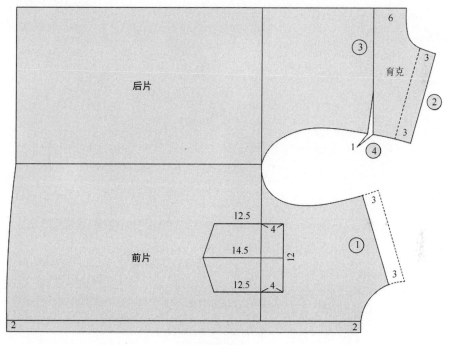

图7-18

①在前片制图上将肩线平行向左移位3cm,确定前育克线。

②将前肩线部位减少的量移植在后肩线上。

③过后领窝线与后中线的交点向左6cm定点,过此点作后中线的垂线交于后袖窿弧线,确定后育克线。

④由后育克线与后袖窿弧线的交点位置向左取0.5cm的省量,省尖位于③线的1/3位置。

五、袖子制图(图7-19)

在进行袖子制图之前,先用软尺在衣身制图上测量袖窿弧线的长度,确定袖窿围,然后按照下面的步骤进行制图。

①袖中线,作垂线,长度=袖长-袖头宽5cm。

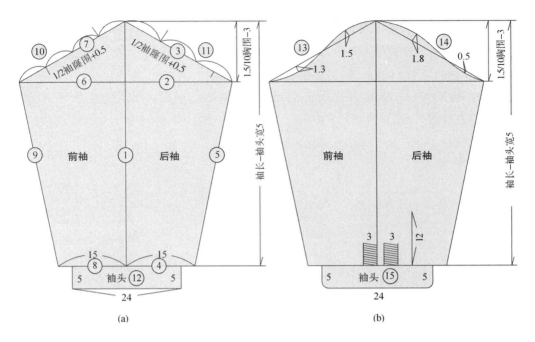

图 7-19

②袖山高基线,垂直于袖中线,距离①线的上端点为 1.5/10 胸围−3cm。

③袖山斜线,过①线的上端点向②线作斜切线,长度为 1/2 袖窿围+0.5cm。

④袖口线,过①线的下端点作①线的垂线,长度 = 1/2 袖口围+3cm。

⑤袖肥斜线,直线连接②线与④线的右端点。

⑥以①线为中线作②线的对称线。

⑦以①线为中线作③线的对称线。

⑧以①线为中线作④线的对称线。

⑨以①线为中线作⑤线的对称线。

⑩将前袖山斜线四等分,确定 4 个等分点。

⑪将后袖山斜线三等分,确定 3 个等分点。

⑫按照图中所标注的数据绘制袖头。

⑬如图 7-19(b)所示用弧线连接划顺前袖山弧线。

⑭如图 7-19(b)所示用弧线连接划顺后袖山弧线。

⑮如图 7-19(b)所示,用弧线连接划顺袖头圆角。

六、领子制图(图 7-20)

①作水平线,长度 = 1/2 领窝。

②过①线的左端点作①线的垂线,长度 = 10cm。

③过①线的右端点作①线的垂线,长度 = 10cm。

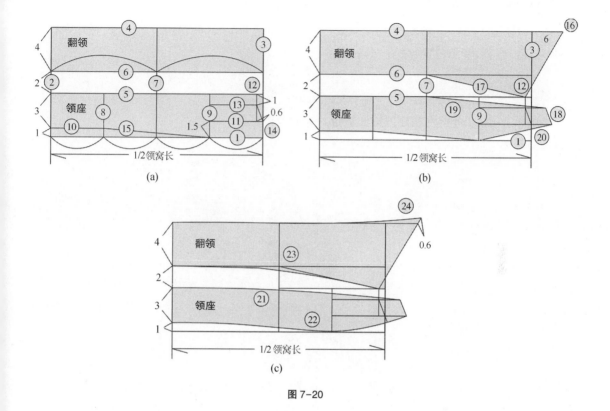

图 7-20

④直线连接②线、③线的上端点,平行于①线。

⑤平行于①线,两线相距4cm。

⑥平行于④线,两线相距4cm。

⑦直线连接①、④线的中点。

⑧过①线的 1/4 位置作⑤线的垂线。

⑨过①线的 1/4 位置作⑤线的垂线。

⑩在②线与⑧线之间作①线的平行线,距离①线 1cm。

⑪在③线与⑨线之间作①线的平行线,距离①线 1.5cm。

⑫在⑤线与⑪线之间作③线的平行线,距离③线 0.6cm。

⑬在③线与⑨线之间作⑤线的平行线,距离⑤线 1cm。

⑭直线连接⑬线和⑪线的右端点。

⑮直线连接⑧线和⑩线的交点与①线和⑨线的交点。

⑯如图 7-20(b)所示,过③线和④线的交点,沿④线向右延长 6cm 确定⑯点,再与⑫线的上端点直线连接。

⑰过⑥线和⑦线的交点与⑫线的上端点直线连接。

⑱与⑭线平行并相等,两线相距 2cm。

⑲过⑤线和⑦线的交点与⑱线的上端点直线连接。

⑳过①线和⑨线的交点与⑱线的下端点直线连接。

㉑～㉔如图7-20(c)所示,分别用弧线连接划顺领座上口线㉑、领座下口线㉒、翻领下口线㉓、翻领外口线㉔,领角位置起翘0.6cm。

七、加放缝份

按照图7-21中所标注的数据加放缝份并标明剪口位置。

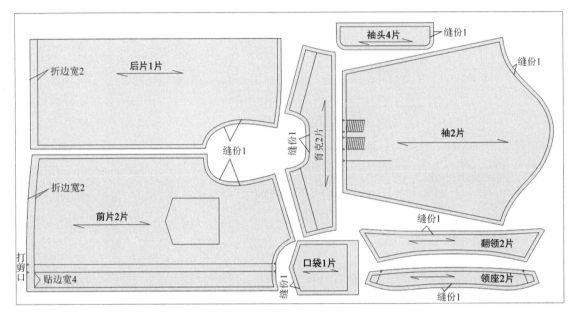

图 7-21

第五节　短袖男衬衫制图

一、造型概述

如图7-22所示,短袖男衬衫的衣身部分的造型与普通男衬衫基本相同。短袖,袖山高度比普通衬衫略大一些,前胸部位设计两个贴袋,驳领。

二、制图规格

单位:cm

制图部位	衣　长	胸　围	肩　宽	袖　长	袖口围	领　围
成品规格	72	110	46	21	38	40

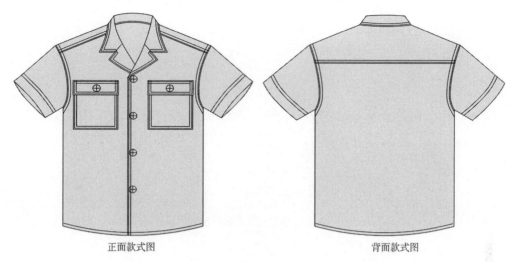

正面款式图　　　　　　　　　　　　背面款式图

图 7-22

三、衣身制图(图 7-23)

①前中线,作水平线,长度=衣长。

②底边线,垂直于①线,长度=1/2 胸围。

③衣长线,垂直于①线,长度=1/2 胸围。

④后中线,直线连接②线和③线的上端点,平行于①线。

⑤前横开领,过①线和③线的交点,沿③线向上 2/10 领围+1cm 定点。

⑥前直开领,过⑤点作③线的垂线,长度=2/10 领围-1cm。

⑦后横开领,过③线和④线的交点,沿③线向下 2/10 领围+1cm 定点。

⑧后直开领,过⑦点作③线的垂线,长度=2.5cm。

⑨前肩宽,过①线和③线的交点,沿③线向上 1/2 肩宽定点。

⑩前落肩量,过⑨点作③线的垂线向左 5cm 确定⑩点,直线连接⑩⑤两点确定前肩斜线。

⑪后肩宽,过③线和④线的交点,沿③线向下 1/2 肩宽定点。

⑫后落肩量,过⑪点作③线的垂线向左 2cm 确定⑫点,直线连接⑫⑧两点确定后肩斜线。

⑬胸宽线,过⑩点沿前肩斜线向里缩进 3cm 定点,过此点作①线的平行线。

⑭背宽线,过⑫点沿后肩斜线向里缩进 2cm 定点,过此点作④线的平行线。

⑮前袖窿深,由胸宽线与肩斜线的交点沿胸宽线向左 2/10 胸围确定⑮点。

⑯后袖窿深,2/10 胸围+2.7cm,在前后片同幅制图中仅作参考点。

⑰袖窿深线,过⑮点作①线的垂线,两端分别与①线、④线两线相交。

⑱侧缝直线,平行于①线,距离①线 1/4 胸围。

⑲叠门线,在②线与⑥线之间作①线的平行线,两线相距 2cm。

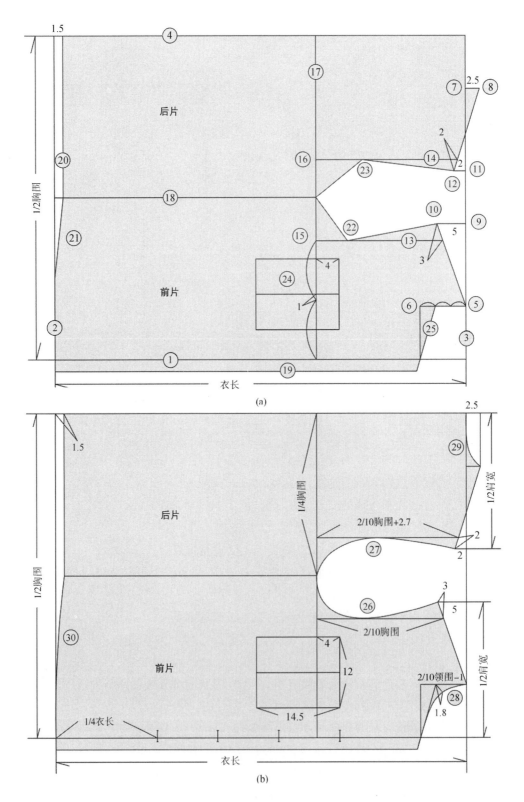

图 7-23

⑳后底边线,在⑱线与④线之间作②线的平行线,两线相距 1.5cm。

㉑前底边斜线,过⑳线和⑱线的交点与前片底边线的中点直线连接。

㉒前袖窿切点,在前袖窿深的 1/4 位置定点,分别与⑩点及⑰线和⑱线的交点直线连接。

㉓后袖窿切点,在后袖窿深的 1/3 位置定点,分别与⑫点及⑰线和⑱线的交点直线连接。

㉔贴带位置,袋中线位于前胸宽的 1/2 位置向上 1cm,袋口线与⑰线平行相距 4cm,袋口大12cm,袋高 14.5cm。

㉕领口斜线,在直开领线的 1/3 位置定点,与①线和⑥线的交点直线连接交于⑲线。

㉖~㉚如图 7-23(b)所示,用弧线连接划顺前袖窿弧线㉖、后袖窿弧线㉗、前领窝线㉘、后领窝线㉙、底边线㉚。

四、育克制图(图 7-24)

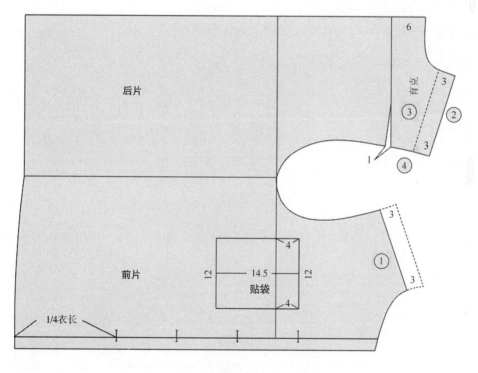

图 7-24

①在前片制图上将肩斜线平行向左移位 3cm,确定前育克线。

②将前肩线部位减少的量移植在后肩线上。

③过后领窝线与后中线的交点向左 6cm 定点,过此点作后中线的垂线交于后袖窿弧线,确定后育克线。

④由后育克线与后袖窿弧线的交点位置向左取 0.5cm 的省量,省尖位于③线的 1/3 位置。

五、驳领制图（图7-25）

①在前片肩斜线的延长线上取 $OC=2cm$ 确定 C 点。

②在前门线与第一纽位的交点位置确定驳领下限点 A。

③直线连接 AC 确定驳领线，在 AC 的延长线上取 $CD=10cm$。

④作 CD 垂直于 DE，取 $DE=1.5cm$，直线连接 EC。

⑤作 EF 垂直于 CE，取 $EF=$ 领座高 $2.5cm$ 确定 F 点。

⑥过 F 点作领窝弧线的切线交与 B 点。

⑦弧线划顺 $\overset{\frown}{FB}$，过肩斜线与 FB 线的交点沿弧线量出 $1/2$ 后领窝大，调整 F 点。

⑧过 F 点作 $\overset{\frown}{FB}$ 的垂线 FG，取 $FG=$ 领宽 $7cm$ 确定 G 点。

⑨过 G 点作 FG 的垂线 GH，取 $GH=21cm$ 确定 H 点。

⑩由领窝线与前止口线的交点 K 向里 $3cm$ 确定 I 点。

⑪直线连接 IH，在 IH 的延长线上取 $IH_1=6cm$ 确定 H_1 点。

⑫弧线划顺 $\overset{\frown}{GH_1}$ 确定领外口线。

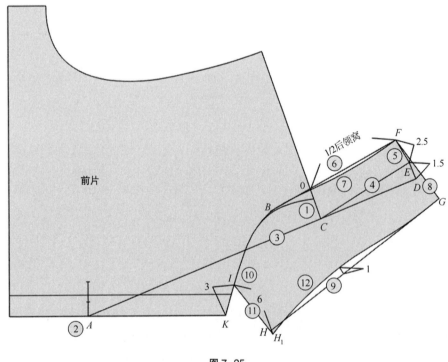

图7-25

六、袖子制图（图7-26）

在作袖子制图之前，先用软尺在衣身制图上测量袖窿弧线的长度，确定袖窿围，然后按照下

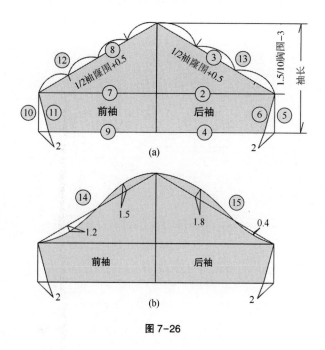

图 7-26

面的步骤进行制图。

①袖中线,作垂线,长度=袖长。

②袖山高基线,垂直于袖中线,距离①线的上端点为 1.5/10 胸围-3cm。

③袖山斜线,过①线的上端点向②线作斜切线,长度为 1/2 袖窿围+0.5cm。

④袖口线,过①线的下端点作①线的垂线,长度=1/2 袖口围。

⑤袖肥直线,直线连接②线与④线的右端点。

⑥袖宽斜线,由④线和⑤线的交点,沿④线向左 2cm 定点,与②线和⑤线的交点直线连接。

⑦以①线为中线作②线的对称线。

⑧以①线为中线作③线的对称线。

⑨以①线为中线作④线的对称线。

⑩以①线为中线作⑤线的对称线。

⑪以①线为中线作⑥线的对称线。

⑫将前袖山斜线四等分,确定 4 个等分点。

⑬将后袖山斜线三等分,确定 3 个等分点。

⑭如图 7-26(b)所示用弧线连接划顺前袖山弧线。

⑮如图 7-26(b)所示用弧线连接划顺后袖山弧线。

七、加放缝份

按照图 7-27 中所标注的数据加放前门折边、下摆折边、缝份及剪口位置。

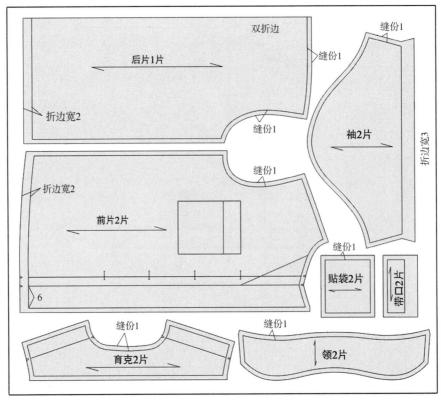

图 7-27

第六节　女式休闲卫衣制图

一、造型概述

如图 7-28 所示,本款女装属于宽松式造型,插肩袖结构,这种造型通常是在女装应用Ⅰ型模版的基础上,胸围加大,肩线加宽,袖口和底边采用育克设计。

正面款式图　　　　　背面款式图

图 7-28

二、制图规格

单位：cm

制图部位	衣　长	胸　围	肩　宽	领　围	袖口围
成品规格	70	124	60	40	32

三、衣身制图（图7-29）

①前中线，作水平线，长度＝衣长−5cm。

②底边线，垂直于①线，长度＝1/2胸围。

③衣长线，垂直于①线，长度＝1/2胸围。

④后中线，直线连接②线和③线的上端点，平行于①线。

⑤前横开领，过①线和③线的交点，沿③线向上2/10领围−1cm确定⑤点。

⑥前直开领，过⑤点作③线的垂线，长度＝2/10领围+1cm确定⑥点。

⑦后横开领，过③线和④线的交点，沿③线向下2/10领围−1cm确定⑦点。

⑧后直开领，过⑦点作③线的垂线，向右取2.5cm确定⑧点。

⑨前肩宽，过①线和③线的交点沿③线向上1/2肩宽定点。

⑩前落肩量，过⑨点作③线的垂线向左6cm确定⑩点，直线连接⑩⑤两点确定前肩斜线。

⑪后肩宽，过③线和④线的交点沿③线向下1/2肩宽定点。

⑫后落肩量，过⑪点作③线的垂线向左2.5cm确定⑫点，直线连接⑫⑧两点确定后肩斜线。

⑬前横开领调整，过⑤点沿前肩线向上3.5cm确定最终前横开领。

⑭前直开领调整，过⑥点沿前肩线向左4cm确定最终前直开领。

⑮后横开领调整，过⑧点沿后肩线向下3.5cm确定最终后横开领。

⑯后直开领调整，过③线与④线的交点向左1.5cm确定最终后直开领。

⑰胸宽线，与①线平行，两线相距2/10胸围+2cm。

⑱背宽线，与④线平行，两线相距2/10胸围+3cm。

⑲前袖窿深，由胸宽线与肩斜线的交点沿胸宽线向左2/10胸围定点。

⑳后袖窿深，由背宽线与肩斜线的交点沿背宽线向左2/10胸围+3cm定点。

㉑袖窿深线，直线连接⑲⑳两点并向两端延长分别与①线、④线相交。

㉒侧缝直线，平行于①线，距离①线1/4胸围。

㉓前袖窿切点，在前袖窿深的1/4位置定点。

㉔后袖窿切点，在后袖窿深的1/3位置定点。

㉕～㉘如图7-29（b）所示，分别用弧线划顺前袖窿弧线㉕、后袖窿弧线㉖、前领窝线㉗、后领窝线㉘。

㉙㉚后附部件制图。

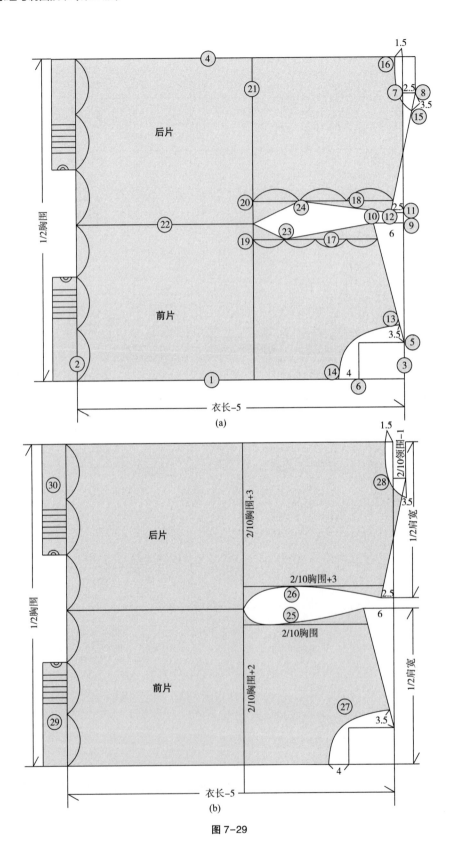

图 7-29

四、袖子制图(图7-30)

在进行袖子制图之前,先用软尺在制图上测量袖窿弧线的长度,确定袖窿围,然后按照下面的步骤进行制图。

①袖中线,作垂线,长度=袖长-袖头宽5cm。

②袖山高基线,过①线的上端点向下1.5/10胸围-11cm定点,过此点作①线的垂线。

③后袖山斜线,过①线上端点向②线作斜线,长度为1/2后袖窿围。

④后袖口线,过①线的下端点作①线的垂线,长度为1/2袖口围。

⑤袖肥斜线,直线连接②线与④线的右端点。

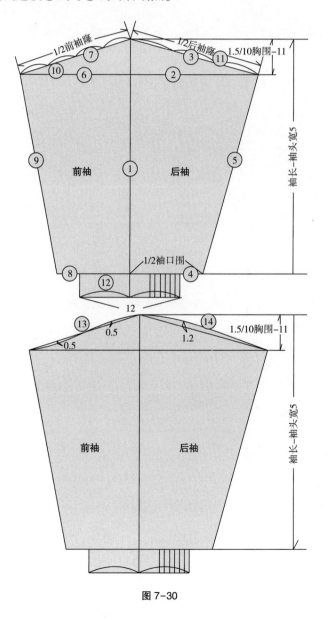

图 7-30

⑥以①线为中心作②线的对称延长线。

⑦前袖山斜线，过①线上端点向②线作斜线，长度为1/2前袖窿围。

⑧前袖口线，以①线为中心作④线的对称线。

⑨以①线为中心作⑤线的对称线。

⑩将前袖山斜线四等分，确定4个等分点。

⑪将后袖山斜线三等分，确定3个等分点。

⑫绘制袖头，长度＝22cm，宽度＝5cm。

⑬如图7-30（b）所示，用弧线划顺前袖山弧线。

⑭如图7-30（b）所示，用弧线划顺后袖山弧线。

五、帽子制图（图7-31）

①帽宽线，长度＝26cm。

②帽高线，过①线左端点作①线的垂线向下38cm定点。

③平行于①线。

④过①线右端点作①线的垂线向下30cm定点。

⑤连接②线下端点与④线下端点确定帽底线。

⑥如图7-31所示，用弧线划顺帽底弧线。

⑦如图7-31所示，用弧线划顺帽口弧线。

⑧如图7-31所示，用弧线划顺帽底弧线。

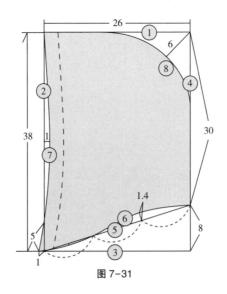

图7-31

六、部件制图（图7-32）

①按照图7-32所标注的数据绘制前底边螺纹线。

②按照图7-32所标注的数据绘制后底边螺纹线。

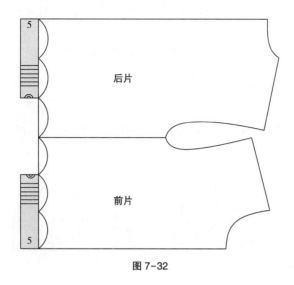

图 7-32

七、加放缝份(图 7-33)

按照图 7-33 中所标注的数据加放缝份。

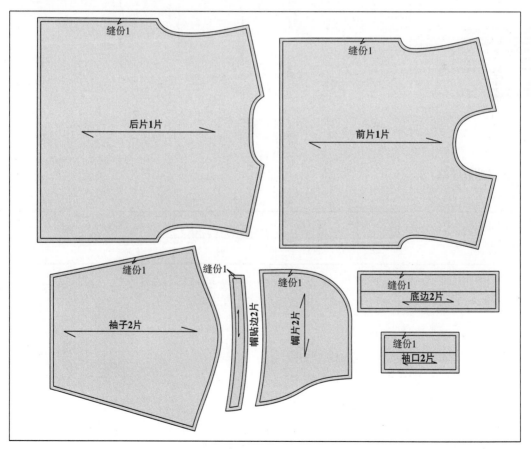

图 7-33

第七节　四开身女款马甲制图*

一、造型概述

如图 7-34 所示，四开身女款马甲采用女装应用模板Ⅰ型。在前身衣片上设计挖袋，连贴边，无省，无袖，西装领，底摆外放 2cm。

正面款式图　　　　　　　背面款式图

图 7-34

二、制图规格

单位：cm

制图部位	衣　长	腰节长	胸　围	肩　宽	领　围
成品规格	72	39	94	36	38

三、衣身制图（图 7-35）

①前中线，作水平线，长度＝衣长。

②底边线，垂直于①线，长度＝1/2 胸围。

③衣长线，垂直于①线，长度＝1/2 胸围。

④后中线，直线连接②线和③线上端点，平行于①线。

⑤腰节线，在①线与④线之间作③线的平行线，距离③线的长度等于腰节长。

⑥前横开领，过①线和③线的交点沿③线向上 2/10 领围定点。

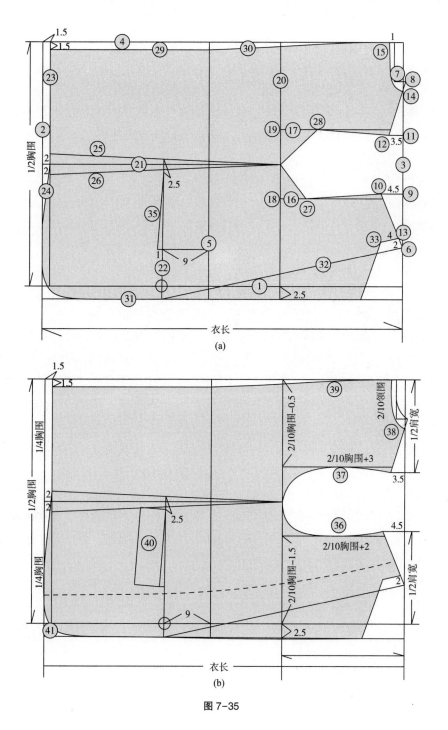

图 7-35

⑦后横开领,过③线和④线的交点沿③线向左 2cm 定点,沿此点向下 2/10 领围定点。

⑧后直开领,过⑦点作③线的垂线,长度取 2.5cm。

⑨前肩宽,过①线和③线的交点沿③线向上 1/2 肩宽定点。

⑩前落肩量,过⑨点作③线的垂线向左 4.5cm 确定⑩点,直线连接⑩⑥两点确定前肩

斜线。

⑪后肩宽,过③线和④线的交点沿③线向下1/2肩宽定点。

⑫后落肩量,过⑪点作③线的垂线向左3.5cm确定⑫点。

⑬前横开领调整,过⑥点沿前肩斜线向上2cm确定最终前横开领。

⑭后横开领调整,过⑧点沿肩线向下2cm确定最终后横开领。

⑮后直开领调整,过后直开领与④线的交点向左1cm确定最终后直开领。

⑯胸宽线,与①线平行,两线相距2/10胸围-1.5cm。

⑰背宽线,与④线平行,两线相距2/10胸围-0.5cm。

⑱前袖窿深,由胸宽线与肩斜线的交点沿胸宽线向左2/10胸围+2cm定点。

⑲后袖窿深,由背宽线与肩斜线的交点沿背宽线向左2/10胸围+3cm定点。

⑳袖窿深线,直线连接⑱⑲两点并向两端延长分别与①线、④线相交。

㉑侧缝直线,平行于①线,距离①线1/4胸围。

㉒口袋位置,过⑤线水平向左9cm作⑤线的平行线,定口袋位置。

㉓后底边线,在④线与㉑线之间作②线的平行线,与②线相距1.5cm。

㉔底边斜线,在②线上取①线与㉑线间的1/2位置定点,与㉑线和㉓线的交点直线连接。

㉕前侧缝斜线,过㉑线和㉓线的交点沿㉓线向上2cm定点,与⑳线和㉑线的交点直线连接。

㉖后侧缝斜线,过㉑线和㉓线的交点沿㉓线向下2cm定点,与⑳线和㉑线的交点直线连接。

㉗前袖窿切点,在前袖窿深的1/4位置定点,分别与⑩点直线连接,以及与⑳线和㉑线的交点直线连接。

㉘后袖窿切点,在后袖窿深的1/3位置定点,分别与⑫点直线连接,以及与⑳线和㉑线的交点直线连接。

㉙背缝直线,在⑤线与㉓线之间作④线的平行线,距离④线1.5cm。

㉚背缝斜线,在⑳线上端点与⑮点之前的1/3位置定点,与㉙线的右端点直线连接。

㉛叠门线,作①线的平行线,与①线相距2.5cm。

㉜驳口线,连接⑥点与㉒和㉛线的交点。

㉝领深斜线,过⑥点向上2cm作㉜线的平行线,长度=4cm,确定㉝点。

㉞串口斜线,过①线和③线的交点,沿①线向左2/10领围,与㉝点相连接。

㉟口袋线,沿㉒线与㉕线的交点向下2.5cm定点,取袋口长度等于15cm,沿袋口下端点向左1cm定袋口的斜度。

㊱~㊴如图7-7(b)所示,分别用弧线划顺前袖窿弧线㊱、后袖窿弧线㊲、后领圈线㊳、后背缝线㊴。

㊵口袋,在㉟线的基础上,画出口袋,长度=15cm,宽度=5cm。

㊶下摆圆角线,圆顺㉛线与㉔线(前片底边线)下端点之间的线条。

四、部件制图(图7-36)

①按照图7-36所标注的数据绘制过面。

②按照图 7-36 所标注的数据绘制口袋布。

③按照图 7-36 所标注的数据绘制袋盖。

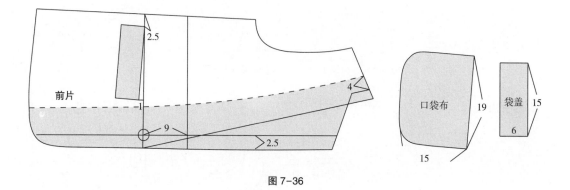

图 7-36

五、驳领制图(图7-37)

①在前片肩斜线的延长线上取 $OC=2$cm 确定 C 点。

②在搭门线与口袋线交点位置确定驳领下限点 A。

③直线连接 AC 确定驳领线,在 BO 的延长线上取 $OE=10.5$cm。

④过 E 点作 ED 垂直于 OD,ED 长度用 x 表示。

⑤通过 ED 长度确定 EF 长度为 $x+1$cm 确定 F 点,过 O 点作 $OF=OE$。

⑥直线连接 F 点与 B 点。

⑦弧线划顺 $\overparen{FB}$,$\overparen{FB}=1/2$ 后领窝长。

⑧过 F 点作 FB 的垂线 FG,取 $FG=$领宽 7.5cm 确定 G 点。

⑨由 K 点向上 3.5cm 确定 I 点,沿 I 点作 BK 的角度线 45°,取 $IH=3$cm,确定 H 点。

⑩弧线划顺 GH 确定翻领外口线。

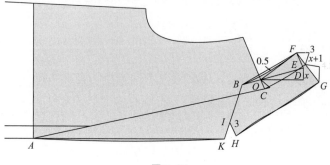

图 7-37

六、加放缝份(图7-38)

按照图 7-38 中所标注的数据加放缝份。

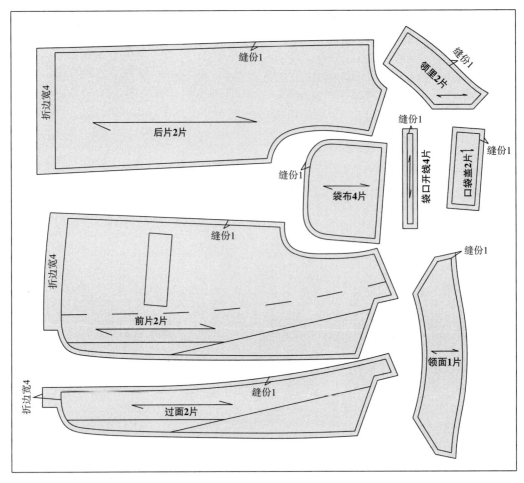

缝份1

领里2片

缝份1

折边宽4

后片2片

缝份1

缝份1

袋布4片

袋口开线4片

口袋盖2片

缝份1

缝份1

折边宽4

缝份1

前片2片

缝份1

领面1片

折边宽4

缝份1

过面2片

图 7-38

第八节　男式棒球服制图

一、造型概述

如图 7-39 所示，这是一款根据男装应用模板Ⅰ型产生的宽松式造型，整体廓型宽松，袖窿深比模板增大了 2cm。袖子与衣摆做松紧弹力设计，收口的形式显得利落一些。细节设计有立领、斜插袋、单片袖。

二、制图规格

单位：cm

制图部位	衣　长	胸　围	肩　宽	袖　长	袖　口	领　围
成品规格	72	116	57	55	30	45

正面款式图　　　　　　　背面款式图

图 7-39

三、衣身制图（图 7-40）

①前中线,作水平线,长度=衣长。

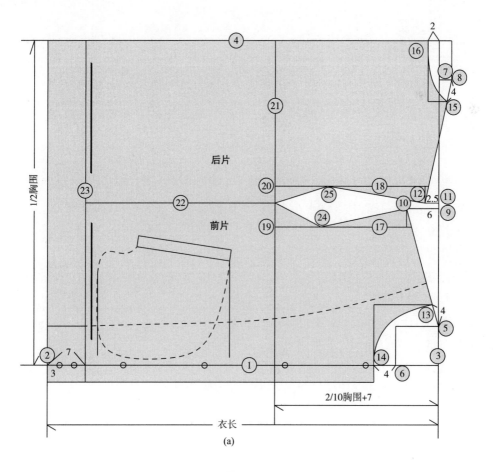

(a)

图 7-40

②底边线，垂直于①线，长度＝1/2 胸围。

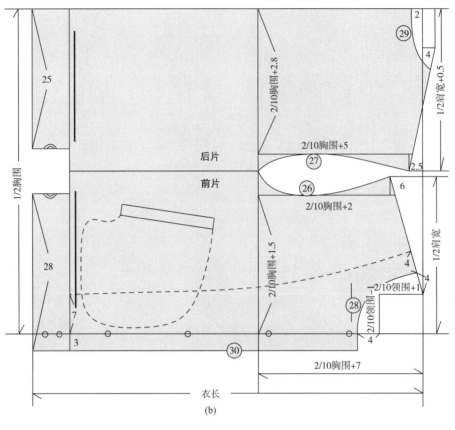

图 7-40

③衣长线，垂直于①线，长度＝1/2 胸围。

④后中线，直线连接②线、③线上端点，平行于①线。

⑤前横开领，过①线和③线的交点沿③线向上 2/10 领围−1cm 定点。

⑥前直开领，过⑤点作③线的垂线，长度 2/10 领围+1cm。

⑦后横开领，过③线和④线的交点沿③线向下 2/10 领围−1cm 定点。

⑧后直开领，过⑦点作③线的垂线，长度＝2.5cm。

⑨前肩宽，过①线和③线的交点沿③线向上 1/2 肩宽定点。

⑩前落肩量，过⑨点作③线的垂线向左 6cm 确定⑩点，再与⑤点直线连接确定前肩斜线。

⑪后肩宽，过③线和④线的交点沿③线向下 1/2 肩宽+0.5cm 确定⑪点。

⑫后落肩量，过⑪点作③线的垂线向左 2.5cm 确定 ⑫点，与⑧点直线连接确定后肩斜线。

⑬前横开领调整，过⑤点沿前肩线向上 4cm 确定最终前横开领。

⑭前直开领调整，过⑥点向左 4cm 确定最终直开领。

⑮后横开领调整，过⑧点沿肩线向下 4cm 确定最终后横开领。

⑯后直开领调整，过⑥点向左 2cm 确定最终直开领。

⑰胸宽线,平行于①线,距离①线 2/10 胸围+1.5cm。

⑱背宽线,平行于④线,距离④线 2/10 胸围+2.8cm。

⑲前袖窿深,由胸宽线与肩斜线的交点沿胸宽线向左 2/10 胸围+2cm 定点。

⑳后袖窿深,由背宽线与肩斜线的交点沿背宽线向左 2/10 胸围+5m 定点。

㉑袖窿深线,直线连接⑲⑳两点并向两端延长分别与①线、④线相交。

㉒侧缝直线,平行于①线,距①线 1/4 胸围。

㉓底边宽线,平行于②线,距②线 7cm。

㉔前袖窿切点,在前袖窿深的 1/4 位置定点,与⑩点直线连接,以及与㉑线、㉒线的交点直线连接。

㉕后袖窿切点,在后袖窿深的 1/3 位置定点,与⑫点直线连接,以及与㉑线、㉒线交点直线连接。

㉖~㉙如图 7-40(b)所示,分别用弧线画顺前袖窿弧线㉖、后袖窿弧线㉗、前领圈线㉘、后领圈线㉙。

㉚叠门线,平行于①线,与①线相距 3cm,长度为②线下端点与⑭点之间的距离。

四、部件制图(图 7-41)

①按照图 7-41 中所标注的数据绘制口袋布。

②按照图 7-41 中所标注的数据绘制底边螺纹。

③按照图 7-41 中所标注的数据绘制过面线。

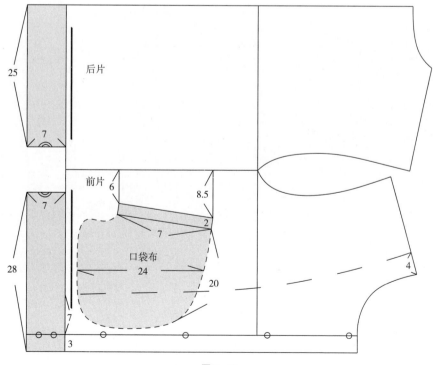

图 7-41

五、袖子制图（图7-42）

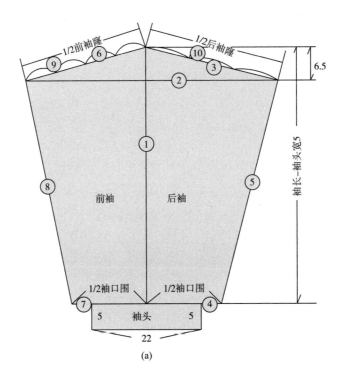

(a)

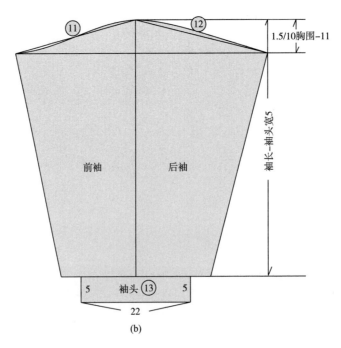

(b)

图7-42

在进行袖子制图之前,先用软尺在衣身制图上测量袖窿弧线的长度,确定袖窿围,然后按照下面的步骤进行制图:

①袖中线,作垂线,长度=袖长−袖头宽5cm。

②袖山高基线,垂直于袖中线,距离①线上端点1.5/10胸围−11cm。

③后袖山斜线,过①线上端点向②线作斜线,长度为1/2后袖窿围。

④后袖口线,过①线下端点作①线的垂线,长度为1/2袖口围。

⑤袖肥斜线,直线连接②线与④线的右端点。

⑥前袖山斜线,过①线上端点向②线作斜线,长度为1/2前袖窿围。

⑦前袖口线,过①线的下端点作①线的垂线,长度为1/2袖口围。

⑧后袖肥线,直接连接线②与⑦线的左端点。

⑨将前袖山斜线四等分,确定4个等分点。

⑩将后袖山斜线三等分,确定3个等分点。

⑪如图7-42(b)所示,用弧线画顺前袖山弧线。

⑫如图7-42(b)所示,用弧线画顺后袖山弧线。

⑬按照图7-42(b)中所标注的数据绘制袖头。

六、领子制图(图7-43)

①作水平线 AB=1/2 领窝。

②分别过 A、B 两点作 AB 的垂直线 AC 和 BD。

③取 AC=BD=领高5cm,直线连接 CD。

④将 AB 线三等分,在 2/3 处确定点 E。

⑤过 B 点作∠DBA 平分线,确定点 F,BF=2.8cm。

⑥圆顺 DFE。

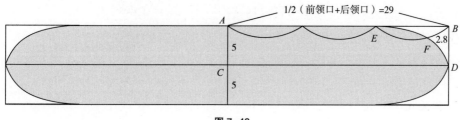

图 7-43

七、加放缝份(图7-44)

按照图7-44所示,图中所有衣片的缝份均为1cm。

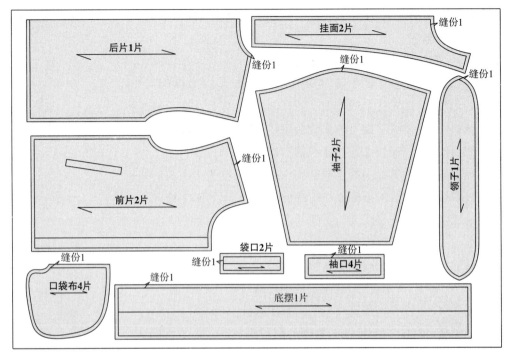

图 7-44

思考练习与实训

一、基础知识

1. 四开身结构基本制图是怎样产生的？

2. 男女四开身基本结构制图的相同点和不同点是什么？

3. 女装应用 I 型模板、应用 II 型模板之间的相同点和不同点是什么？

4. 教材中双贴袋女衬衫的制图是在哪种结构形式的基础上产生的？

5. 教材中女牛仔夹克衫的制图是在哪种结构形式的基础上产生的？

6. 在插肩袖结构中决定袖底放松量大小的因素是什么？

7. 在插肩袖制图中如何确定袖长线的角度？

二、制图实践

1. 结合教学内容由教材中选择 2~3 款女衬衫绘制 1∶5 制图。

2. 结合教学内容由教材中选择 2 款男衬衫绘制 1∶5 制图。

3. 结合教学内容由教材中选择男、女夹克衫各一款绘制 1∶5 制图。

4. 确定多种规格反复进行男女基本结构制图的训练，要求熟练掌握基本制图。

5. 按照 1∶1 的比例绘制男、女衬衫的制图。

6. 按照 1∶1 的比例绘制男、女夹克衫的制图。

7. 根据流行趋势选择男、女衬衫或夹克衫款式进行制图训练。

应用理论　制图实训——

三开身结构应用制图

课题名称：三开身结构应用制图

课题内容：单排扣女西装制图

　　　　　双排扣女西装制图

　　　　　单排扣男西装制图

　　　　　双排扣男西装制图

课题时间：22课时

教学目的：通过本章的制图示范,使学生掌握三开身服装的计算与制图方法,并在教师的指导下完成教材中规定款式的制图实践。

教学要求：1. 使学生在理解三开身结构原理的前提下熟练掌握制图步骤与方法。

　　　　　2. 使学生能够针对具体款式的造型特点灵活运用计算公式及调节值。

　　　　　3. 使学生能够根据人体结构特征准确处理制图中的弧线。

　　　　　4. 使学生能够根据款式造型特征合理计算放松量及省量。

课前准备：阅读服装制图及相关方面的书籍,准备制图工具及多媒体课件。

第八章

三开身结构应用制图

第一节　单排扣女西装制图

一、造型概述

如图 8-1 所示,单排扣女西装是在女装应用 Ⅱ 型模板的基础上产生的款式。叠门宽 2cm,两粒扣、平驳领、两个大袋、两片袖结构,袖头开衩钉三粒装饰纽扣,后片设有背缝线。

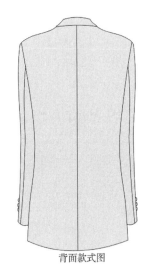

正面款式图　　　　　　　背面款式图

图 8-1

二、制图规格

单位:cm

制图部位	衣　长	腰节长	胸　围	肩　宽	袖　长	袖　口
成品规格	66	40	94	40	55	15

三、衣身制图(图 8-2)

①前中线,作水平线,长度=衣长。

②底边线,垂直于①线,长度=1/2 胸围+2.5cm。

③衣长线,垂直于①线,长度=1/2 胸围+2.5cm。

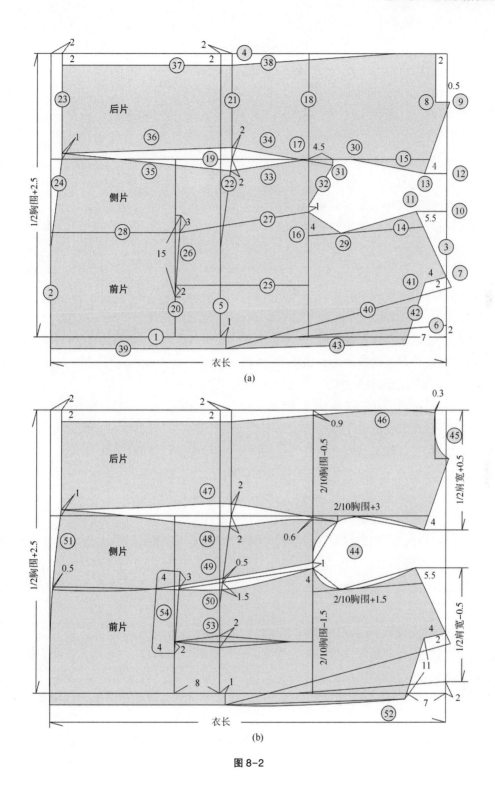

图 8-2

④后中线,直线连接②线和③线的上端点,平行于①线。

⑤腰节线,平行于③线,与③线的距离为腰节长。

⑥撇胸线，过①线和③线的交点，沿③线向上 2cm 定点，在①线上取⑤线至③线间的 1/3 位置定点，直线连接两点。

⑦前横开领，过⑥线和③线的交点，沿③线向上 1/10 胸围−1cm 确定⑦点。

⑧后横开领，过③线和④线的交点，沿③线向下 1/10 胸围−1cm 确定⑧点。

⑨后直开领，过⑧点作③线的垂线，长度=2.5cm，后片右端超出③线 0.5cm。

⑩前肩宽，过⑥线和③线的交点，沿③线向上 1/2 肩宽−0.5cm 确定⑩点。

⑪前落肩量，过⑩点作③线的垂线，长度=5.5cm，直线连接⑪⑦两点确定前肩斜线。

⑫后肩宽，过③线和④线的交点，沿③线向下 1/2 肩宽+0.5cm 确定⑫点。

⑬后落肩量，过⑫点作③线的垂线，长度=4cm，直线连接⑬⑨两点确定后肩斜线。

⑭胸宽线，与撇胸线平行，两线相距 2/10 胸围−1.5cm。

⑮背宽线，与后中线平行，两线相距 2/10 胸围−0.5cm。

⑯前袖窿深，由胸宽线与肩斜线的交点沿胸宽线向左 2/10 胸围+1.5cm 确定⑯点。

⑰后袖窿深，2/10 胸围+3cm，在前后片同幅制图中，此点仅作参考点。

⑱袖窿深线，过⑯点作①线的垂线，向两端延长分别与①线、④线两线相交。

⑲侧缝直线，将背宽线向左延长交于底边线。

⑳袋位线，在①线至⑲线之间作⑤线的平行线，距离⑤线 8cm。

㉑后腰节线，过⑲线和⑤线的交点，沿⑲线向右 2cm 定点，过此点作④线的垂线。

㉒腰节斜线，在⑤线上取①线全⑲线之间的 1/2 位置定点，与⑲线和㉑线的交点直线连接。

㉓后底边线，在④线与⑲线之间作②线的平行线，距离②线 2cm。

㉔前底边斜线，在②线上取①线至⑲线之间的 1/2 位置定点，与㉓线和⑲线的交点直线连接。

㉕省位线，过前胸宽的 1/2 点作①线的平行线，交于袋位线。

㉖大袋口线，过⑳线和㉕线的交点，沿⑳线向下 2cm 定点，过此点向上测量袋口大 15cm，袋口线的上端点向右倾斜 1cm。

㉗侧省线，在⑱线上距离⑯点 4cm 处定点，在袋口斜线上距离上端点 3cm 处定点，直线连接两点。

㉘分割线，过㉗线的左端点作①线的平行线，交与②线。

㉙前袖窿切点，在前袖窿深的 1/4 位置定点，分别与⑪点及㉗线的右端点直线连接。

㉚后袖窿切点，在后袖窿深的 1/3 位置定点，与⑬点直线连接。

㉛袖窿起翘点，过⑱线和⑮线的交点，沿⑮线向右 4.5cm 定点，再过此点向下 1cm 确定㉛点。

㉜袖窿起翘线，过⑱线和㉗线的交点，沿⑱线向上 1cm 定点，再与㉛点直线连接。

㉝前胸腰斜线，过⑲线和㉒线的交点，沿㉒线向下 2cm 定点，与⑱线和⑲线的交点直线连接。

㉞后胸腰斜线，过⑲线和㉑线的交点，沿㉑线向上 2cm 定点，与㉛点直线连接。

㉟前臀腰斜线，过⑲线和㉓线的交点，沿㉓线向上 1cm 定点，与㉒线和㉝线的交点直线

连接。

㊱后臀腰斜线，过㉟线和㉓线的交点与㉑线和㉞线的交点直线连接。

㊲背缝直线，在㉓线与㉑线之间作④线的平行线，距离④线 2cm。

㊳背缝斜线，在④线上取后袖窿深的 1/3 位置定点，与㊲线的右端点直线连接。

㊴叠门线，平行于①线，距离①线 2cm，右端点超过⑤线 1cm。

㊵驳口线，在肩线的延长线上过⑦点向下 2cm 定点，与叠门线㊴的右端点直线连接。

㊶领深斜线，过⑦点作㊵线的平行线，长度 = 4cm，确定㊶点。

㊷串口斜线，过①线和③线的交点，沿①线向左 7cm 定点，与㊶点直线连接，向下延长使其长度等于 11cm。

㊸驳领止口线，直线连接串口线㊷的下端点与驳口线㊵的左端点。

㊹～(52)如图 8-2(b)所示，分别用弧线连接划顺前后袖窿弧线㊹、后领窝线㊺、背缝线㊻、后片侧缝线㊼、前片侧缝线㊽、侧片分割线㊾、前片分割线㊿、前底边线(51)、驳领止口线(52)。

(53)如图 8-2(b)所示，绘制前省大 2cm，右端省尖距离袖窿深线 4cm。

(54)如图 8-2(b)所示，按照图中所标注的数据绘制袋盖。

四、袖子制图(图 8-3)

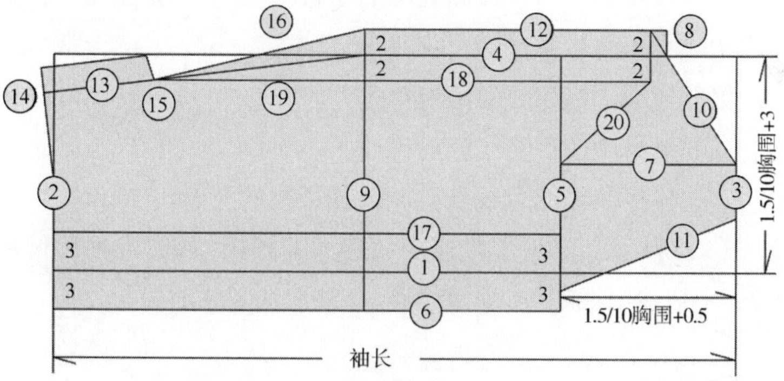

(a)

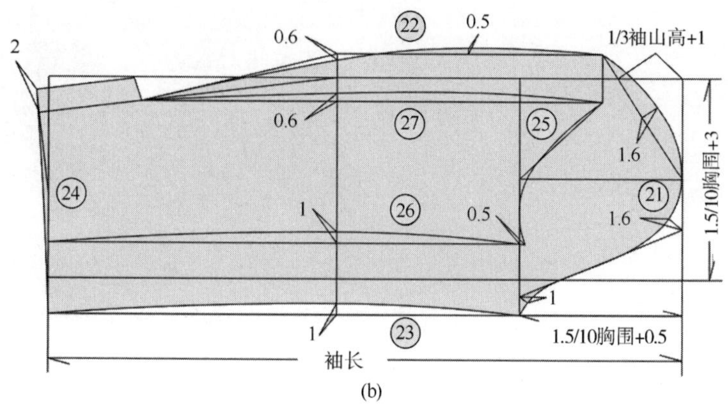

(b)

图 8-3

①基本线,作水平线,长度=袖长。

②袖口线,垂直于①线。

③袖山线,垂直于①线。

④袖肥线,平行于①线,距离①线 1.5/10 胸围+3cm。

⑤袖山高基线,在①线与④线之间作③线的平行线,距离③线 1.5/10 胸围+0.5cm。

⑥前偏袖线,平行于①线,距离①线 3cm,两端分别与②线和⑤线的延长线相交。

⑦袖中线,过③线的中点作③线的垂线,交于⑤线。

⑧后袖山高点,过③线和④线的交点,沿④线向左 1/3 袖山高+1cm 确定⑧点。

⑨肘位线,在④线上取⑧点与②线和④线的交点间的 1/2 位置定点,过此点作⑥线的垂线。

⑩后袖山斜线,过③线和⑦线的交点与⑧点直线连接。

⑪前袖山斜线,在⑤线上取①线至⑥线间的 1/2 位置定点,与③线的 1/4 位置点直线连接。

⑫后偏袖直线,与④线平行相距 2cm,两端分别与⑨线延长线和⑩线延长线相交。

⑬后袖斜线,过①线和②线的交点,沿②线向上取袖口大定点,与④线和⑨线的交点直线连接。

⑭袖口斜线,在②线上取①线至⑬线间的 1/2 位置定点,过此点作⑬线的垂线交于⑭点。

⑮袖开衩,过⑭点沿⑬线向右 8cm 确定开衩的右端点⑮点,开衩宽 2cm。

⑯后偏袖斜线,直线连接⑮点与⑨线和⑫线的交点。

⑰小袖前线,以①线为中线作⑥线的对称线。

⑱小袖后直线,以④线为中线作⑫线的对称线。

⑲小袖后斜线,以⑬线为中线作⑯线的对称线。

⑳小袖山斜线,直线连接⑱线的右端点与⑤线和⑦线的交点。

㉑~㉗如图 8-3（b）所示,分别用弧线连接划顺大袖袖山线㉑、大袖后偏袖线㉒、大袖前偏袖线㉓、大袖袖口线㉔、小袖袖山线㉕、小袖前线㉖、小袖后线㉗。

五、驳领制图（图 8-4）

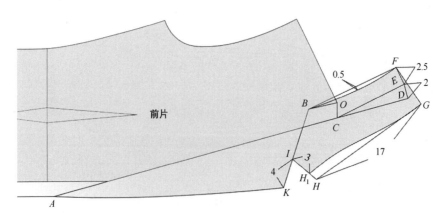

图 8-4

①将前肩斜线与直开领线的交点定为 O 点,过 O 点作前中线的垂线 OC,取 $OC=2cm$ 确定 C 点。

②在前门线与第一纽位的交点位置确定驳领下限点 A。

③直线连接 AC 确定驳领线,在 AC 的延长线上取 $CD=10cm$。

④作 DE 垂直于 CD,取 $DE=2cm$,直线连接 EC。

⑤作 EF 垂直于 CE,取 $EF=$ 领座高 2.5cm 确定 F 点。

⑥直线连接 F 点与领口交点 B 点。

⑦弧线划顺 $\overset{\frown}{FB}$,过肩斜线与 FB 的交点沿弧线量出 1/2 后领窝大,调整 F 点。

⑧过 F 点作 FB 的垂线 FG,取 $FG=$ 领宽 6.5cm 确定 G 点。

⑨过 G 点作 FG 的垂线 GH,取 $GH=17cm$ 确定 H 点。

⑩由 K 点向上 4cm 确定 I 点,直线连接 IH,在 IH 线上取 $IH_1=3cm$ 确定 H_1 点。

⑪弧线划顺 $\overset{\frown}{GH_1}$ 确定领外口线。

六、部件制图(图 8-5)

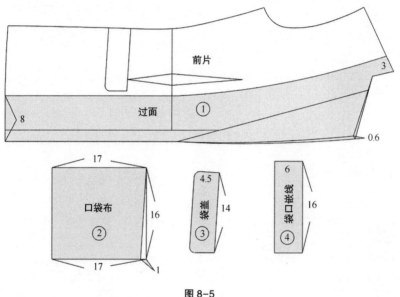

图 8-5

①按照图 8-5 所标注的数据绘制过面。

②按照图 8-5 所标注的数据绘制口袋布。

③按照图 8-5 所标注的数据绘制袋盖。

④按照图 8-5 所标注的数据绘制袋口嵌线。

七、加放缝份(图 8-6)

按照图 8-6 所示的形式及图中所标注的数据加放缝份、折边及剪口位置。

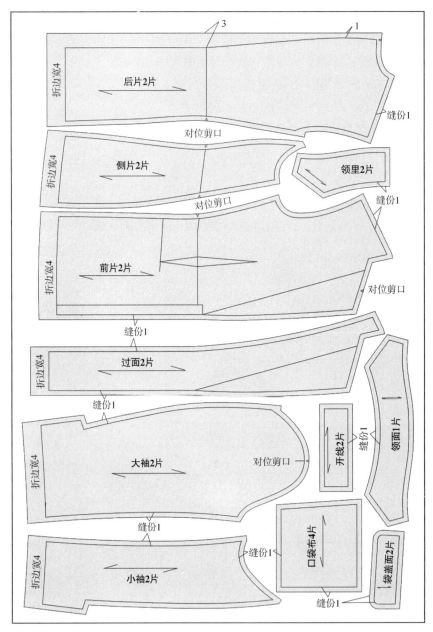

图 8-6

第二节　双排扣女西装制图

一、造型概述

　　如图 8-7 所示,双排扣女西装与单排扣女西装相比较,在结构造型方面完全相同,仅在叠门和领子部位有所变化。驳领的制图是在驳领线的基础上确定放松量的,随着叠门宽度的增加,驳领线的倾斜度增大,领的放松量也相应增大。所以,双排扣驳领与单排扣驳领属于同一类制图。驳领形状、直开领大小、领角的形状等,可以根据设计需要作相应的变化。

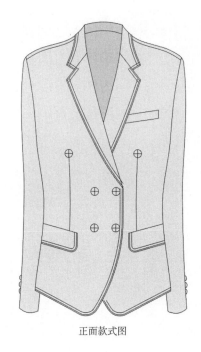 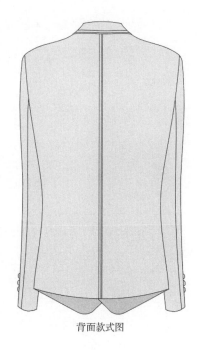

正面款式图   背面款式图

图 8-7

二、制图规格

单位:cm

制图部位	衣　长	腰节长	胸　围	肩　宽	袖　长	袖　口
成品规格	70	42	105	42	56	16

三、衣身制图(图 8-8)

①前中线,作水平线,长度=衣长。

②底边线,垂直于①线,长度=1/2 胸围+2.5cm。

③衣长线,垂直于①线,长度=1/2 胸围+2.5cm。

④后中线,直线连接②线和③线的上端点,平行于①线。

⑤腰节线,平行于③线,与③线的距离为腰节长。

⑥撇胸线,过①线和③线的交点,沿③线向上 2cm 定点,在①线上取⑤线至③线间的 1/3 位置定点,直线连接两点。

⑦前横开领,过⑥线和③线的交点,沿③线向上 1/10 胸围−1cm 确定⑦点。

⑧后横开领,过③线和④线的交点,沿③线向下 1/10 胸围−1cm 确定⑧点。

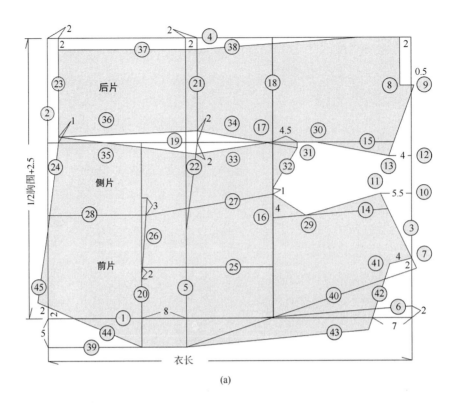

(a)

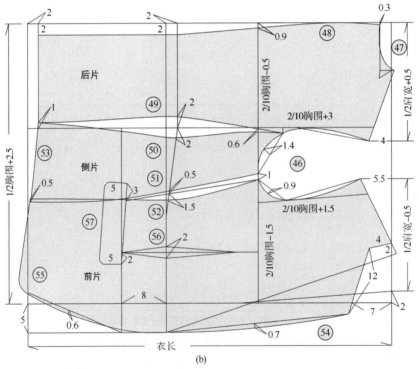

(b)

图 8-8

⑨后直开领,过⑧点作③线的垂线,长度=2.5cm,后片右端超出③线0.5cm。

⑩前肩宽,过⑥线和③线的交点,沿③线向上1/2肩宽−0.5cm确定⑩点。

⑪前落肩量,过⑩点作③线的垂直线,长度=5.5cm,直线连接⑪⑦两点确定前肩斜线。

⑫后肩宽,过③线和④线的交点,沿③线向下1/2肩宽+0.5cm确定⑫点。

⑬后落肩量,过⑫点作③线的垂线,长度=4cm,直线连接⑬⑨两点确定后肩斜线。

⑭胸宽线,与撇胸线平行,两线相距2/10胸围−1.5cm。

⑮背宽线,与后中线平行,两线相距2/10胸围−0.5cm。

⑯前袖窿深,由胸宽线与肩斜线的交点沿胸宽线向左2/10胸围+1.5cm。

⑰后袖窿深,2/10胸围+3cm,在前、后片同幅制图中,此点仅作参考点。

⑱袖窿深线,过⑯点作①线的垂线,两端分别与①、④线相交。

⑲侧缝直线,将背宽线向左延长交于底边线。

⑳袋位线,在①线至⑲线之间作⑤线的平行线,距离⑤线8cm。

㉑后腰节线,过⑲线和⑤线的交点,沿⑲线向右2cm定点,过此点作④线的垂线。

㉒腰节斜线,在⑤线上取①线至⑲线之间的1/2位置定点,与⑲线和㉑线的交点直线连接。

㉓后底边线,在④线与⑲线之间作②线的平行线,距离②线2cm。

㉔前底边斜线,在②线上取①线至⑲线之间的1/2位置定点,与㉓线和⑲线的交点直线连接。

㉕省位线,过前胸宽的1/2点作①线的平行线,交于袋位线。

㉖大袋口线,过⑳线和㉕线的交点,沿⑳线向下2cm定点,过此点向上测量袋口大15cm,袋口线的上端点向右倾斜1cm。

㉗侧省线,在⑱线上过⑯点向上4cm定点,在袋口斜线上距离上端点3cm处定点,直线连接两点。

㉘分割线,过㉗线的左端点作①线的平行线,交与②线。

㉙前袖窿切点,在前袖窿深的1/4位置定点,分别与⑪点及㉗线的右端点直线连接。

㉚后袖窿切点,在后袖窿深的1/3位置定点,与⑬点直线连接。

㉛袖窿起翘点,过⑱线和⑲线的交点,沿⑲线向右4.5cm定点,再过此点向下1cm确定㉛点。

㉜袖窿起翘线,过⑱线和㉗线的交点,沿⑱线向上1cm定点,与㉛点直线连接。

㉝前胸腰斜线,过⑲线和㉒线的交点,沿㉒线向下进2cm定点,与⑱线和⑲线的交点直线连接。

㉞后胸腰斜线,过⑲线和㉑线的交点,沿㉑线向上2cm定点,与㉛点直线连接。

㉟前臀腰斜线,过⑲线和㉓线的交点,沿㉓线向上1cm定点,与㉒线和㉝线的交点直线连接。

㊱后臀腰斜线,过㉟线和㉓线的交点,与㉑线和㉞线的交点直线连接。

㊲背缝直线,在㉓线与㉑线之间作④线的平行线,距离④线2cm。

㊳背缝斜线,在④线上取后袖窿深的1/3位置定点,与㊲线的右端点直线连接。

㉟叠门线，平行于①线，距离①线5cm，右端点与⑤线相交。

㊵驳口线，在肩线的延长线上过⑦点向下2cm定点，与叠门线的右端点直线连接。

㊶领深斜线，过⑦点作㊵线的平行线，长度=4cm，确定㊶点。

㊷串口斜线，过①线和③线的交点，沿①线向左7cm定点，与㊶点直线连接，向下延长使其长度等于12cm。

㊸驳领止口线，直线连接串口线㊷的下端点与驳口线㊵的左端点。

㊹前门斜线，过①线和②线的交点，沿②线向上2cm定点，与㊟线和⑳线的交点直线连接。

㊺下摆斜线，将㊹线向左延长2cm定点，与㉔线的下端点直线连接。

㊻~㊾如图8-8(b)所示，分别用弧线连接划顺前后袖窿弧线㊻、后领窝线㊼、背缝线㊽、后片侧缝线㊾、前片侧缝线㊿、侧片分割线51、前片分割线52、底边线53、驳领止口线54、下摆圆角线55。

56如图8-8(b)所示，前省大2cm，上端省尖距离袖窿深线4cm。

57如图8-8(b)所示，按照图中所标注的数据绘制袋盖。

四、袖子制图（图8-9）

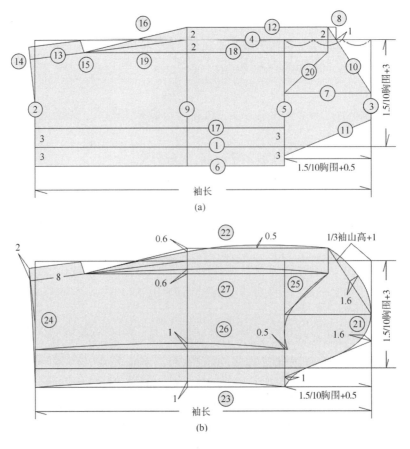

图 8-9

①基本线,作水平线,长度=袖长。

②袖口线,垂直于①线。

③袖山线,垂直于①线。

④袖肥线,与①线平行相距 1.5/10 胸围+3cm。

⑤袖山高基线,在①线与④线之间作③线的平行线,距离③线 1.5/10 胸围+0.5cm。

⑥前偏袖线,平行于①线,距离①线 3cm,两端分别与②线和⑤线的延长线相交。

⑦袖中线,过③线的中点作⑤线的垂线。

⑧后袖山高点,过③线和④线的交点,沿④线向左 1/3 袖山高+1cm 确定⑧点。

⑨肘位线,在④线上取⑧点与②线和④线的交点间的 1/2 位置定点,过此点作⑥线的垂线。

⑩后袖山斜线,过③线和⑦线的交点与⑧点直线连接。

⑪前袖山斜线,在⑤线上取①线与⑥线间的 1/2 位置定点,与③线的 1/4 点直线连接。

⑫后偏袖直线,与④线平行相距 2cm,两端分别与⑨线延长线和⑩线延长线相交。

⑬后袖斜线,过①线和②线的交点,沿②线向上取袖口大定点,与④线和⑨线的交点直线连接。

⑭袖口斜线,在②线上取①线至⑬线间的 1/2 位置定点,过此点作⑬线的垂线交于⑭点。

⑮袖开衩,过⑭点沿⑬线向右 8cm 确定开衩的右端点⑮点,开衩宽 2cm。

⑯后偏袖斜线,直线连接⑮点与⑨线和⑫线的交点。

⑰小袖前线,以①线为中线作⑥线的对称线。

⑱小袖后直线,以④线为中线作⑫线的对称线。

⑲小袖后斜线,以⑬线为中线作⑯线的对称线。

⑳小袖山斜线,直线连接⑱线的右端点与⑤线和⑦线的交点。

㉑~㉗如图 8-9(b)所示,分别用弧线连接划顺大袖袖山线㉑、大袖后偏袖线㉒、大袖前偏袖线㉓、大袖口线㉔、小袖袖山线㉕、小袖前线㉖、小袖后线㉗。

五、驳领制图(图 8-10)

①将前肩斜线与直开领线的交点定为 O 点,过 O 点作前中线的垂线 OC,取 OC=2cm 确定 C 点。

②在前门线与第一纽位的交点位置确定驳领下限点 A。

③直线连接 AC 确定驳领线,在 AC 的延长线上取 CD=10cm。

④作 DE 垂直于 CD,取 DE=2cm,直线连接 EC。

⑤作 EF 垂直于 CE,取 EF=领座高 2.5cm 确定 F 点。

⑥直线连接 F 点与领口交点 B 点。

⑦弧线划顺 $\overset{\frown}{FB}$,过肩斜线与 FB 线的交点沿弧线量出 1/2 后领窝大,调整 F 点。

⑧过 F 点作 FB 的垂线 FG,取 FG=领宽 6.5cm 确定 G 点。

⑨过 G 点作 FG 的垂线 GH,取 GH=17.5cm 确定 H 点。

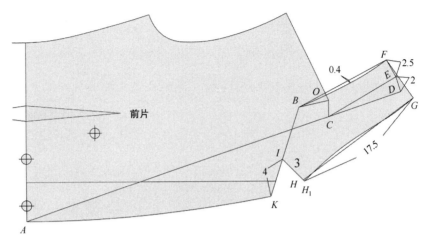

图 8-10

⑩由 K 向里 4cm 确定 I 点，直线连接 IH，在 IH 的延长线上取 $IH_1 = 3$cm 确定 H_1 点。

⑪弧线划顺 $\overparen{GH_1}$ 确定领外口线。

六、部件制图（图 8-11）

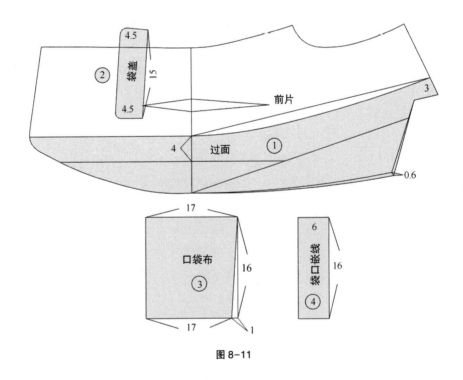

图 8-11

①按照图 8-11 所标注的数据绘制过面。

②按照图 8-11 所标注的数据绘制袋盖。

③按照图 8-11 所标注的数据绘制口袋布。

④按照图 8-11 所标注的数据绘制袋口嵌线。

七、加放缝份（图 8-12）

按照图 8-12 所示的形式及图中所标注的数据加放缝份、折边及剪口位置。

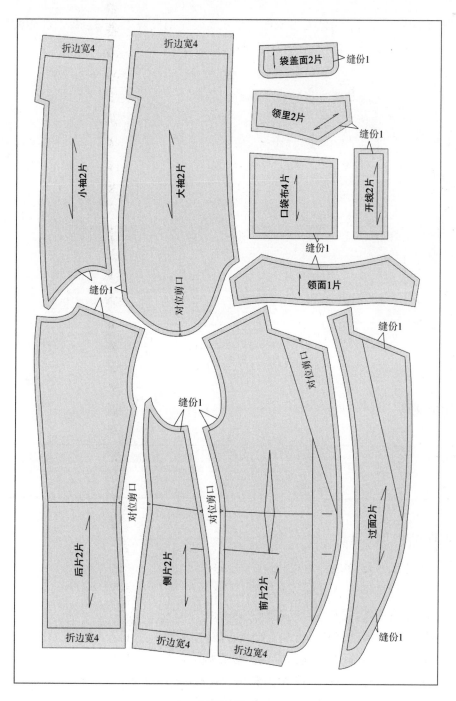

图 8-12

第三节　四开身分割女西装制图

一、造型概述

如图 8-13 所示,单排扣分割板型女西装是在女装应用模板Ⅰ型的基础上产生的款式。叠门宽 2cm,一粒扣,平驳领,衣身有分割造型,两片袖,后片设有背缝线。

 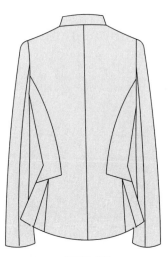

正面款式图　　　　　　　　　背面款式图

图 8-13

二、制图规格

单位:cm

制图部位	衣　长	腰节长	胸　围	肩　宽	袖　长	袖　口
成品规格	58	39	94	40	55	14

三、衣身制图（图 8-14）

①前中线,作水平线,长度＝衣长。

②底边线,垂直于①线,长度＝1/2 胸围。

③衣长线,垂直于①线,长度＝1/2 胸围。

④后中线,直线连接②线和③线的上端点,平行于①线。

⑤腰节线,平行于③线,与③线的距离为腰节长规格。

⑥撇胸线,过①线和③线的交点沿③线向上 0.5cm 定点,在①线上取⑤线和③线间的 1/3 位置定点,直线连接两点。

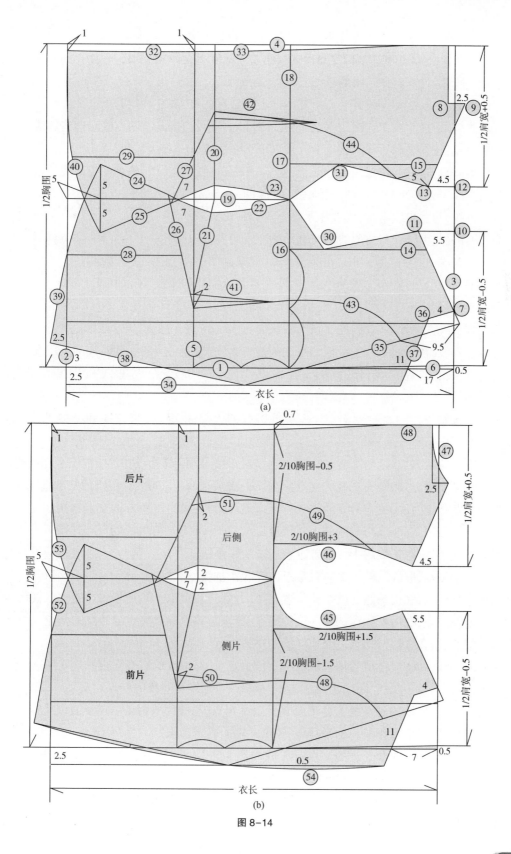

图 8-14

⑦前横开领,过⑥线和③线的交点沿③线向上 1/10 胸围-1cm 确定⑦点。

⑧后横开领,过③线和④线的交点沿③线向左 1cm 定点,再向下 1/10 胸围-1cm 确定⑧点。

⑨后直开领,过⑧点作③线的垂线,长度=2.5cm。

⑩前肩宽,过⑥线和③线的交点沿③线向上 1/2 肩宽-0.5cm 确定⑩点。

⑪前落肩量,过⑩点作③线的垂线,长度=5.5cm,直线连接⑪⑦两点确定前肩斜线。

⑫后肩宽,过③线和④线的交点沿③线向下 1/2 肩宽+0.5cm 确定⑫点。

⑬后落肩量,过⑫点作③线的垂线,长度=4.5cm,直线连接⑨⑬两点确定后肩斜线。

⑭胸宽线,与撇胸线平行,两线相距 2/10 胸围-1.5cm。

⑮背宽线,与后中线平行,两线相距 2/10 胸围-0.5cm。

⑯前袖窿深,由④线与肩斜线的交点沿胸宽线向左 2/10 胸围+1.5cm 确定⑯点。

⑰后袖窿深,2/10 胸围+3cm,在前、后衣片同幅制图中,此点仅作参考点。

⑱袖窿深线,过⑯点作①线的垂线,向两端延长分别并与①线、④线相交。

⑲侧缝直线,平行于①线,与①线相距 1/4 胸围。

⑳后腰节线,过⑲线和⑤线的交点沿⑲线向右 3cm 定点,过此点作④线的垂线。

㉑腰节斜线,在⑤线上取①线至⑲线之间的 1/2 位置定点,与⑲线和⑳线的交点直线连接。

㉒前胸腰斜线,过⑲线和㉑线的交点沿㉑线向下 2cm 定点,与⑲线和⑱线的交点直线连接。

㉓后胸腰斜线,过⑲线与⑳线的交点沿⑳线向上 2cm 定点,与⑲线和⑱线的交点直线连接。

㉔前臀腰斜线,过⑲线与②线的交点向右 5cm、向上 5cm,与㉑线和㉒线的交点直线连接。

㉕后臀腰斜线,过⑲线与②线的交点向右 5cm、向下 5cm,与⑳线和㉓线的交点直线连接。

㉖前下摆分割,在①线与⑲线的 1/3 位置定点,并与㉔线向左 7cm 的交点连接。

㉗后下摆分割,在④线与⑲线的 1/3 位置定点,并与㉔线向左 7cm 的交点连接。

㉘前下摆褶线,取㉖线的 1/2 位置定点向②线作垂线。

㉙后下摆褶线,取㉗线的 1/2 位置定点向②线作垂线

㉚前袖窿切点,在前袖窿深的 1/4 位置定点,分别与⑪点以及⑱点与⑲点的交点直线连接。

㉛后袖窿切点,在后袖窿深的 1/3 位置定点,分别与⑬点以及⑱点与⑲点的交点直线连接。

㉜背缝直线,在②线与⑳线之间作④线的平行线,距离④线 1cm。

㉝背缝斜线,在④线上取后袖窿深的 1/3 位置定点,与㉜线的右端点直线连接。

㉞叠门线,平行于①线,距离①线 2.5cm,右端点与⑤线与⑱线的中点相交。

㉟驳口线,在肩线的延长线上过⑦点向下 2cm 定点,与叠门线㉞的右端点直线连接。

㊱领深斜线,过⑦点作㉟线的平行线,长度=4cm,确定㊱点。

㊲串口斜线,过①线和③线的交点沿①线向左 7cm 定点,与㊱点直线连接,向下延长使其总长度等于 11cm。

㊳前门斜线,过①线和②线的交点沿②线向上 3cm 定点,与㉞线和㉟线的交点直线连接。

㊴前下摆斜线,将㊳线向左延长 2.5cm,与㉔线的下端点直线连接。

㊵后下摆斜线,将②线与㉔线的下端点直线连接。

㊶前腰省线,在前胸宽的1/2位置向上1cm定点,过此点作①线的平行线并与⑤线相交,省量为2cm。

㊷后腰省线,过⑳线的中点作④线的平行线,左端垂直于⑳线,右端超出袖窿深线4cm,省量为20cm。

㊸前片分割线,过㉟线右端点向左9.5cm定分割线的起始点,左侧延长至前腰省线。

㊹后片分割线,过⑬点向左5cm定分割线的起始点,左侧延长至后腰省线。

㊺~㊼如图8-14(b)所示,分别用弧线划顺前后袖窿弧线㊺㊻、后领弧线㊼、前片分割线㊿、后片分割线㊾㋁、前片底边线㋂、后片底边线㋃、驳头线㋄。

四、袖子制图(图8-15)

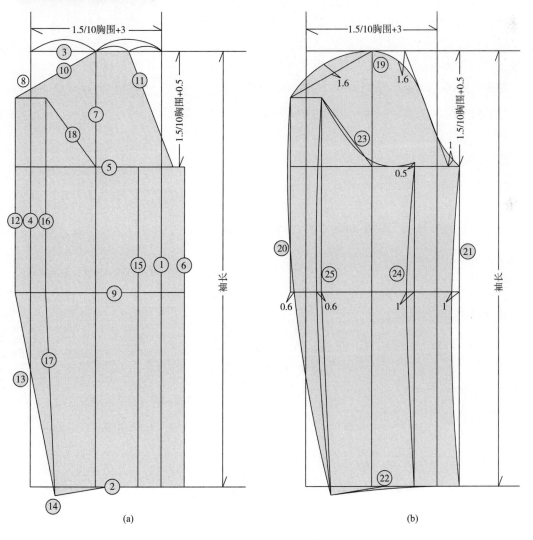

图 8-15

①基本线，作垂直线，长度＝袖长。

②袖口线，垂直于①线。

③袖山线，垂直于①线。

④袖肥线，平行于①线，距离①线 1.5/10 胸围+3cm。

⑤袖山高基线，在①线与④线之间作③线的平行线，距离③线 1.5/10 胸围+0.5cm。

⑥前偏袖线，平行于①线，距离①线 3cm，两端分别与②线和⑤线的延长线相交。

⑦袖中线，过③线的中点作③线的垂线，交于⑤线。

⑧后袖山高点，过③线和④线的交点沿④线向左 1/3 袖山高+1cm 确定⑧点。

⑨肘位线，在④线上取⑧点与②线、④线交点间的 1/2 位置定点，过此点作⑥线的垂线。

⑩后袖山斜线，过③和⑦线交点与⑧点直线连接。

⑪前袖山斜线，在⑤线上取①线至⑥线间的 1/2 位置定点，与③线的 1/4 点直线连接。

⑫后偏袖直线，与④线平行相距2cm，两端分别与⑨线延长线和⑩线延长线相交。

⑬后袖斜线，过①线和②线的交点沿②线向左量袖口大定点，与④线和⑨线的交点直线连接。

⑭袖口斜线，在②线上取①线至⑬线间的 1/2 位置定点，过此点作⑬线的垂线交于⑭点。

⑮小袖前线，以①线为中线作⑥线的对称线。

⑯小袖后直线，以④线为中线作⑫线的对称线。

⑰小袖后斜线，连接⑭线与⑯线的端点。

⑱小袖山斜线，直线连接⑯线的上端点与⑤线和⑦线的交点。

⑲~㉕如图 8-15（b）所示，分别用弧线划顺大袖袖山线⑲、大袖后偏袖线⑳、大袖前偏袖线㉑、大袖口线㉒、小袖袖山线㉓、小袖前线㉔、小袖后线㉕。

五、驳领制图（图 8-16）

①在前片肩斜线的延长线上取 $OC=2cm$，确定 C 点。

②在前门线与第一纽位的交点位置确定驳领下限点 A。

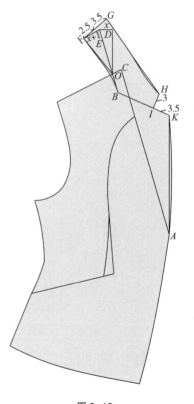

③直线连接 AC 确定驳领线，在 BO 的延长线上取 $OE=9cm$。

④过 E 点作 DE 垂直于 OD，DE 长度用 x 表示。

⑤通过 DE 长度确定 EF 长度为 $x+1cm$ 确定 F 点，过 O 点做 $OF=OE$。

⑥直线连接 F 点与领口交点 B 点。

⑦弧线划顺 $\overset{\frown}{FB}$，$\overset{\frown}{FB}=1/2$ 后领窝长大。

图 8-16

⑧过 F 点作 FB 的垂直线 FG，取 FG=领宽 6cm，确定 G 点。

⑨由 K 点向上 3.5cm 确定 I 点，沿 I 点做 BK 的垂线，取 IH=3cm，确定 H 点。

⑩弧线划顺$\overset{\frown}{GH}$确定翻领外口线。

六、加放缝份（图 8-17）

按照图 8-17 所示的形式及图中所标注的数据加放缝份、折边及剪口位置。

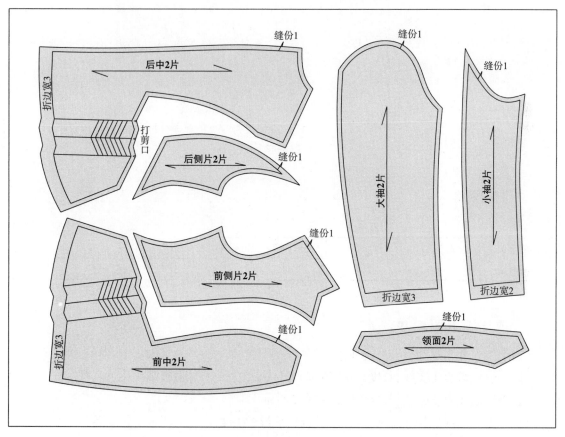

图 8-17

第四节　男式青年装制图*

一、造型概述

如图 8-18 所示，青年装属于三开身结构，是在男装应用 I 型模板的基础上生成的。领型为立领结构。在前片左上方设计一个手巾袋，下方设计两个左右对称的贴袋。门襟五粒纽扣，止口、领外口线、袋盖缉明线，袖口钉三粒装饰扣。

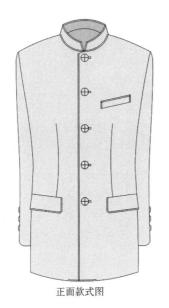
正面款式图

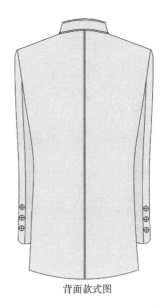
背面款式图

图 8-18

二、制图规格

单位：cm

制图部位	衣　长	胸　围	肩　宽	袖　长	领　围	袖　口
成品规格	77	110	48	62	44	17

三、衣身制图（图 8-19）

①前中线，作水平线，长度＝衣长。

②底边线，垂直于①线，长度＝1/2 胸围+2.5cm。

③衣长线，垂直于①线，长度＝1/2 胸围+2.5cm。

④后中线，直线连接②线和③线的上端点，平行于①线。

⑤腰节线，平行于③线，与③线的距离为 1/2 衣长+4cm。

⑥撇胸线，过①线和③线的交点，沿③线向上 1cm 定点，在①线上取⑤线至③线间的 1/3 位置定点，直线连接两点。

⑦前横开领，过⑥线和③线的交点，沿③线向上 2/10 领围-1cm 确定⑦点。

⑧前直开领，过⑦点作③线的垂线，长度＝2/10 领围+1cm。

⑨后横开领，过③线和④线的交点，沿③线向下 2/10 领围-1cm 确定⑨点。

⑩后直开领，过⑨点作③线的垂线，长度＝2.5cm。

⑪前肩宽，过⑥线和③线的交点，沿③线向上 1/2 肩宽-0.5cm 确定⑪点。

⑫前落肩量，过⑪点作③线的垂线，长度＝5.3cm，直线连接⑫⑦两点确定前肩斜线。

⑬后肩宽，过③线和④线的交点，沿③线向下 1/2 肩宽+0.5cm 确定⑬点。

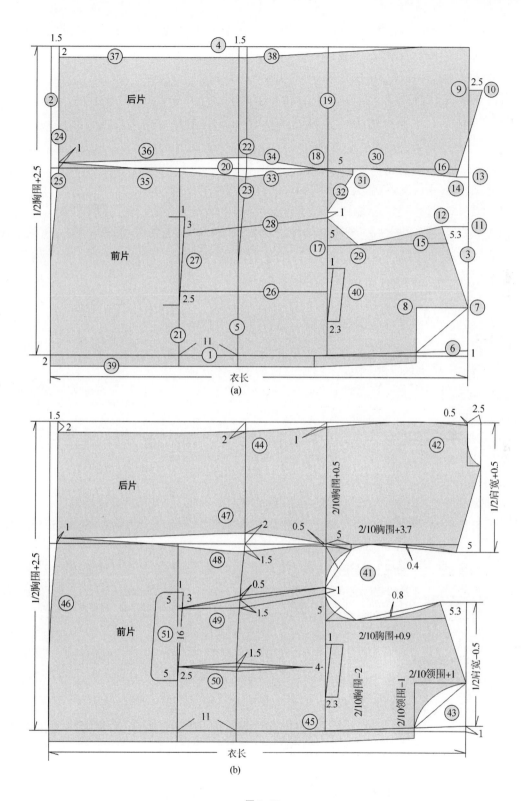

图 8-19

⑭后落肩量，过⑬点作③线的垂线，长度 = 2.5cm，直线连接⑭⑩两点确定后肩斜线。

⑮胸宽线，与撇胸线平行，两线相距 2/10 胸围−2cm。

⑯背宽线，与后中线平行，两线相距 2/10 胸围+0.5cm。

⑰前袖窿深，由胸宽线与肩斜线的交点沿胸宽线向左 2/10 胸围+0.9cm。

⑱后袖窿深，2/10 胸围+3.7cm，在前、后片同幅制图中，仅作参考点。

⑲袖窿深线，过⑰点作①线的垂线，两端分别与①线、④线相交。

⑳侧缝直线，将背宽线向左延长交于底边线。

㉑袋位线，在①线至⑳线之间作⑤线的平行线，距离⑤线 11cm。

㉒后腰节线，过⑳线和⑤线的交点，沿⑳线向右 1.5cm 定点，过此点作④线的垂线。

㉓腰节斜线，在⑤线上取①线至⑳线之间的 1/2 位置定点，与⑳线和㉒线的交点直线连接。

㉔后底边线，在④线与⑳线之间作②线的平行线，距离②线 1.5cm。

㉕前底边斜线，在②线上取①线至⑳线之间的 1/2 位置定点，与㉔线和⑳线的交点直线连接。

㉖省位线，过前胸宽的 1/2 点作①线的平行线，交于袋位线。

㉗大袋口线，过㉑线和㉖线的交点，沿㉑线向下 2.5cm 定点，过此点向上测量袋口大 16cm，袋口斜线的上端点向右倾斜 1cm。

㉘侧省线，在⑲线上过⑰点向上 5cm 定点，在袋口斜线上距离上端点 3cm 处定点，直线连接两点。

㉙前袖窿切点，在前袖窿深的 1/4 位置定点，分别与⑫点及㉘线的右端点直线连接。

㉚后袖窿切点，在后袖窿深的 1/3 位置定点，与⑭点直线连接。

㉛袖窿起翘点，过⑲线和⑳线的交点，沿⑳线向右 5cm 定点，过此点向下 1cm 确定㉛点。

㉜袖窿起翘线，过⑲线和㉘线的交点，沿⑲线向上 1cm 定点，与㉛点直线连接。

㉝前胸腰斜线，过⑳线和㉓线的交点，沿㉓线向下 1.5cm 定点，与⑳线和⑲线的交点直线连接。

㉞后胸腰斜线，过⑳线和㉒线的交点，沿㉒线向上 2cm 定点，与㉛点直线连接。

㉟前臀腰斜线，过⑳线和㉔线的交点，沿㉔线向上 1cm 定点，与㉓线和㉝线的交点直线连接。

㊱后臀腰斜线，过㉟线和㉔线的交点与㉒线和㉞线的交点直线连接。

㊲背缝直线，在㉔线与㉒线之间作④线的平行线，距离④线 2cm。

㊳背缝斜线，在④线上取后袖窿深的 1/3 位置定点，与㊲线的右端点直线连接。

㊴叠门线，左侧平行于①线，右侧平行于撇胸线，距离①线 2cm。

㊵以㉖线为中线，按照图 8−19（b）所标注的数据绘制手巾袋。

㊶～㊽如图 8−19（b）所示，分别用弧线连接划顺前后袖窿弧线㊶、后领窝线㊷、前领窝线㊸、背缝线㊹、前止口线㊺、底边线㊻、后片侧缝线㊼、前片侧缝线㊽。

㊾按照图 8−19（b）中所标注的数据绘制侧省线。

㊿如图 8−19（b）所示，前省大 1.5cm，右端省尖距离袖窿深线 4cm。

51按照图 8−19（b）中所标注的数据绘制袋盖。

四、袖子制图(图8-20)

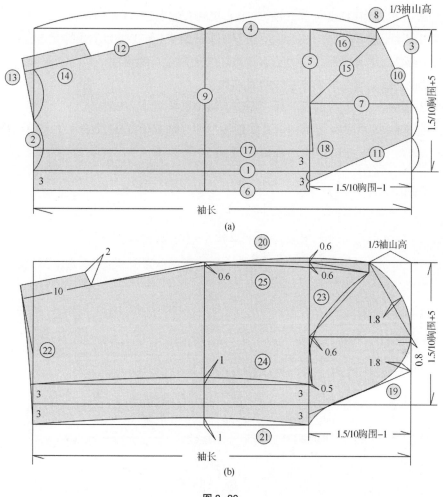

图 8-20

①基本线,作水平线,长度＝袖长。

②袖口线,垂直于①线,长度＝1.5/10 胸围+5cm。

③袖山线,垂直于①线,长度＝1.5/10 胸围+5cm。

④袖肥线,直线连接②线和③线的上端点,平行于①线。

⑤袖山高基线,在①线与④线之间作③线的平行线,距离③线 1.5/10 胸围-1cm。

⑥前偏袖线,平行于①线,距离①线 3cm,两端分别与②线和⑤线的延长线相交。

⑦袖中线,过③线的中点作⑤线的垂线。

⑧后袖山高点,过③线和④线交点,沿④线向左 1/3 袖山高确定⑧点。

⑨肘位线,在④线上取⑧点与②线和④线的交点间的 1/2 位置定点,过此点作⑥线的垂线。

⑩后袖山斜线,过③线和⑦线的交点与⑧点直线连接。

⑪前袖山斜线,在⑤线上取①线与⑥线间的1/2位置定点,与③线的1/4点直线连接。

⑫后袖斜线,过①线和②线的交点,沿②线向上取袖口大定点,与④线和⑨线的交点直线连接。

⑬袖口斜线,过袖口大的中点作⑫线的垂线交于⑬点。

⑭袖开衩,过⑬点沿⑫线向右10cm确定开衩的右端点,开衩宽2cm。

⑮小袖山斜线,过⑧点作④线的垂线向下1.5cm定点,与⑤线和⑦线的交点直线连接。

⑯小袖内撇线,过④线和⑤线的交点与⑮线的上端点直线连接。

⑰小袖前线,以①线为中线作⑥线的对称线。

⑱小袖山起翘线,在⑰线的延长线上距离⑤线0.5cm处确定⑱点。

⑲~㉕如图8-20(b)所示,分别用弧线连接划顺大袖袖山线⑲、大袖后袖线⑳、大袖前偏袖线㉑、大袖口线㉒、小袖袖山线㉓、小袖前线㉔、小袖后线㉕。

五、领子制图(图8-21)

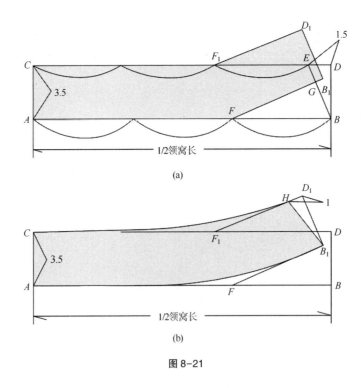

(a)

(b)

图8-21

①作水平线 AB=1/2 领窝。

②分别过 A、B 两点作 AB 的垂线 AC 和 BD。

③取 AC=BD=领高 3.5cm,直线连接 CD。

④在 CD 线上取 DE=1.5cm 确定 E 点,直线连接 BE 确定前领斜线。

⑤在 AB 线的 2/3 位置确定 F 点,过 F 点作 BE 的垂线交于 G 点。

⑥延长 FG 线使 FB_1=FB 确定 B_1 点,过 B_1 点作 BE 的平行线 B_1D_1,取 B_1D_1=BE 确定 D_1 点。

⑦在 CE 的 2/3 位置确定 F_1 点,直线连接 F_1D_1。

⑧如图 8-21(b)所示,用弧线连接划顺领上口线。

⑨如图 8-21(b)所示,用弧线连接划顺领下口线。

⑩如图 8-21(b)所示,取 $D_1H=1$cm 直线连接 HB_1。

六、加放缝份(图 8-22)

按照图 8-22 中所标注的数据加放缝份、折边。

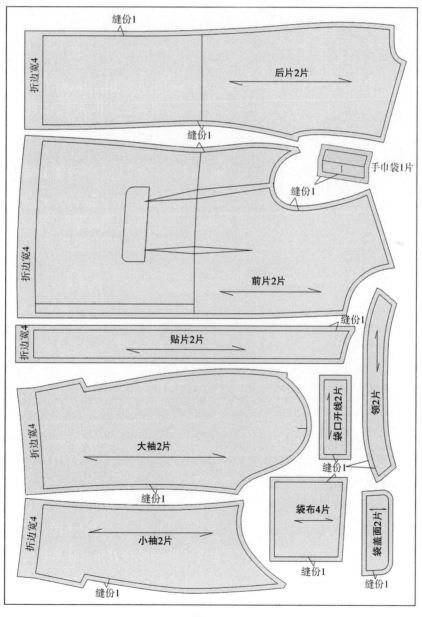

图 8-22

第五节　单排扣男西装制图

一、造型概述

如图 8-23 所示,这是一款单排两粒扣男西装,平驳领,前片设计三个口袋,大袋口双嵌线,装袋盖,手巾袋单嵌线。前侧片分割成独立的衣片,通过分割线的设计提高服装的立体效果。在袋口位置设计了一个省,用以塑造腹部的凸出量。

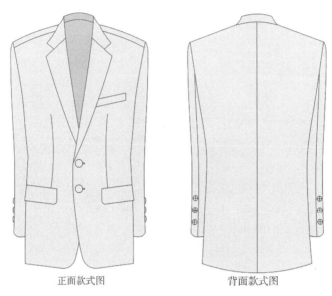

正面款式图　　　　　　　　　　背面款式图

图 8-23

二、制图规格

单位:cm

制图部位	衣　长	胸　围	肩　宽	袖　长	袖　口
成品规格	78	108	46	59	15

三、衣身制图（图 8-24）

①前中线,作水平线,长度=衣长。

②底边线,垂直于①线,长度=1/2 胸围+2.5cm。

③衣长线,垂直于①线,长度=1/2 胸围+2.5cm。

④后中线,直线连接②线和③线的上端点,平行于①线。

⑤腰节线,平行于③线,与③线的距离为 1/2 衣长+4cm。

⑥撇胸线,过①线和③线的交点,沿③线向上 1cm 定点,在①线上取⑤线至③线间的 1/3 位

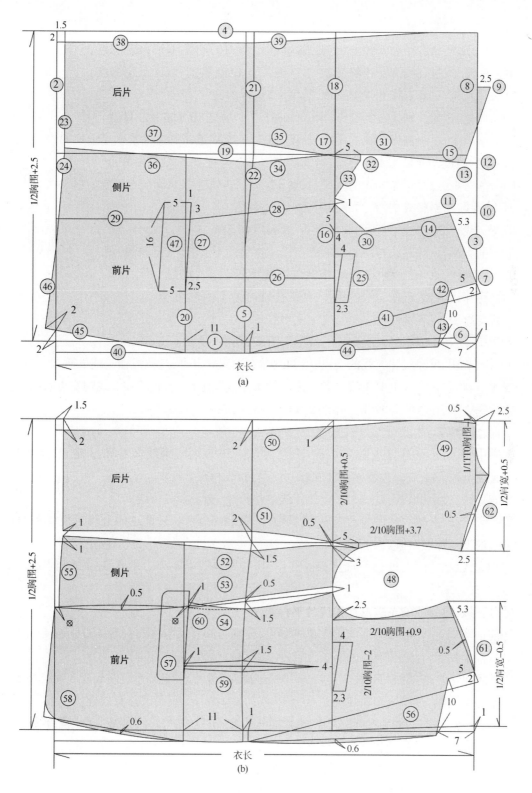

图 8-24

305

置定点,直线连接两点。

⑦前横开领,过⑥线和③线的交点,沿③线向上 1/10 胸围−1cm 确定⑦点。

⑧后横开领,过③线和④线的交点,沿③线向下 1/10 胸围−1cm 确定⑧点。

⑨后直开领,过⑧点作③线的垂线,长度=2.5cm。

⑩前肩宽,过⑥线和③线的交点,沿③线向上 1/2 肩宽−0.5cm 确定⑩点。

⑪前落肩量,过⑩点作③线的垂线,长度=5.3cm,直线连接⑪⑦两点确定前肩斜线。

⑫后肩宽,过③线和④线的交点,沿③线向下 1/2 肩宽+0.5cm 确定⑫点。

⑬后落肩量,过⑫点作③线的垂线,长度=2.5cm,直线连接⑬⑨两点确定后肩斜线。

⑭胸宽线,与撇胸线平行,两线相距 2/10 胸围−2cm。

⑮背宽线,与后中线平行,两线相距 2/10 胸围+0.5cm。

⑯前袖窿深,由胸宽线与肩斜线的交点沿胸宽线向下 2/10 胸围+0.9cm。

⑰后袖窿深,2/10 胸围+3.7cm,在此仅作参考点。

⑱袖窿深线,过⑯点作①线的垂线,两端分别与①线、④线相交。

⑲侧缝直线,将背宽线向左延长交于底边线。

⑳袋位线,在①线至⑲线之间作⑤线的平行线,距离⑤线 11cm。

㉑后腰节线,过⑲线和⑤线的交点,沿⑲线向右 1.5cm 定点,过此点作④线的垂线。

㉒腰节斜线,在⑤线上取①线至⑲线之间的 1/2 位置定点,与⑲线和㉑线的交点直线连接。

㉓后底边线,在④线与⑲线之间作②线的平行线,距离②线 1.5cm。

㉔前底边斜线,在②线上取①线至⑲线之间的 1/2 位置定点,与㉓线和⑲线的交点直线连接。

㉕手巾袋,过⑯点沿⑱线向下 4cm 定点,过此点作⑱线的垂线向右 4cm 定点,其中袋宽 2.3cm,起翘量 1.7cm,袋口大 9cm,袋底线的下端与⑱线相交。

㉖省位线,过手巾袋底线的 1/2 点作①线的平行线,交于大袋位线。

㉗大袋口线,过⑳线和㉖线的交点,沿⑳线向下 2.5cm 定点,过此点向上测量袋口大 16cm,袋口斜线的上端点向右倾斜 1cm。

㉘侧省线,在⑱线上过⑯点向上 5cm 定点,在袋口斜线上距离上端点 3cm 处定点,直线连接两点。

㉙分割线,过㉘线的左端点作①线的平行线,交于②线。

㉚前袖窿切点,在前袖窿深的 1/4 位置定点,分别与⑪点及㉘线的右端点直线连接。

㉛后袖窿切点,在后袖窿深的 1/3 位置定点,与⑬点直线连接。

㉜袖窿起翘点,过⑱线和⑲线的交点,沿⑲线向右 5cm 定点,过此点垂直向下 1cm 确定㉜点。

㉝袖窿起翘线,过⑱线和㉘线的交点,沿⑱线向上 1cm 定点,与㉜点直线连接。

㉞前胸腰斜线,过⑲线和㉒线的交点,沿㉒线向下 1.5cm 定点,与⑱线和⑲线的交点直线连接。

㉟后胸腰斜线,过⑲线和㉑线的交点,沿㉑线向上 2cm 定点,与㉜点直线连接。

㊱前臀腰斜线,过⑲线和㉓线的交点,沿㉓线向上 1cm 定点,与㉒线和㉞线的交点直线连接。

㊲后臀腰直线,过㉟线和㉑线的交点作④线的平行线,交于㉓线。

㊳背缝直线,在㉓线与㉑线之间作④线的平行线,距离④线 2cm。

㊴背缝斜线，在④线上取后袖窿深的 1/3 位置定点，与㊳线的右端点直线连接。

㊵叠门线，平行于①线，距离①线 2cm，右端点超过⑤线 1cm。

㊶驳口线，在肩线的延长线上过⑦点向下 2cm 定点，与叠门线的右端点直线连接。

㊷领深斜线，过⑦点作㊶线的平行线，长度＝5cm，确定㊷点。

㊸串口斜线，过①线和③线的交点，沿①线向左 7cm 定点，与㊷点直线连接，延长该线使其长度等于 10cm。

㊹驳领止口线，直线连接串口线㊸的下端点与驳口线㊶的左端点。

㊺前门斜线，过①线和②线的交点，沿②线向上 2cm 定点，与㊵线和⑳线的交点直线连接。

㊻下摆斜线，将㊺线向左延长 2cm 定点，与㉔线的下端点直线连接。

㊼袋盖，袋盖宽 5cm，袋盖长 16cm，袋盖形状为平行四边形。

㊽～(58)如图 8-24(b)所示，分别用弧线连接划顺前后袖窿弧线㊽、后领窝线㊾、背缝线㊿、后片侧缝线(51)、前片侧缝线(52)、侧片分割线(53)、前片分割线(54)、底边线(55)、驳领止口线(56)、袋盖圆角(57)、下摆圆角线(58)。

(59)如图 8-24(b)所示，前省大在腰节线位置取 1.5cm，袋口线位置取 1cm，上端省尖距离袖窿深线 4cm。

(60)如图 8-24(b)所示，在前片分割线与大袋口交点位置向外放出 1cm，弧线划顺分割线。㉗线与⑳线之间的夹角为袋口省。

(61)如图 8-24(b)所示，用弧线连接划顺前肩线，中间部位凸出 0.5cm。

(62)如图 8-24(b)所示，用弧线连接划顺后肩线，中间部位凹进 0.5cm。

四、袖子制图(图 8-25)

①基本线，作水平线，长度＝袖长。

②袖口线，垂直于①线，长度＝1.5/10 胸围+5cm。

③袖山线，垂直于①线，长度＝1.5/10 胸围+5cm。

④袖肥线，直线连接②线和③线的上端点，平行于①线。

⑤袖山高基线，在①线与④线之间作③线的平行线，距离③线 1.5/10 胸围+0.5cm。

⑥前偏袖线，平行于①线，距离①线 3cm，两端分别与②线和⑤线的延长线相交。

⑦袖中线，过③线的中点作⑤线的垂线。

⑧后袖山高点，过③线和④线的交点，沿④线向左 1/3 袖山高+1cm 确定⑧点。

⑨肘位线，在④线上取⑧点与②线和④线交点间的 1/2 位置定点，过此点作⑥线的垂线。

⑩后袖山斜线，过③线和⑦线的交点与⑧点直线连接。

⑪前袖山斜线，在⑤线上取①线与⑥线间的 1/2 位置定点，与③线的 1/4 点直线连接。

⑫后袖斜线，过①线和②线的交点，沿②线向上取袖口大定点，与④线和⑨线的交点直线连接。

⑬袖口斜线，过袖口大的中点作⑫线的垂线交于⑬点。

⑭袖开衩，过⑬点沿⑫线向右 10cm 确定开衩的右端点，开衩宽 2cm。

⑮小袖山斜线，过⑧点作④线的垂线向下 1.5cm 定点，与⑤线和⑦线的交点直线连接。

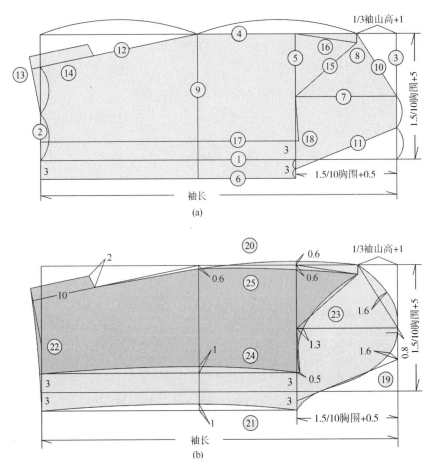

图 8-25

⑯小袖内撇线,过④线和⑤线的交点与⑮线的右端点直线连接。

⑰小袖前线,以①线为中线作⑥线的对称线。

⑱小袖山起翘线,在⑰线的延长线上距离⑤线0.5cm处确定⑱点。

⑲~㉕如图 8-25(b)所示,分别用弧线连接划顺大袖袖山线⑲、大袖后袖线⑳、大袖前偏袖线㉑、大袖口线㉒、小袖袖山线㉓、小袖前线㉔、小袖后线㉕。

五、领子制图(图 8-26)

①将前肩斜线与直开领的交点定为 O 点,过 O 点作前中线的垂线 OC,取 $OC=2$cm确定 C 点。

②在前门线与第一纽位的交点位置确定驳领下限点 A。

③直线连接 AC 确定驳领线,在 AC 的延长线上取 $CD=10$cm。

④作 DE 垂直于 CD,取 $DE=2$cm,直线连接 EC。

⑤作 EF 垂直于 CE,取 $EF=$领座高2.5cm确定 F 点。

⑥直线连接 F 点与领口交点 B 点。

⑦弧线划顺 $\overset{\frown}{FB}$,过肩斜线与 FB 的交点沿弧线量出1/2后领窝大,调整 F 点。

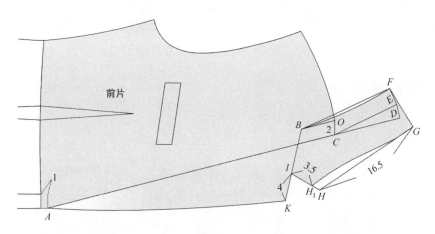

图 8-26

⑧过 F 点作 FB 的垂线 FG,取 FG =领宽 6.5cm 确定 G 点。

⑨过 G 点作 FG 的垂线 GH,取 GH =16.5cm 确定 H 点。

⑩由 K 向里 4cm 确定 I 点,直线连接 IH,在 IH 线上取 IH_1 =3.5cm 确定 H_1 点。

⑪弧线划顺 $\overset{\frown}{GH_1}$ 确定领外口线。

六、部件制图(图 8-27)

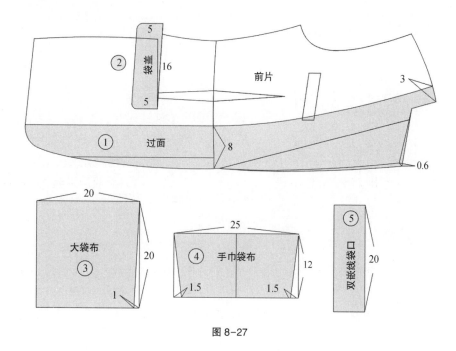

图 8-27

①如图 8-27 所示的形状及图中所标注的数据绘制过面。

②如图 8-27 所示的形状及图中所标注的数据绘制袋盖。

③如图 8-27 所示的形状及图中所标注的数据绘制大袋布。

④如图 8-27 所示的形状及图中所标注的数据绘制手巾袋布。

⑤如图 8-27 所示的形状及图中所标注的数据绘制双开线袋口。

七、加放缝份（图 8-28）

按照图 8-31 中所标注的数据加放缝份及折边。

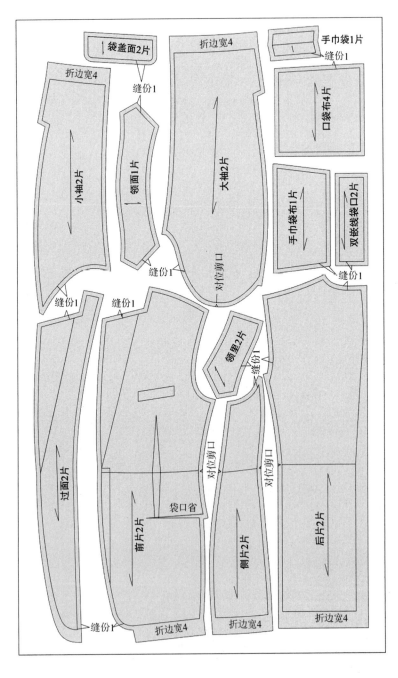

图 8-28

第六节　双排扣男西装制图

一、造型概述

如图 8-29 所示,双排扣男西装与单排扣男西装造型相同,仅在叠门和领部有所变化,叠门宽度一般为 10~12cm,直开领比单排扣西装略大一些,驳领形状有平驳领和戗驳领两种,本节介绍的是平驳领西装的制图。

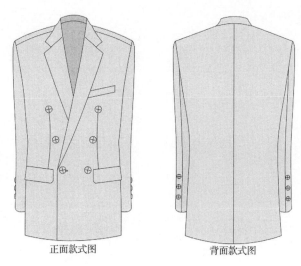

正面款式图　　　　　　背面款式图

图 8-29

二、制图规格

单位:cm

制图部位	衣　长	胸　围	肩　宽	袖　长	袖　口
成品规格	78	110	46	60	15

三、衣身制图(图 8-30)

①前中线,作水平线,长度=衣长。

②底边线,垂直于①线,长度=1/2 胸围+2.5cm。

③衣长线,垂直于①线,长度=1/2 胸围+2.5cm。

④后中线,直线连接②线和③线的上端点,平行于①线。

⑤腰节线,平行于③线,与③线的距离为 1/2 衣长+4cm。

⑥撇胸线,过①线和③线的交点,沿③线向上 1cm 定点,在①线上取⑤线到③线间的 1/3 位置定点,直线连接两点。

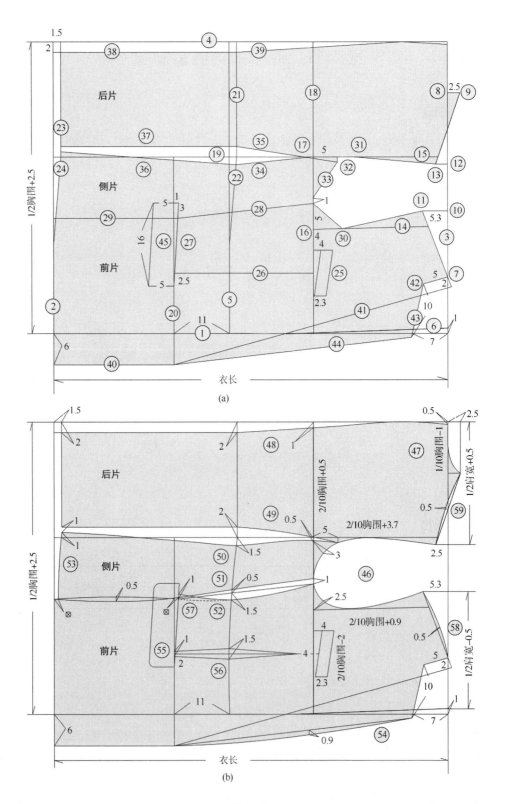

图 8-30

⑦前横开领,过⑥线和③线的交点,沿③线向上 1/10 胸围－1cm 确定⑦点。

⑧后横开领,过③线和④线的交点,沿③线向下 1/10 胸围－1cm 确定⑧点。

⑨后直开领,过⑧点作③线的垂线,长度＝2.5cm。

⑩前肩宽,过⑥线和③线的交点,沿③线向上 1/2 肩宽－0.5cm 确定⑩点。

⑪前落肩量,过⑩点作③线的垂线,长度＝5.3cm,直线连接⑪⑦两点确定前肩斜线。

⑫后肩宽,过③线和④线的交点,沿③线向下 1/2 肩宽＋0.5cm 确定⑫点。

⑬后落肩量,过⑫点作③线的垂线,长度＝2.5cm,直线连接⑬⑨两点确定后肩斜线。

⑭胸宽线,与撇胸线平行,两线相距 2/10 胸围－2cm。

⑮背宽线,与后中线平行,两线相距 2/10 胸围＋0.5cm。

⑯前袖窿深,由胸宽线与肩斜线的交点沿胸宽线向左 2/10 胸围＋0.9cm。

⑰后袖窿深,2/10 胸围＋3.7cm,在此仅作参考点。

⑱袖窿深线,过⑯点作①线的垂线,两端分别与①线、④线相交。

⑲侧缝直线,将背宽线向左延长交于底边线。

⑳袋位线,在①线至⑲线之间作⑤线的平行线,距离⑤线 11cm。

㉑后腰节线,过⑲线和⑤线的交点,沿⑲线向右 1.5cm 定点,过此点作④线的垂线。

㉒腰节斜线,在⑤线上取①线至⑲线之间的 1/2 位置定点,与⑲线和㉑线的交点直线连接。

㉓后底边线,在④线与⑲线之间作②线的平行线,距离②线 1.5cm。

㉔前底边斜线,在②线上取①线至⑲线之间的 1/2 位置定点,与㉓线和⑲线的交点直线连接。

㉕手巾袋,过⑯点沿⑱线向下 4cm 定点,过此点作⑱线的垂线向右 4cm 定点,其中袋宽 2.3cm、起翘量 1.7cm。袋口大 9cm,袋底线的下端与⑱线相交。

㉖省位线,过手巾袋底线的 1/2 点作①线的平行线,交于大袋位线。

㉗大袋口线,过⑳线和㉖线的交点,沿⑳线向下 2.5cm 定点,过此点向上测量袋口大 16cm,袋口斜线的上端点向右倾斜 1cm。

㉘侧省线,在⑱线上过⑯点向上 5cm 处点,在袋口斜线上距离上端点 3cm 处定点,直线连接两点。

㉙分割线,过㉘线的左端点作①线的平行线,交于②线。

㉚前袖窿切点,在前袖窿深的 1/4 位置定点,分别与⑪点及㉘线的右端点直线连接。

㉛后袖窿切点,在后袖窿深的 1/3 位置定点,与⑬点直线连接。

㉜袖窿起翘点,过⑱线和⑲线的交点,沿⑲线向右 5cm 定点,过此点垂直向下 1cm 确定㉜点。

㉝袖窿起翘线,过⑱线和㉘线的交点,沿⑱线向上 1cm 定点,与㉜点直线连接。

㉞前胸腰斜线,过⑲线和㉒线的交点,沿㉒线向下 1.5cm 定点,与⑱线和⑲线的交点直线连接。

㉟后胸腰斜线,过⑲线和㉑线的交点,沿㉑线向上 2cm 定点,与㉜点直线连接。

㊱前臀腰斜线,过⑲线和㉓线的交点,沿㉓线向上 1cm 定点,与㉒线和㉞线的交点直线连接。

㊲后臀腰直线,过㉟线和㉑线的交点作④线的平行线,交于㉓线。

㊳背缝直线,在㉓线与㉑线之间作④线的平行线,距离④线 2cm。

㊴背缝斜线,在④线上取后袖窿深的 1/3 位置定点,与㊳线的右端点直线连接。

㊵叠门线，平行于①线，距离①线 6cm，右端点与大袋位线齐平。

㊶驳口线，在肩线的延长线上过⑦点向下 2cm 定点，与叠门线的右端点直线连接。

㊷领深斜线，过⑦点作㊶线的平行线，长度 = 5cm，确定㊷点。

㊸串口斜线，过①线和③线交点，沿①线向左 7cm 定点，与㊷点直线连接，延长该线使其长度等于 10cm。

㊹驳领止口线，直线连接串口线㊸的下端点与驳口线㊶的左端点。

㊺袋盖，袋盖宽 5cm，袋盖长 16cm，袋盖形状为平行四边形。

㊻～(55)如图 8-30（b）所示，分别用弧线连接划顺前后袖窿弧线㊻、后领窝线㊼、背缝线㊽、后片侧缝线㊾、前片侧缝线㊿、侧片分割线(51)、前片分割线(52)、底边线(53)、驳领止口线(54)、袋盖圆角(55)。

(56)如图 8-30（b）所示，前省大在腰节线位置取 1.5cm，袋口线位置取 1cm，上端省尖距离袖窿深线 4cm。

(57)如图 8-30（b）所示，在前片分割线与大袋口交点位置向外放出 1cm，弧线划顺分割线，确定袋口省。

(58)如图 8-30（b）所示，用弧线连接划顺前肩线，中间部位凸出 0.5cm。

(59)如图 8-30（b）所示，用弧线连接划顺后肩线，中间部位凹进 0.5cm。

四、袖子制图（图 8-31）

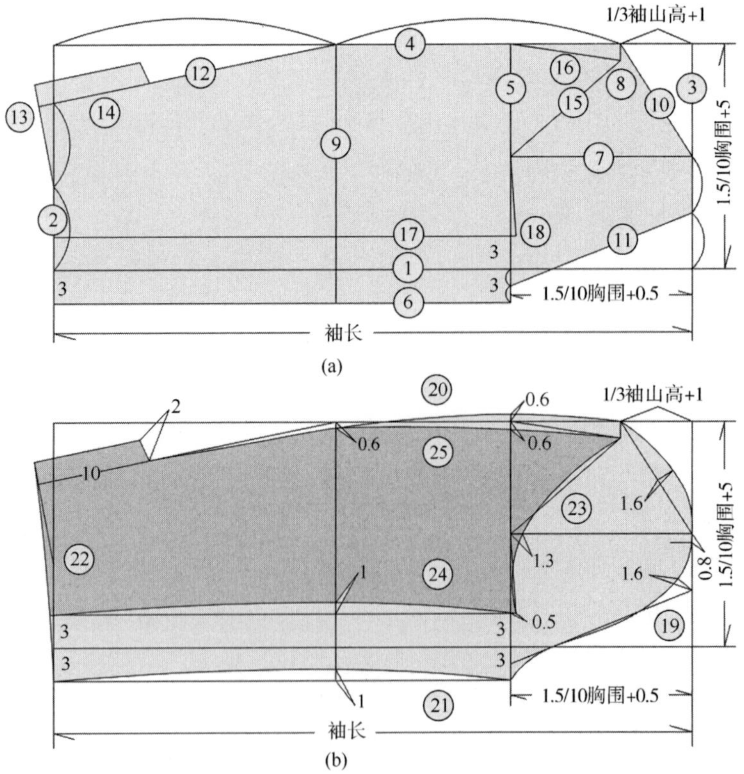

图 8-31

①基本线,作水平线,长度＝袖长。

②袖口线,垂直于①线,长度＝1.5/10 胸围+5cm。

③袖山线,垂直于①线,长度＝1.5/10 胸围+5cm。

④袖肥线,直线连接②线和③线的端点,平行于①线。

⑤袖山高基线,在①线与④线之间作③线的平行线,距离③线 1.5/10 胸围+0.5cm。

⑥前偏袖线,平行于①线,距离①线 3cm,两端分别与②线和⑤线的延长线相交。

⑦袖中线,过③线的中点作⑤线的垂线。

⑧后袖山高点,过③线和④线的交点,沿④线向左 1/3 袖山高+1cm 确定⑧点。

⑨肘位线,在④线上取⑧点与②线和④线的交点间的 1/2 位置定点,过此点作⑥线的垂线。

⑩后袖山斜线,过③线和⑦线的交点与⑧点直线连接。

⑪前袖山斜线,在⑤线上取①线与⑥线间的 1/2 位置定点,与③线的 1/4 点直线连接。

⑫后袖斜线,过①线和②线的交点,沿②线向上取袖口大定点,与④线和⑨线的交点直线连接。

⑬袖口斜线,过袖口大的中点作⑫线的垂线交于⑬点。

⑭袖开衩,过⑬点沿⑫线向右 10cm 确定开衩的右端点,开衩宽 2cm。

⑮小袖山斜线,过⑧点作④线的垂线向下 1.5cm 定点,与⑤线和⑦线的交点直线连接。

⑯小袖内撇线,过④线和⑤线的交点与⑮线的右端点直线连接。

⑰小袖前线,以①线为中线作⑥线的对称线。

⑱小袖山起翘线,在⑰线的延长线上距离⑤线 0.5cm 处确定⑱点。

⑲~㉕如图 8-31(b)所示,分别用弧线连接划顺大袖袖山线⑲、大袖后袖线⑳、大袖前偏袖线㉑、大袖口线㉒、小袖袖山线㉓、小袖前线㉔、小袖后线㉕。

五、领子制图(图 8-32)

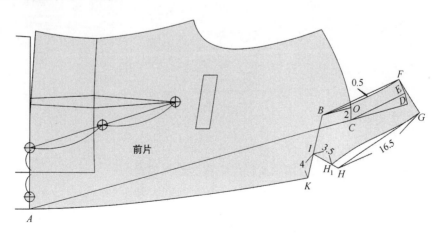

图 8-32

①将前肩线与直开领线的交点定为 O 点,过 O 点作前中线的垂线 OC,取 $OC=2\text{cm}$ 确定 C 点。

②在前门线与第一纽位的交点位置确定驳领下限点 A。

③直线连接 AC 确定驳领线,在 AC 的延长线上取 $CD=10\text{cm}$。

④作 DE 垂直于 CD,取 $DE=2\text{cm}$,直线连接 EC。

⑤作 EF 垂直于 CE,取 $EF=$ 领座高 2.5cm 确定 F 点。

⑥直线连接 F 点与领口交点 B 点。

⑦弧线划顺 $\overset{\frown}{FB}$,过肩斜线与 FB 的交点沿弧线量出 1/2 后领窝大,调整 F 点。

⑧过 F 点作 FB 的垂线 FG,取 $FG=$ 领宽 6.5cm 确定 G 点。

⑨过 G 点作 FG 的垂线 GH,取 $GH=16.5\text{cm}$ 确定 H 点。

⑩由 K 向里 4cm 确定 I 点,直线连接 IH,在 IH 线上取 $IH_1=3.5\text{cm}$ 确定 H_1 点。

⑪弧线划顺 $\overset{\frown}{GH_1}$ 确定领外口线。

六、部件制图(图 8-33)

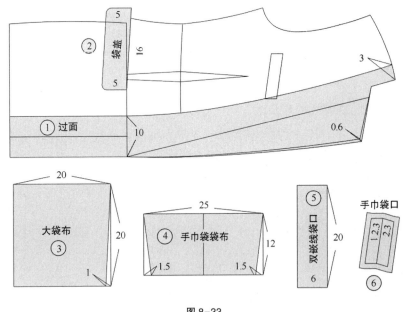

图 8-33

①按照图 8-33 所示的形状及图中所标注的数据绘制过面。

②按照图 8-33 所示的形状及图中所标注的数据绘制袋盖。

③按照图 8-33 所示的形状及图中所标注的数据绘制大袋布。

④按照图 8-33 所示的形状及图中所标注的数据绘制手巾袋袋布。

⑤按照图 8-33 所示的形状及图中所标注的数据绘制双开线袋口。

⑥按照图 8-33 所示的形状及图中所标注的数据绘制手巾袋袋口。

七、加放缝份(图8-34)

按照图8-34中所标注的数据加放缝份、折边及剪口位置。

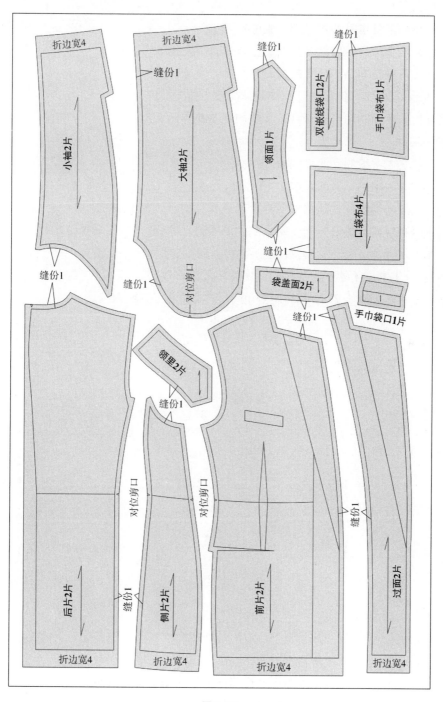

图 8-34

思考练习与实训

一、基础知识

1. 三开身结构基本制图是怎样产生的？

2. 为什么说三开身结构基本制图是三开身服装变化的母型？

3. 男女三开身基本结构制图的相同点和不同点是什么？

4. 试分析女西装制图与三开身基本结构制图的异同点？

5. 试分析男西装制图与三开身基本结构制图的异同点？

二、制图实践

1. 结合教学内容绘制女西装的 1∶5 制图。

2. 结合教学内容绘制男西装的 1∶5 制图。

3. 结合教学内容绘制其他款式的男女三开身结构服装的 1∶5 制图。

4. 确定多种规格反复进行男女基本结构制图的训练，要求熟练掌握基本制图。

5. 按照 1∶1 的比例绘制女西装的制图并完成纸样制作。

6. 按照 1∶1 的比例绘制男西装的制图并完成纸样制作。

7. 根据流行趋势选择男女三开身结构的服装款式进行制图训练。

应用理论 制图实训——

上下连属结构应用制图

<table>
<tr><td>

课题名称：上下连属结构应用制图

课题内容：分腰式连衣裙制图
　　　　　　连腰式连衣裙制图
　　　　　　连腰式旗袍制图
　　　　　　女式经典风衣制图
　　　　　　男式长大衣制图

课题时间：20课时

教学目的：通过本章的制图示范,使学生掌握上下连属结构的计算与制图方法,并在教师的指导下完成教材中规定款式的制图实践。

教学要求：1. 使学生在理解上下连属结构原理的前提下熟练掌握制图步骤与方法。

　　　　　　2. 使学生能够针对具体款式的造型特点灵活运用计算公式及调节值。

　　　　　　3. 使学生能够根据人体结构特征准确处理制图中的弧线。

　　　　　　4. 使学生能够根据款式造型特征合理计算放松量及省量。

课前准备：阅读服装制图及相关方面的书籍,准备制图工具及多媒体课件。

</td></tr>
</table>

第九章

上下连属结构应用制图

第一节　分腰式连衣裙制图

一、造型概述

如图 9-1 所示，腰线分割式连衣裙是女装基础模板与斜裙结构组合而成的连身服装。由于腰线位置设置了分割线，所以腰省量可以取最大胸腰差形成全合身结构。制图中要将裙子上的省线与衣身上的省线对齐，并将前后片胸腰差量分别处理成前后腰省量。款式为无领，短袖，后背缝装拉链。

正面款式图　　　　背面款式图

图 9-1

二、制图规格

单位：cm

制图部位	总裙长	腰节长	胸　围	腰　围	臀　围	肩　宽	袖　长	领　围
成品规格	100	40	93	73	94	40	15	40

三、衣身制图(图9-2)

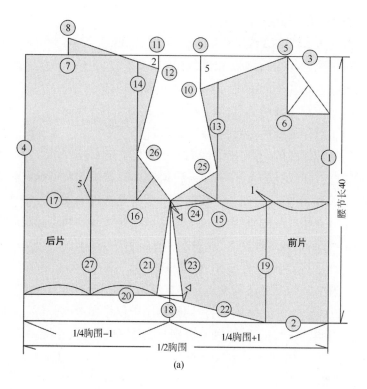

(a)

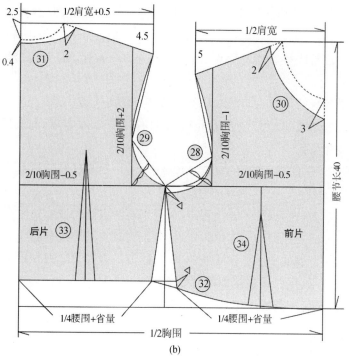

(b)

图9-2

①前中线,作垂线,长度＝腰节长。

②腰节线,垂直于①线,长度＝1/2 胸围。

③衣长线,垂直于①线,长度＝1/2 胸围。

④后中线,直线连接②线和③线的左端点,平行于①线。

⑤前横开领,过①线和③线的交点,沿③线向左 2/10 领围－1cm。

⑥前直开领,过⑤点作③线的垂线,长度＝2/10 领围+1cm。

⑦后横开领,过③线和④线的交点,沿③线向右 2/10 领围－1cm。

⑧后直开领,过⑦点作③线的垂线,长度＝2.5cm。

⑨前肩宽,过①线和③线的交点,沿③线向左 1/2 肩宽定点。

⑩前落肩量,过⑨点作③线的垂线,长度＝5cm,直线连接⑩⑤两点确定前肩斜线。

⑪后肩宽,过③线和④线的交点,沿③线向右 1/2 肩宽+0.5cm 定点。

⑫后落肩量,过⑪点作③线的垂线,长度＝2cm,直线连接⑫⑧两点确定后肩斜线。

⑬胸宽线,与①线平行,两线相距 2/10 胸围－1.5cm。

⑭背宽线,与④线平行,两线相距 2/10 胸围－0.5cm。

⑮前袖窿深,由胸宽线与肩斜线的交点沿胸宽线向下 2/10 胸围－1cm。

⑯后袖窿深,2/10 胸围+2cm,在前、后片同幅制图中仅作参考点。

⑰袖窿深线,过⑮点作①线的垂线,两端分别与①线、④线两线相交。

⑱侧缝直线,平行于①线,距离①线 1/4 胸围+1cm。

⑲省位线,由前胸宽的 1/2 点向左 1cm 定点,过此点作①线的平行线。

⑳后腰节线,过②线和⑱线的交点,沿⑱线向上 4cm 定点,过此点作②线的平行线交于④线。

㉑后侧缝斜线,过⑱线和⑳线的交点,沿⑳线向左 2.8cm 定点,与⑱线和⑰线的交点直线连接。

㉒腰节斜线,过⑲线的下端点与⑳线和㉑线的交点直线连接。

㉓前侧缝斜线,过⑱线和⑳线的交点,沿⑳线向右延长 2cm 定点,与⑰线和⑱线的交点直线连接,下端与㉒线相交。

㉔袖窿深调整线,过㉒线和㉓线的交点,沿㉓线向上量出与㉑线等长距离定点,过此点与⑮点直线连接。

㉕前袖窿切点,在前袖窿深的 1/4 位置定点,分别与⑩点及⑰线和⑱线交点直线连接。

㉖后袖窿切点,在后袖窿深的 1/3 位置定点,分别与⑫点及⑰线和⑱线交点直线连接。

㉗后省位线,过腰节线的 1/2 点作④线的平行线,上端点超过⑰线 5cm。

㉘如图 9-2(b)所示,用弧线连接划顺前袖窿弧线。

㉙如图 9-2(b)所示,用弧线连接划顺后袖窿弧线。

㉚如图 9-2(b)所示,将前片横开领沿肩斜线向左 2cm 定点,直开领沿前中线向下 3cm 定点,用弧线连接两点,划顺前领窝线。

㉛如图 9-2(b)所示,将后片横开领沿肩斜线向右 2cm 定点,直开领沿后中线向下 0.4cm 定

点,用弧线连接两点,划顺后领窝线。

㉜如图9-2(b)所示,用弧线连接划顺前底边线。

㉝后腰省大,如图9-2(b)所示,沿后底边线测量1/4腰围,多余部分为省量,省尖超过袖窿深线5cm。

㉞前腰省大,如图9-2(b)所示,沿前底边弧线测量1/4腰围,多余部分为省量,省尖距离袖窿深线4cm。

四、裙子制图(图9-3)

①前中线,长度=总长-腰节长。

②底边线,垂直于①线,长度=1/2臀围。

③腰围线,垂直于①线,长度=1/2臀围。

④后中线,直线连接②线、③线两线的上端点,平行于①线。

⑤臀围线,在①线、④线两线之间作③线的平行线,距离③线17cm。

⑥侧缝直线,直线连接②与③线的中点,平行于①线。

⑦前臀腰斜线,过③线和⑥线的交点,沿③线向下1/10臀腰差定点,与⑤线和⑥线的交点直线连接。

⑧后臀腰斜线,过③线和⑥线的交点,沿③线向上1/10臀腰差定点,与⑤线和⑥线的交点直线连接。

⑨前侧缝斜线,过②线和⑥线的交点,沿②线向上4cm定点,与⑤线和⑥线的交点直线连接。

⑩后侧缝斜线,过②线和⑥线的交点,沿②线向下4cm定点,与⑤线和⑥线的交点直线连接。

⑪前腰口斜线,在③线上取①线与⑦线间的1/2位置定点,过此点作⑦线的垂线交于⑪点。

⑫后腰口斜线,在③线上取④线与⑧线间的1/2位置定点,过此点作⑧线的垂线交于⑫点。

⑬前底边起翘,在②线上取①线与⑨线间的1/2位置定点,过此点作⑨线的垂线交于⑬点。

⑭后底边起翘,在②线上取④线与⑩线间的1/2位置定点,再过⑤线和⑥线的交点,沿⑩线向左量出与⑨线等长距离确定⑭点,直线连接两点。

⑮~⑳如图9-3(b)所示,用弧线连接划顺前腰口线⑮、后腰口线⑯、前底边线⑰、后底边线⑱、前片侧缝线⑲、后片侧缝线⑳。

㉑如图9-3(b)所示,沿前腰口弧线测量1/4腰围,多余部分为省量,前省线距离前中线7.5cm(与衣身的腰省对齐),省长13cm。

㉒如图9-3(b)所示,沿前腰口弧线测量1/4腰围,多余部分为省量,后省线距离后中线8.5cm(与衣身的腰省对齐),省长15cm。

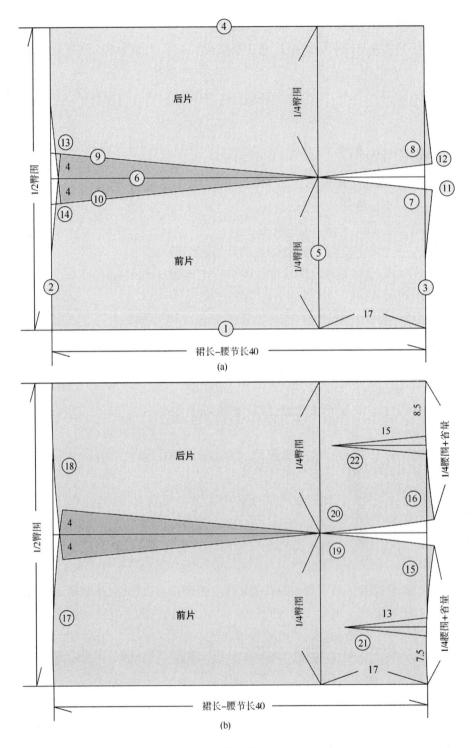

图 9-3

五、袖子制图(图9-4)

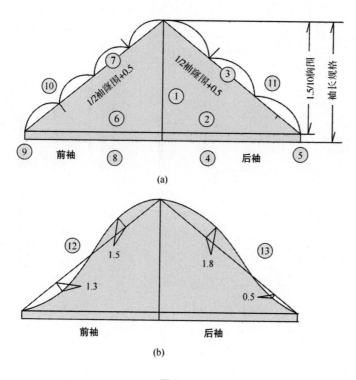

图 9-4

在进行袖子制图之前,先用软尺在衣身制图上测量袖窿弧线的长度,确定袖窿围,然后按照下面的步骤进行制图。

①袖中线,作垂线,长度=袖长。

②袖山基线,垂直于袖中线,距离①线的上端点为 1.5/10 胸围。

③袖山斜线,过①线的上端点向②线作斜切线,长度为 1/2 袖窿围+0.5cm。

④袖口线,过①线的下端点作①线的垂线,长度与②线相等。

⑤袖肥线,直线连接②线与④线的右端点。

⑥以①线为中线作②线的对称线。

⑦以①线为中线作③线的对称线。

⑧以①线为中线作④线的对称线。

⑨以①线为中线作⑤线的对称线。

⑩将前袖山斜线四等分,确定 4 个等分点。

⑪将后袖山斜线三等分,确定 3 个等分点。

⑫如图 9-4(b)所示用弧线连接划顺前袖山弧线。

⑬如图 9-4(b)所示用弧线连接划顺后袖山弧线。

六、加放缝份（图9-5）

按照图9-5中所标注的数据加放缝份、折边及剪口位置。

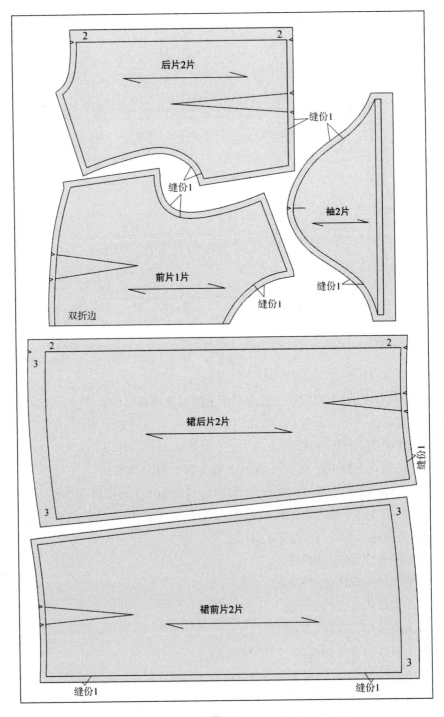

后片2片

缝份1

缝份1

袖2片

缝份1

前片1片

缝份1

双折边

裙后片2片

缝份1

裙前片2片

缝份1　　　　　缝份1

图 9-5

第二节　连腰式连衣裙制图

一、造型概述

如图9-6所示,这种连衣裙是在女装应用Ⅰ型模板的基础上,通过纵向分割所形成的款式。前片分割线由袖窿开始,经过乳凸点、腰省至底边线,前袖窿省为0.7cm,前腰省为3cm,底边线重叠量为3.5cm。后片分割线由袖窿开始,经过后腰省直至底边线。后袖窿省为0.8cm,后腰省为3cm,底边重叠量3.5cm。在前后侧片腰节线位置作分割线,左侧缝线内装拉链。

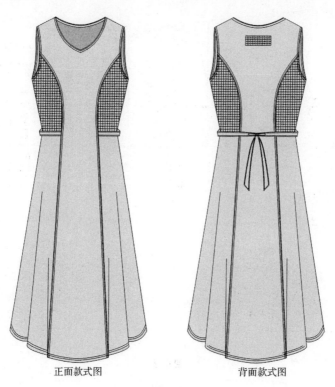

正面款式图　　　　背面款式图

图9-6

二、制图规格

单位:cm

制图部位	总裙长	腰节长	胸围	腰围	臀围	肩宽	领围
成品规格	100	39	93	73	94	39	40

三、前片制图(图9-7)

①前中线,作水平线,长度=总裙长。

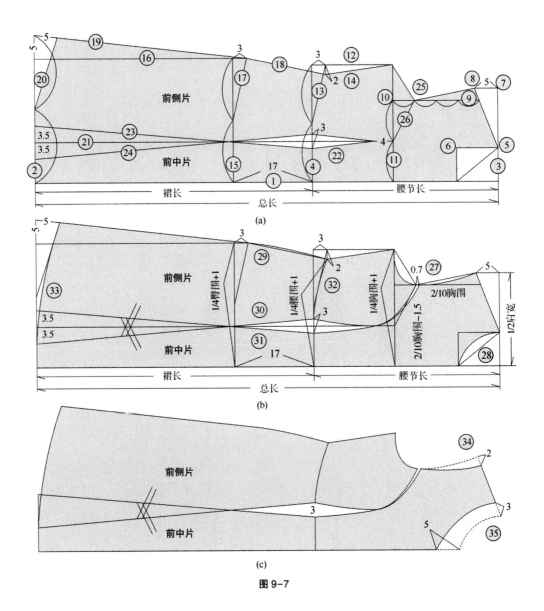

图 9-7

②底边线，垂直于①线。

③衣长线，垂直于①线。

④ 腰节线，平行于③线，与③线的距离为腰节长。

⑤前横开领，过①线和③线的交点，沿③线向上 2/10 领围−1cm。

⑥前直开领，过⑤点作③线的垂线，长度 = 2/10 领围+1cm。

⑦前肩宽，过①线和③线的交点，沿③线向上 1/2 肩宽定点。

⑧前落肩量，过⑦点作③线的垂线，长度 = 5cm，直线连接⑧⑤两点确定前肩斜线。

⑨胸宽线，与①线平行，两线相距 2/10 胸围−1.5cm。

⑩前袖窿深，由胸宽线与肩斜线的交点沿胸宽线向左 2/10 胸围确定⑩点。

⑪袖窿深线，过⑩点作①线的垂线，延长此线使其长度 = 1/4 胸围+1cm。

⑫侧缝直线,过⑪线的上端点作①线的平行线,交于④线。

⑬腰节斜线,过④线和⑫线交点,沿⑫线向右3cm定点,与④线的中点直线连接。

⑭胸腰斜线,过⑫线和⑬线交点,沿⑬线向下2cm定点,与⑫线和⑪线的交点直线连接。

⑮臀围线,平行于④线,距离④线17cm,长度=1/4臀围+1cm。

⑯侧缝直线,平行于①线,距离①线1/4臀围+1cm。

⑰臀围斜线,过⑮和⑯线的交点,沿⑯线向右延长3cm定点,与⑮线的中点直线连接。

⑱臀腰斜线,直线连接⑬线和⑭线的交点与⑯线和⑰线的交点。

⑲侧缝斜线,过②线和⑯线的交点,沿②线向上5cm定点,与⑰线和⑱线的交点直线连接。

⑳底边斜线,过②线和⑲线的交点,沿⑲线向右5cm定点,与②线的中点直线连接。

㉑前片分割线,在⑪线上过前胸宽的1/2点作①线的平行线,交于底边线。

㉒前腰省大,在④线上以㉑线为中线取省大3cm,省尖距离⑪线4cm。

㉓前中片裙边线,过②线和㉑线的交点,沿②线向上3.5cm定点,与腰省下端点直线连接。

㉔前侧片裙边线,以㉑线为中线作㉓线的对称线。

㉕前袖窿切点:在前袖窿深的1/4位置定点,分别与⑧点及⑪线和⑫线的交点直线连接。

㉖袖窿分割线,直线连接㉕点与㉑线的右端点。

㉗~㉝如图9-7(b)所示,分别用弧线连接划顺前袖窿弧线㉗、前领窝线㉘、侧缝线㉙、前侧片分割线㉚、前中片分割线㉛、腰节分割线㉜、底边线㉝。

㉞如图9-7(c)所示,将肩端点缩进2cm,用弧线重新划顺袖窿线。

㉟如图9-7(c)所示,分别将横开领加大3cm,直开领加大5cm,用弧线划顺领窝线。

四、后片制图(图9-8)

①后中线,作水平线,长度=总裙长-1.5cm(前后腰节长度差)。

②底边线,垂直于①线。

③衣长线,垂直于①线。

④腰节线,平行于③线,与③线的距离为腰节长-1.5cm。

⑤后横开领,过①线和③线的交点,沿③线向上2/10领围-1cm。

⑥后直开领,过⑤点作③线的垂线,长度=2.5cm。

⑦后肩宽,过①线和③线的交点,沿③线向上1/2肩宽+0.5cm定点。

⑧后落肩量,过⑦点作③线的垂线,长度=4.5cm,直线连接⑧⑤两点确定前肩斜线。

⑨背宽线,与后中线平行,两线相距2/10胸围-1cm。

⑩后袖窿深,由胸背线与肩斜线的交点沿背宽线向左2/10+2cm胸围确定⑩点。

⑪袖窿深线,过⑩点作①线的垂线,延长此线使其长度=1/4胸围-1cm。

⑫侧缝直线,过⑪线的上端点作①线的平行线,交于②线。

⑬胸腰斜线,过④线和⑫线的交点,沿④线向下2cm定点,与⑫线和⑪线的交点直线连接。

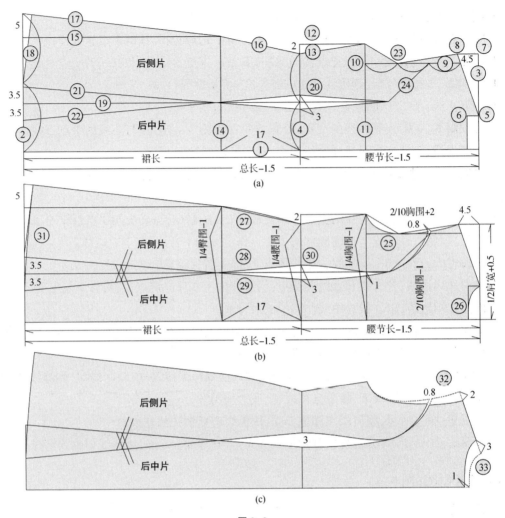

图 9-8

⑭裙臀围线，平行于④线，距离④线 17cm，长度 = 1/4 臀围-1cm。

⑮裙侧缝直线，过⑭线的上端点作①线的平行线，交于②线。

⑯裙臀腰斜线，直线连接⑮线和⑭线的交点与④线和⑬线的交点。

⑰裙侧缝斜线，过②线和⑮线的交点，沿②线向上 5cm 定点，与⑭线和⑮线的交点直线连接。

⑱裙底边斜线，过⑭线和⑰线交点，沿⑰线向左量出与前裙片侧缝斜线等长距离定点，与②线的中点直线连接。

⑲后片分割线，在④线上取①线与⑬线间的 1/2 位置定点，过此点作①线的平行线，左端交于底边线，右端超出⑪线 5cm。

⑳后腰省大，在④线上以⑲线为中线取省大 3cm，省尖高出⑪线 5cm。

㉑后中片裙边线，过②线和⑲线的交点，沿②线向上 3.5cm 定点，与腰省的左端点直线连接。

㉒后侧片裙边线，以⑲线为中线作㉑线的对称线。

㉓后袖窿切点，在后袖窿深的1/3位置定点，分别与⑧点及⑪线和⑫线的交点直线连接。

㉔袖窿分割线，直线连接后腰省的右端点与后袖窿深的1/3点。

㉕~㉛如图9-8(b)所示，用弧线连接划顺后袖窿弧线㉕、后领窝线㉖、侧缝线㉗、后侧片分割线㉘、后中片分割线㉙、腰节分割线㉚、底边线㉛。

㉜如图9-8(c)所示，将肩端点缩进2cm，用弧线重新划顺袖窿线。

㉝如图9-8(c)所示，分别将横开领加大3cm直开领加大1cm，用弧线划顺领窝线。

五、加放缝份（图9-9）

按照图9-9中所标注的数据加放缝份及折边。

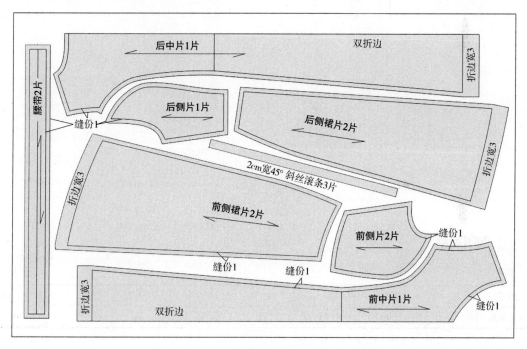

图9-9

第三节　连腰式旗袍制图

一、造型概述

如图9-10所示，旗袍作为我国民族服饰的典型代表，既保持了民族服饰的传统特色与风格，又汲取了西式服装结构的造型特点，结构精巧，适体性强，造型美观大方。随着服装的改革，旗袍的式样也发生了许许多多的变化。本节所介绍的是一种比较常见的款式，属于四开身结构，制图方法与四开身连衣裙基本相同。

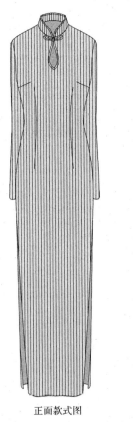 

正面款式图　　　　　　　　背面款式图

图 9-10

二、制图规格

单位：cm

制图部位	总　长	腰节长	胸　围	腰　围	臀　围	肩　宽	袖　长	领　围
成品规格	115	40	93	70	96	41	55	40

三、前片制图（图9-11）

①前中线，作垂线，长度＝总长。

②底边线，垂直于①线。

③衣长线，垂直于①线。

④ 腰节线，平行于③线，与③线的距离为腰节长。

⑤前横开领，过①线和③线的交点，沿③线向左2/10领围。

⑥前直开领，过⑤点作③线的垂线，长度＝2/10领围。

⑦前肩宽，过①线和③线的交点，沿③线向左1/2肩宽定点。

⑧前落肩量，过⑦点作③线的垂线，长度＝5cm，直线连接⑧⑤两点确定前肩斜线。

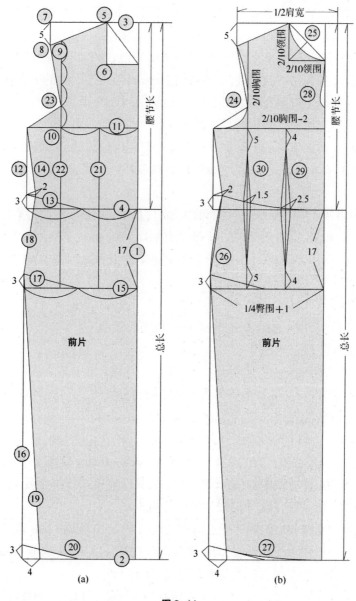

图 9-11

⑨胸宽线,与前中线平行,两线相距 2/10 胸围-2cm。

⑩前袖窿深,由胸宽线与肩斜线的交点沿胸宽线向下 2/10 胸围确定⑩点。

⑪袖窿深线,过⑩点作①线的垂线,向左延长此线使其长度 = 1/4 胸围+1cm。

⑫侧缝直线,过⑪线的左端点作①线的平行线,交于④线。

⑬腰节斜线,过④线和⑫线的交点,沿⑫线向上 3cm 定点,与④线的中点直线连接。

⑭胸腰斜线,过⑫线和⑬线的交点,沿⑬线向右 2cm 定点,与⑫线和⑩线的交点直线连接。

⑮臀围线,平行于④线,距离④线 17cm,长度 = 1/4 臀围+1cm。

⑯侧缝直线,过⑮线的左端点作①线的平行线,交于②线。

⑰臀围斜线,过⑮线和⑯线的交点,沿⑯线向上延长3cm定点,与⑮线的中点直线连接。

⑱臀腰斜线,直线连接⑬线和⑭线的交点与⑯线和⑰线的交点。

⑲侧缝斜线,过②线和⑯线交点,沿②线向右4cm定点,与⑰线和⑱线的交点直线连接。

⑳底边斜线,过②线和⑯线的交点,沿⑯线向上3cm定点,与②线的中点直线连接。

㉑前腰省线,在⑪线上过胸宽的1/2点作①线的平行线,交于⑮线。

㉒侧腰省线,沿胸宽线向下延长与⑮线相交。

㉓前袖窿切点,在前袖窿深的1/4位置定点,分别与⑧点及⑪线和⑫线的交点直线连接。

㉔~㉗如图9-11(b)所示,分别用弧线连接划顺前袖窿弧线㉔、前领窝线㉕、侧缝线㉖、底边线㉗。

㉘如图9-11(b)所示,用弧线连接划顺前领豁口,长度=10cm,下部宽度1.2cm。

㉙如图9-11(b)所示,前省大2.5cm,上端距离袖窿深线4cm,下端距离臀围线4cm。

㉚如图9-11(b)所示,侧省大1.5cm,上端距离袖窿深线5cm,下端距离臀围线5cm。

四、后片制图(图9-12)

①后中线,作垂线,长度=总裙长-1.5cm(前后腰节长度差)。

②底边线,垂直于①线。

③衣长线,垂直于①线。

④腰节线,平行于③线,与③线的距离为腰节长-1.5cm。

⑤后横开领,过①线和③线的交点,沿③线向左2/10领围。

⑥后直开领,过⑤点作③线的垂线,长度=2.5cm。

⑦后肩宽,过①线和③线的交点,沿③线向左1/2肩宽+0.5cm定点。

⑧后落肩量,过⑦点作③线的垂线,长度=4.5cm,直线连接⑧⑤两点确定后肩斜线。

⑨背宽线,与后中线平行,两线相距2/10胸围-0.5cm。

⑩后袖窿深,由背宽线与肩斜线的交点沿背宽线向下2/10胸围+2cm确定⑩点。

⑪袖窿深线,过⑩点作①线的垂线,向左延长此线使其长度=1/4胸围-1cm。

⑫侧缝直线,过⑪线的左端点作①线的平行线,交于④线。

⑬胸腰斜线,过④线和⑫线的交点,沿④线向右2cm定点,与⑫线和⑪线的交点直线连接。

⑭臀围线,平行于④线,距离④线17cm,长度=1/4臀围-1cm。

⑮侧缝直线,过⑭线的左端点作①线的平行线,交于②线。

⑯臀腰斜线,直线连接⑮线和⑭线的交点与④线和⑬线的交点。

⑰侧缝斜线,过②线和⑮线的交点,沿②线向右4cm定点,与⑭线和⑮线的交点直线连接。

⑱底边斜线,过⑭线和⑰线交点,沿⑰线向下量出与前片侧缝斜线等长距离定点,与②线的中点直线连接。

⑲后腰省线,过后背宽的1/3点作①线的平行线,上端高出袖窿深线5cm,下端距离臀围线3cm。

⑳侧腰省线,过后背宽的1/3点作①线的平行线,上端超出袖窿深线3cm,下端距离臀围线5cm。

㉑后袖窿切点,在后袖窿深的1/3位置定点,分别与⑧点及⑪线和⑫线的交点直线连接。

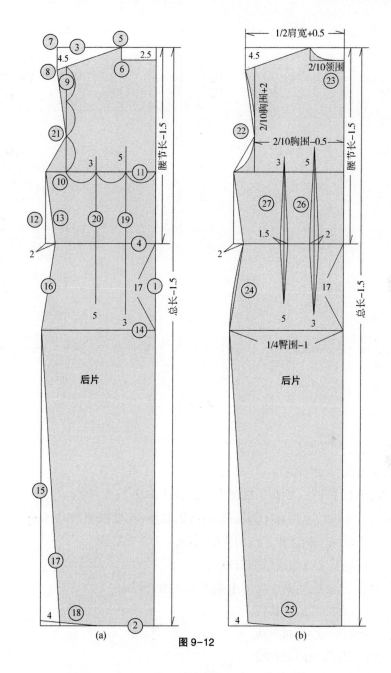

图 9-12

㉒~㉕如图 9-12(b)所示,分别用弧线连接划顺后袖窿弧线㉒、后领窝线㉓、侧缝线㉔、底边线㉕。

㉖如图 9-12(b)所示,绘制后腰省,省大 2cm。

㉗如图 9-12(b)所示,绘制侧腰省,省大 1.5cm。

五、袖子制图(图 9-13)

在进行袖子制图之前,先用软尺在衣身制图上测量袖窿弧线的长度,确定袖窿围,然后按照

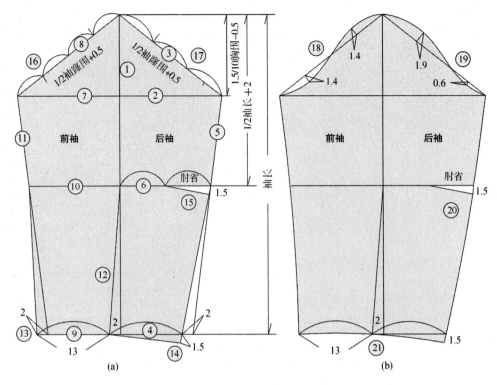

图 9-13

下面的步骤进行制图。

①袖中线，作垂线，长度＝袖长。

②袖山基线，垂直于①线，距离①线的上端点为 1.5/10 胸围−0.5cm。

③袖山斜线，过①线的上端点向②线作斜切线，长度＝1/2 袖窿围+0.5cm。

④袖口线，过①线的下端点作①线的垂线，长度＝1/2 袖口围。

⑤袖肥线，直线连接②线与④线的右端点。

⑥袖肘线，垂直于①线，距离①线的上端点 1/2 袖长+2cm。

⑦以①线为中线作②线的对称线。

⑧以①线为中线作③线的对称线。

⑨以①线为中线作④线的对称线。

⑩以①线为中线作⑥线的对称线。

⑪以①线为中线作⑤线的对称线。

⑫将①线的下端点向左移位 2cm 定点，与①线和⑥线的交点直线连接。

⑬过⑨线和⑪线的交点，沿⑨线向左移位 2cm 定点，与⑩线和⑪线的交点直线连接。

⑭将后袖口线的右端点向左 2cm、再向下 1.5cm 定点，与袖肘线⑥的右端点直线连接。

⑮袖肘省大 1.5cm，省尖位于⑥线的 1/2 位置。

⑯将前袖山斜线四等分，确定 4 个等分点。

⑰将后袖山斜线三等分,确定 3 个等分点。

⑱~㉑如图 9-13(b)所示,分别用弧线连接划顺前袖山弧线⑱、后袖山弧线⑲、后袖肥线㉑、袖口线㉑。

六、领子制图(图9-14)

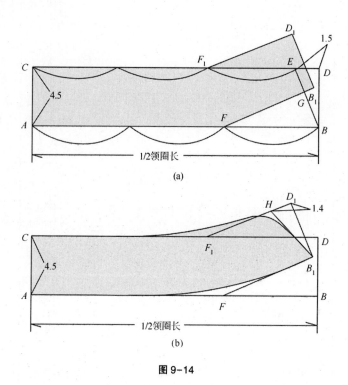

图 9-14

①作水平线 $AB=1/2$ 领窝。

②分别过 A、B 两点作 AB 的垂线 AC 和 BD。

③取 $AC=BD=$ 领高 4.5cm,直线连接 CD。

④在 CD 线上取 $DE=1.5$cm 确定 E 点,直线连接 BE 确定前领斜线。

⑤在 AB 线的 2/3 位置确定 F 点,过 F 点作 BE 的垂线交于 G 点。

⑥延长 FG 线使 $FB_1=FB$ 确定 B_1 点,过 B_1 点作 BE 的平行线 B_1D_1,取 $B_1D_1=BE$ 确定 D_1 点。

⑦在 CE 的 2/3 位置确定 F_1 点,直线连接 F_1D_1。

⑧如图 9-14(b)所示,用弧线连接划顺领上口线。

⑨如图 9-14(b)所示,用弧线连接划顺领下口线。

⑩如图 9-14(b)所示,取 $D_1H=1.4$cm 直线连接 HB_1,用弧线连接划顺领角。

七、加放缝份(图9-15)

按照图 9-15 中所标注的数据加放缝份及折边。

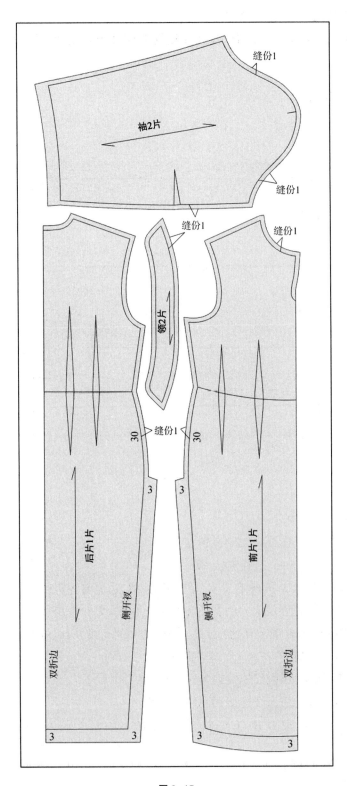

图 9-15

第四节　女式经典风衣制图

一、造型概述

如图9-16所示,这是一款修身女式长款风衣,是在女装四开身应用模板Ⅰ型的基础上变化而成的。款式特点为翻驳领、装袖、双排扣,后背缝设计开衩,前后衣片设计刀背分割。

正面款式图　　　　　　　　背面款式图

图 9-16

二、制图规格

单位:cm

制图部位	衣　长	胸　围	肩　宽	袖　长	袖　口	领　围
成品规格	92	98	40	60	25	40

三、衣身制图(图9-17)

①前中线,作水平线,长度=衣长。

②底边线,垂直于①线,长度=1/2胸围。

③衣长线,垂直于①线,长度=1/2胸围。

④后中线,直线连接②线、③线上端点,平行于①线。

⑤前横开领,过①线和③线的交点,沿③线向上2/10领围定点。

⑥前直开领,过⑤点作③线的垂线,长度=2/10领围+1cm。

⑦后横开领,过③线和④线的交点,沿③线向下2/10领围定点。

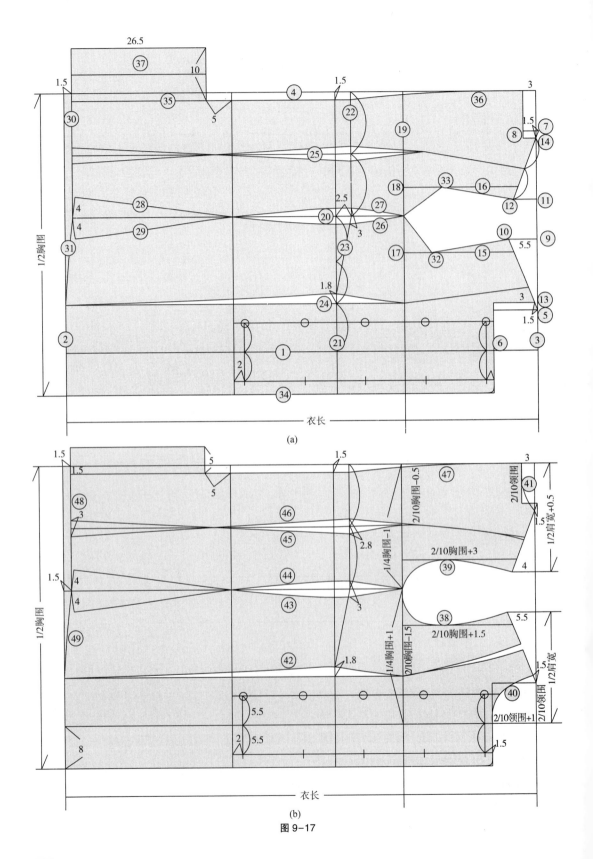

(a)

(b)

图 9–17

⑧后直开领,过⑦点作③线的垂线,长度=3cm。

⑨前肩宽,过①线和③线的交点,沿③线向上 1/2 肩宽定点。

⑩前落肩量,过⑨点作③线的垂线,并向左 5.5cm 确定⑩点,直线连接⑤⑩两点确定前肩斜线。

⑪后肩宽,过③线和④线的交点,沿③线向下量 1/2 肩宽+0.5cm 定点。

⑫后落肩量,过⑪点作③线的垂线并向左 4cm 确定⑫点,直线连接⑦⑫两点确定后肩斜线。

⑬前横开领调整,过⑤点沿前肩线向上 1.5cm 确定最终前横开领。

⑭后横开领调整,过⑦点沿后肩线向下 1.5cm 确定最终后横开领。

⑮胸宽线,与①线平行,两线相距 2/10 胸围−1.5cm。

⑯背宽线,与④线平行,两线相距 2/10 胸围−0.5cm。

⑰前袖窿深,由胸宽线与肩斜线的交点沿胸宽线向左 2/10 胸围+1.5cm 定点。

⑱后袖窿深,由背宽线与肩斜线的交点沿背宽线向左 2/10 胸围+3cm 定点。

⑲袖窿深线,直线连接⑰⑱两点并向两端延长,分别与①线、④线相交。

⑳侧缝直线,平行于①线,距离前中线 1/4 胸围+1cm。

㉑前腰节线,在①线与④线之间作③线的平行线,与③线距离等于腰节长。

㉒后腰节线,过⑳线和㉑线的交点沿⑳线向右 2.5cm 定点,过此点作④线的垂线。

㉓前腰节斜线,在㉑线上取①线和⑳线的 1/2 位置与㉒线的下端点直线连接。

㉔前刀背分割线,将前腰节线三等分,在前 1/3 位置定点分别向②线和⑲线作垂线,同时连接前肩线向上 3cm 的定点。

㉕后刀背分割线,在后腰节线的 1/2 位置确定分割线位置,向②线作垂线,同时连接后肩线的 1/2 定点。

㉖前胸腰斜线,过⑳线与㉓线的交点沿㉓线向下 1.5cm 定点,与⑳线和⑲线的交点直线连接。

㉗后胸腰斜线,过⑳线与㉑线的交点沿㉒线向上 1.5cm 定点,与⑳线和⑲线的交点直线连接。

㉘前侧缝斜线,过⑳线和②线的交点向右 1.5cm,沿此点向上 4cm 定点,与㉓线和㉖线的交点直线连接。

㉙后侧缝斜线,过②线和⑳线的交点向右 1.5cm,沿此点向下 4cm 定点,与㉒线和㉗线的交点直线连接。

㉚后底边线,在④线与⑳线之间作②线的平行线,距离②线 1.5cm。

㉛前底边起翘,在②线上取①线至⑳线间的 1/2 位置定点,过此点作㉘线的垂线。

㉜前袖窿切点,在前袖窿深的 1/4 位置定点,分别与⑩点直线连接,以及与⑲线和⑳线的交点直线连接。

㉝后袖窿切点,在后袖窿深的 1/3 位置定点,分别与⑫点直线连接,以及与⑲线和⑳线的交点直线连接。

㉞叠门线,平行于①线,距离①线 8cm。

㉟后背直线,在②线与㉒线之间作④线的平行线,距离④线 1.5cm。

㊱后背斜线，在④线上取袖窿深的 1/3 位置定点，与㉟线的右端点直线连接。

㊲如图 9-17（b）所示，绘制后开衩，长度＝26.5cm，宽度＝5cm。

㊳～㊾如图 9-23（b）所示，分别用弧线划顺前袖窿弧线㊳、后袖窿弧线㊴、前领圈线㊵、后领圈线㊶、前分割线㊷、前侧缝线㊸、后侧缝线㊹、后片分割线㊺㊻、背缝线㊼、后片底边线㊽、前片底边线㊾。

四、袖子制图（图 9-18）

①基本线，作垂直线，长度＝袖长。

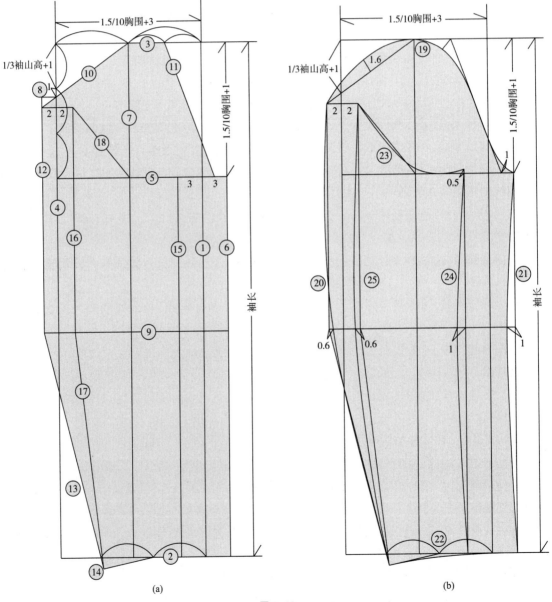

(a)   (b)

图 9-18

②袖口线,垂直于①线。

③袖山线,垂直于①线。

④袖肥线,平行于①线,距离①线 1.5/10 胸围+3cm。

⑤袖山高基线,在①线与④线之间作③线的平行线,距离③线 1.5/10 胸围+1cm。

⑥前偏袖线,平行于①线,距离①线 3cm,两端分别与②线和⑤线的延长线相交。

⑦袖中线,过③线的中点作③线的垂线,交于⑤线。

⑧后袖山高点,过③线和④线的交点沿④线向下取 1/3 袖山高+1cm 确定⑧点。

⑨肘位线,在④线上取⑧点与②线、④线交点间的 1/2 位置定点,过此点作⑥线的垂线。

⑩后袖山斜线,过③线和⑦线交点与⑧点直线连接。

⑪前袖山斜线,在⑤线上取①线与⑥线间的 1/2 位置定点,与③线的 1/4 点直线连接。

⑫后偏袖直线,与④线平行相距 2cm,两端分别与⑨线延长线和⑩线延长线相交。

⑬后袖斜线,过①线、②线交点沿②线向左量袖口大定点,与⑫线、⑨线的交点直线连接。

⑭袖口斜线,在②线上取①线与⑬线间的 1/2 位置定点,过此点作⑬线的垂线交于⑭点。

⑮小袖前线,以①线为中线作⑥线的对称线。

⑯小袖后直线,以④线为中线作⑫线的对称。

⑰小袖后斜线,连接⑭点左端点与⑯线的下端点。

⑱小袖山斜线,直线连接⑯线的上端点与⑤线和⑦线的交点。

⑲~㉕如图 9-18(b)所示,分别用弧线划顺大袖袖山线⑲、大袖后偏袖线⑳、大袖前偏袖线㉑、大袖口线㉒、小袖袖山线㉓、小袖前线㉔、小袖后线㉕。

五、领子制图(图 9-19)

①作水平线 AB=1/2 领圈。

②分别过 A、B 两点作 AB 的垂线 AC 和 BD。

③取 AC=BD=领高 2.5cm,直线连接 CD。

④延长 BD 至 E,DE=1cm。

⑤在 AB 线的 1/3 位置确定 F 点,连接 $\overset{\frown}{FE}$,并作 FE 的垂线 EG,EG=2.3cm。

⑥在 CD 线的 1/3 位置确定 H 点,连接 $\overset{\frown}{HG}$。

⑦过 G 点作水平线,与 AC 的延长线交于 A_1 点,延长 A_1 到 E_1,A_1E_1=4cm,延长 E_1 到 C_1,E_1C_1=5.5cm。

⑧连接 $\overset{\frown}{E_1G}$。

⑨过 G 点作 A_1G 的垂线 GD_1,长度=9.3cm,连接 C_1D_1。

⑩延 D_1 点下落 1.3cm 确定 G_1,在 C_1D_1 线的 1/3 位置确定点 F_1,连接 $\overset{\frown}{F_1G_1}$ 并延长 2.5cm 确定 H_1 点。

⑪直线连接 GH_1。

⑫如图 7-19 所示，圆顺 $\overgroup{FE}$、$\overgroup{HG}$、$\overgroup{E_1G}$、$\overgroup{C_1H_1}$ 领上口线和领下口线。

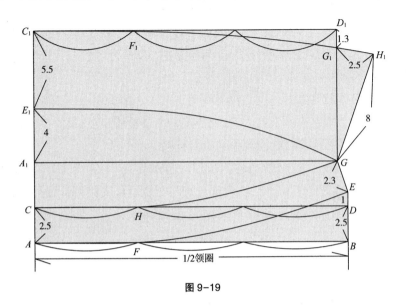

图 9-19

六、部件制图(图9-20)

①按照图 9-20 所标注的数据绘制过面。

②按照图 9-20 所标注的数据绘制扣眼位置。

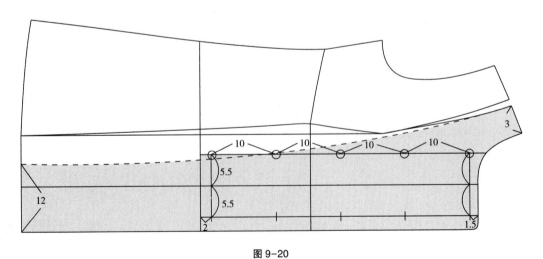

图 9-20

七、加放缝份(图9-21)

按照图 9-27 中所标注的数据加放缝份、折边及剪口位置。

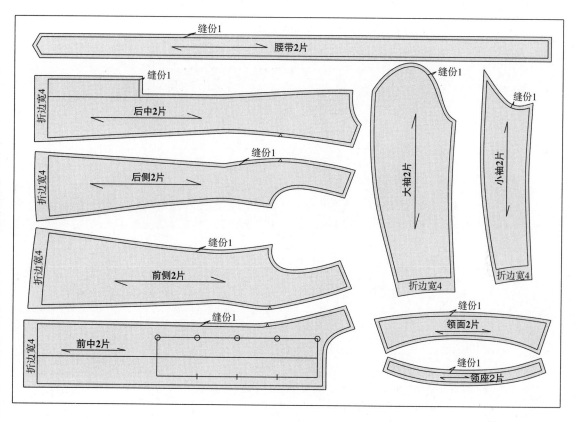

图 9-21

第五节　男式长大衣制图

一、造型概述

如图 9-22 所示,男式长大衣是在男装四开身应用 II 型模板的基础上变化而成的,侧缝线向后移位 3cm,驳领,装袖结构,单排扣,后背缝设计开衩,前衣片上设计一个袖窿省。

二、制图规格

单位:cm

制图部位	衣 长	胸 围	肩 宽	袖 长	袖 口	领 围
成品规格	110	120	50	62	20	45

三、衣身制图(图 9-23)

①前中线,作水平线,长度＝衣长。

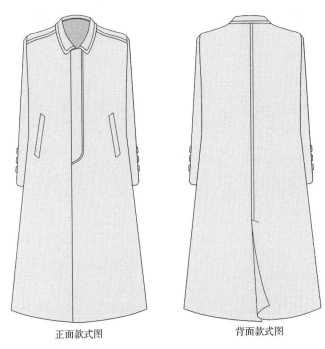

正面款式图　　　　　　　　背面款式图

图 9-22

②底边线，垂直于①线，长度 = 1/2 胸围+2.5cm。

③衣长线，垂直于①线，长度 = 1/2 胸围+2.5cm。

④后中线，直线连接②线和③线的上端点，平行于①线。

⑤腰节线，平行于③线，与③线的距离为 45cm。

⑥撇胸线，过①线和③线的交点，沿③线向上 1cm 定点，在①线上取⑤线至③线间的 1/3 位置定点，直线连接两点。

⑦前横开领，过⑥线和③线的交点，沿③线向上 2/10 领围确定⑦点。

⑧前直开领，过⑦点作③线的垂线，长度 = 2/10 领围+3cm。

⑨后横开领，过③线和④线的交点，沿③线向下 2/10 领围确定⑨点。

⑩后直开领，过⑨点作③线的垂线，长度 = 2.5cm。

⑪前肩宽，过⑥线和③线的交点，沿③线向上 1/2 肩宽-0.5cm 确定⑪点。

⑫前落肩量，过⑪点作③线的垂线，长度 = 5.3cm，直线连接⑫⑦两点确定前肩斜线。

⑬后肩宽，过③线和④线的交点，沿③线向下 1/2 肩宽+0.5cm 确定⑬点。

⑭后落肩量，过⑬点作③线的垂线，长度 = 2.5cm，直线连接⑭⑩两点确定后肩斜线。

⑮胸宽线，与撇胸线平行，两线相距 2/10 胸围-2cm。

⑯背宽线，与后中线平行，两线相距 2/10 胸围+0.5cm。

⑰前袖窿深，由胸宽线与肩斜线的交点沿胸宽线向左 2/10 胸围+0.9cm 确定⑰点。

⑱后袖窿深，2/10 胸围+3.7cm，在此仅作参考点。

⑲袖窿深线，过⑰点作①线的垂线，两端延长分别与①线、④线两线相交。

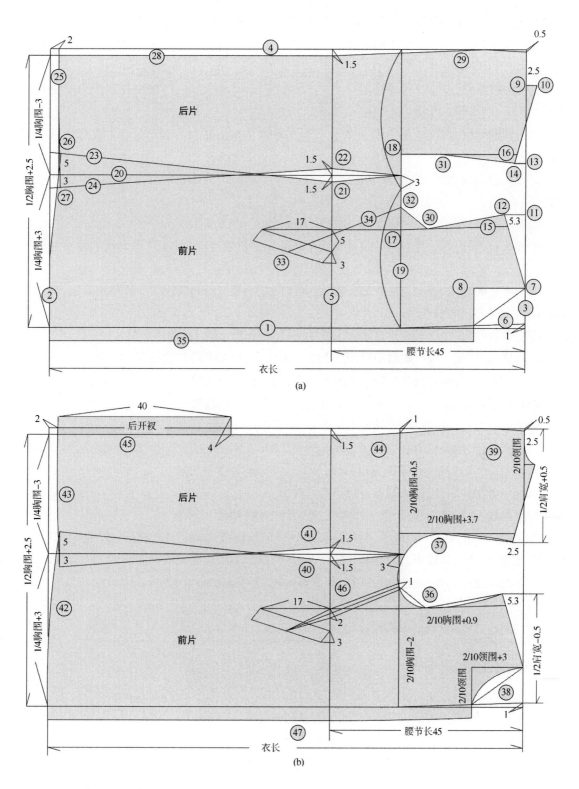

图 9-23

⑳侧缝直线,在②线与⑲线之间作①线的平行线,距离①线 1/4 胸围+3cm。

㉑前胸腰斜线,过⑤线和⑳线的交点,沿⑤线向下 1.5cm 定点,与⑳线和⑲线的交点直线连接。

㉒后胸腰斜线,过⑤线和⑳线的交点,沿⑳线向上 1.5cm 定点,与⑳线和⑲线的交点直线连接。

㉓前侧缝斜线,过②线和⑳线的交点,沿②线向上 5cm 定点,与⑤线和㉑线的交点直线连接。

㉔后侧缝斜线,过②线和⑳线的交点,沿②线向下 3cm 定点,与⑤线和㉒线的交点直线连接。

㉕后底边线,在④线与⑳线之间作②线的平行线,距离②线 2cm。

㉖前底边起翘,在②线上取①线至⑳线之间的 1/2 位置定点,过此点作㉓线的垂直线交于㉖点。

㉗后底边起翘,过⑤线和㉔线的交点,沿㉔线向左测量与前侧缝斜线等长距离确定㉗点,直线连接㉗点与㉕线的中点。

㉘后背直线,在②线与⑤线之间作④线的平行线,距离④线 1.5cm。

㉙后背斜线,在④线上取后袖窿深的 1/3 位置定点,与㉘线的右端点直线连接。

㉚前袖窿切点,在前袖窿深的 1/4 位置定点,与⑫点直线连接。

㉛后袖窿切点,在后袖窿深的 1/3 位置定点,与⑭点直线连接。

㉜袖窿省位点,过⑰点沿⑲线向上量 5cm 确定㉜点。

㉝斜插袋,在胸宽线的延长线上过⑤线向左 17cm 定点,再过⑤线和⑰线的交点,沿⑤线向下 5cm 定点,直线连接两点确定袋口斜线,袋口大 18cm,袋口宽 3cm。

㉞袖窿省中线,直线连接㉜点与袋口底线的中点。

㉟叠门线,平行于①线,距离①线 3cm,叠门线右侧与撇胸线平行。

㊱~㊹按照图 9-23(b)所示,分别用弧线划顺前袖窿弧线㊱、后袖窿弧线㊲、前领窝线㊳、后领窝线㊴、前片侧缝线㊵、后片侧缝线㊶、前底边线㊷、后底边线㊸、背缝线㊹。

㊺如图 9-23(b)所示,绘制后开衩,长度＝40cm,宽度＝4cm。

㊻如图 9-23(b)中所标注的数据绘制侧省线。

㊼如图 9-23(b)所示,用弧线连接划顺前止口线。

四、袖子制图（图 9-24）

①基本线,作水平线,长度＝袖长。

②袖口线,垂直于①线,长度＝1.5/10 胸围+5cm。

③袖山线,垂直于①线,长度＝1.5/10 胸围+5cm。

④袖肥线,直线连接②线和③线的上端点,平行于①线。

⑤袖山高基线,在①线与④线之间作③线的平行线,距离③线 1.5/10 胸围−1cm。

⑥前偏袖线,平行于①线,距离①线 3cm,两端分别与②线和⑤线的延长线相交。

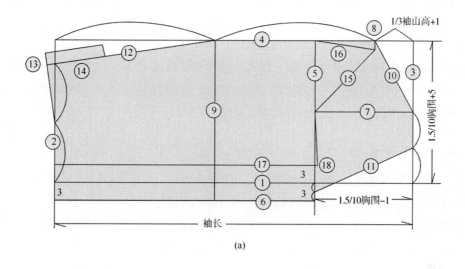

(a)

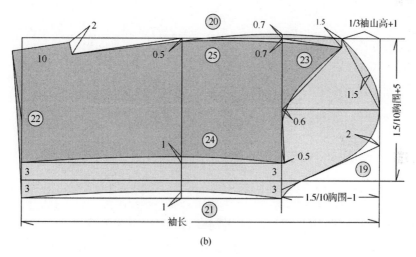

(b)

图9-24

⑦袖中线,过③线的中点作⑤线的垂线。

⑧后袖山高点,过③线和④线的交点,沿④线向左1/3袖山高+1cm确定⑧点。

⑨肘位线,在④线上取⑧点与②线和④线的交点间的1/2位置定点,过此点作⑥线的垂线。

⑩后袖山斜线,过③线和⑦线的交点与⑧点直线连接。

⑪前袖山斜线,在⑤线上取①与⑥线间的1/2位置定点,与③线的1/4点直线连接。

⑫后袖斜线,过①线和②线的交点,沿②线向上量袖口大定点,与④线和⑨线的交点直线连接。

⑬袖口斜线,过袖口大中点作⑫线的垂线交于⑬点。

⑭袖开衩,过⑬点沿⑫线向右10cm确定开衩的右端点,开衩宽2cm。

⑮小袖山斜线,过⑧点作④线的垂线向下 1.5cm 定点,与⑤线和⑦线的交点直线连接。

⑯小袖内撇线,过④线和⑤线的交点与⑮线的右端点直线连接。

⑰小袖前线,以①线为中线作⑥线的对称线。

⑱小袖山起翘线,在⑰线的延长线上距离⑤线 0.5cm 处确定⑱点。

⑲~㉕如图 9-24(b)所示,分别用弧线连接划顺大袖袖山线⑲、大袖后袖线⑳、大袖前偏袖线㉑、大袖口线㉒、小袖袖山线㉓、小袖前线㉔、小袖后线㉕。

五、领子制图(图 9-25)

①领下口线,作水平线,长度 = 1/2 领窝。

②后领中线,过①线的左端点作①线的垂线,长度 = 8cm。

③前领中线,过①线的右端点作①线的垂线,长度 = 8cm。

④领上口线,直线连接②线和③线的上端点,平行于①线。

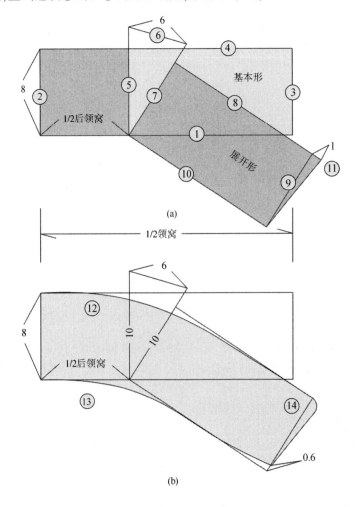

(a)

(b)

图 9-25

⑤松量基线,过①线和②线的交点,沿①线向右 1/2 后领窝定点,过此点作①线的垂线,长度 =10cm(定数)。

⑥变动松量,由⑤线的上端点向右斜量,长度按照公式:(翻领宽−领座宽)÷领总宽×12(领总宽 8cm、领座宽 2cm、翻领宽 6cm、变动松度 6cm)计算。

⑦松量夹角线,直线连接⑥线右端点与①线和⑤线的交点,长度与⑤线相等。

⑧上口斜线,过①线和⑦线的交点,沿⑦线向上 8cm 定点,过此点作⑦线的垂线,长度 =⑤线和③线间的水平距离。

⑨前领斜线,过⑧线的右端点作⑧线的垂线,长度与③线相等。

⑩下口斜线,直线连接⑦线与⑨线的下端点。

⑪领角斜线,过⑧线和⑨线的交点,沿⑧线向右延长 1cm 定点,与⑨线和⑩线的交点直线连接。

⑫如图 9-25(b)所示,用弧线连接划顺领上口线。

⑬如图 9-25(b)所示,用弧线连接划顺领下口线,领角起翘 0.6cm。

⑭如图 9-25(b)所示,用弧线连接划顺领子圆角。

六、部件制图(图 9-26)

①按照图 9-26 中所标注的数据绘制贴边。

②按照图 9-26 中所标注的数据绘制口袋布。

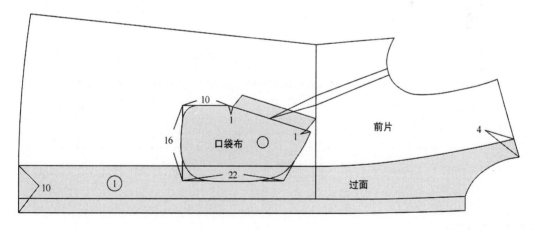

图 9-26

七、加放缝份(图 9-27)

按照图 9-27 中所标注的数据加放缝份、拆边及剪口位置。

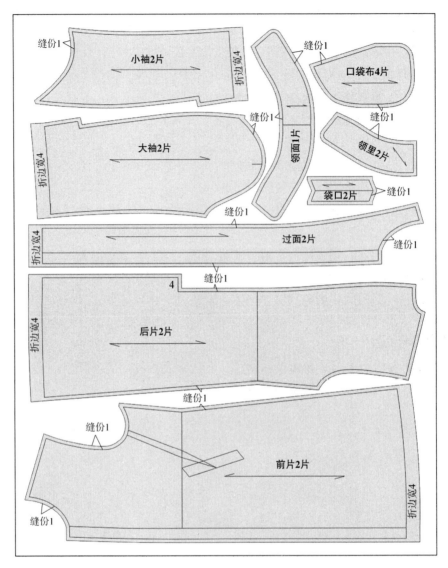

图 9-27

思考练习与实训

一、基础知识

1. 连属结构是由哪两种结构组成的？

2. 在连属结构制图中怎样处理腰节线与底边线的关系？

3. 教材中旗袍的制图是在哪种结构形式的基础上产生的？

4. 女装连属结构制图中主要的控制点有哪些？

5. 男装连属结构制图中主要的控制点有哪些？

二、制图实践

1. 结合教学内容绘制连衣裙的 1∶5 制图。

2. 结合教学内容绘制男、女长大衣的 1∶5 制图。

3. 按照 1∶1 的比例绘制连衣裙的制图。

4. 按照 1∶1 的比例绘制男、女长大衣的制图。

5. 根据流行趋势选择连衣裙或长大衣进行制图训练。